Imasugu Tsukaeru Kantan mini Series

Word & Excel 2019 基本技

技術評論社

How to use

本書の使い方

- 画面の手順解説だけを読めば、操作できるようになる！
- もっと詳しく知りたい人は、補足説明を読んで納得！
- これだけは覚えておきたい機能を厳選して紹介！

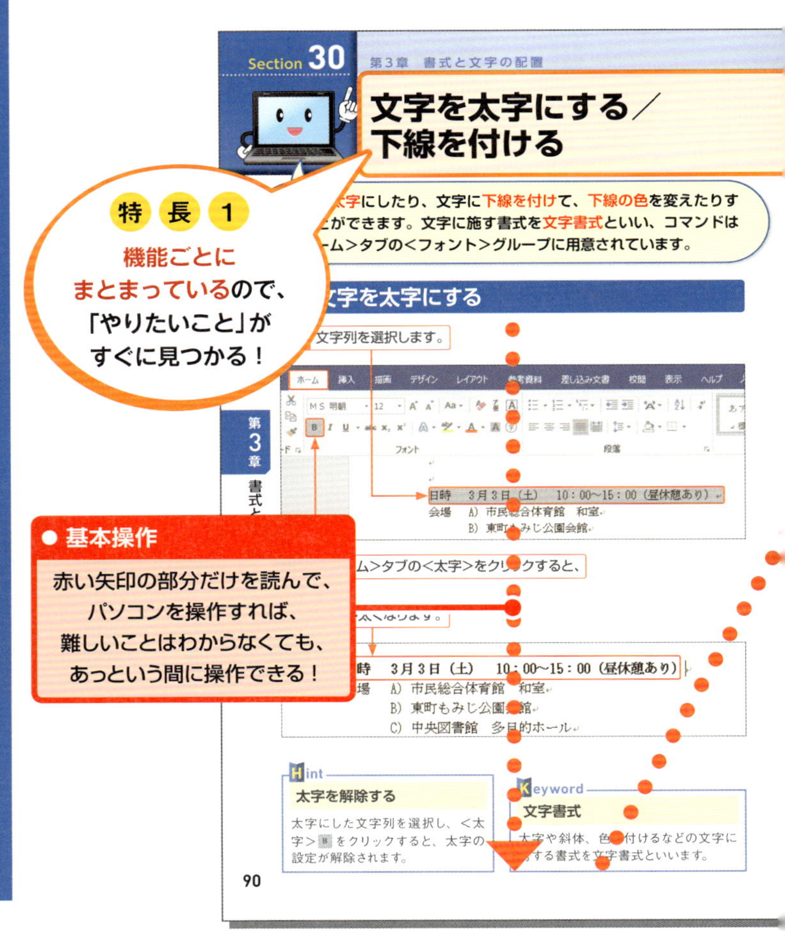

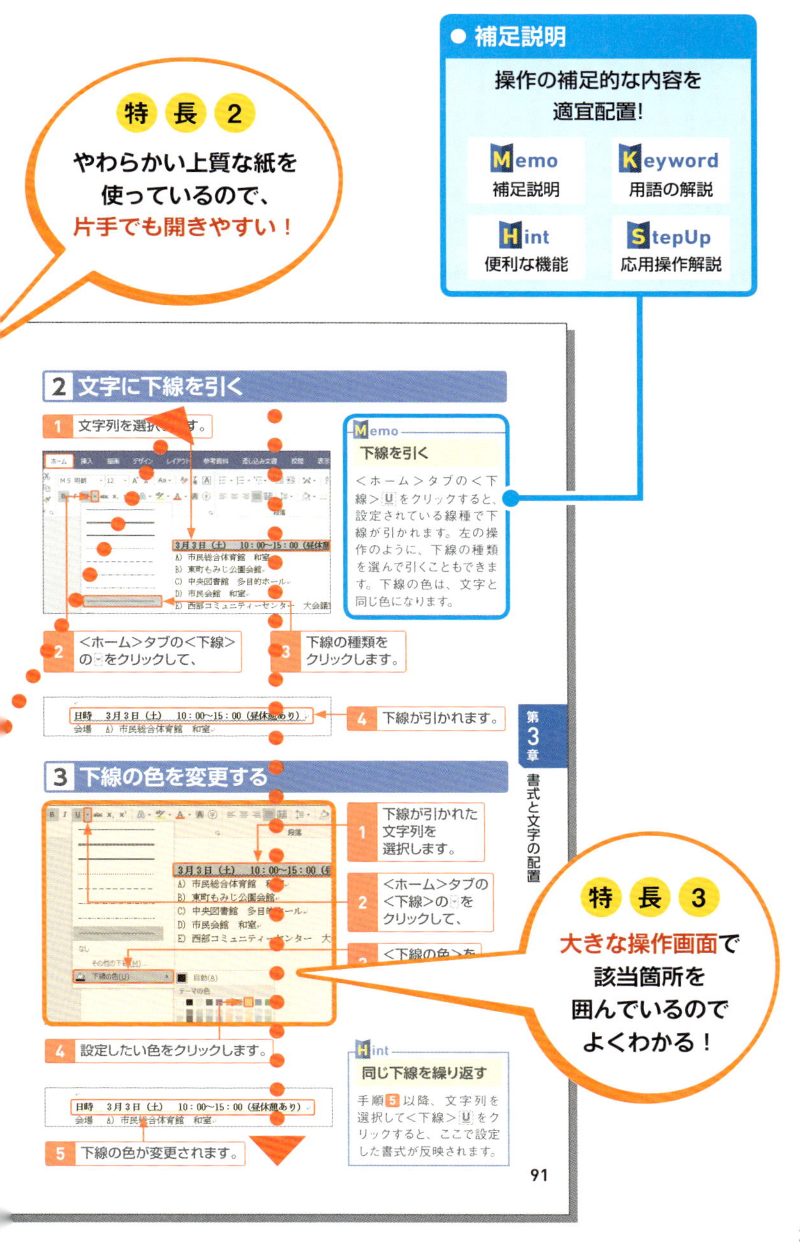
特長2
やわらかい上質な紙を
使っているので、
片手でも開きやすい！
補足説明
操作の補足的な内容を
適宜配置!
Memo
補足説明
Keyword
用語の解説
Hint
便利な機能
StepUp
応用操作解説
2 文字に下線を引く
1 文字列を選択します。
2 <ホーム>タブの<下線>の▾をクリックして、
3 下線の種類をクリックします。
4 下線が引かれます。
Memo
下線を引く
<ホーム>タブの<下線>Uをクリックすると、設定されている線種で下線が引かれます。左の操作のように、下線の種類を選んで引くこともできます。下線の色は、文字と同じ色になります。
第3章
書式と文字の配置
3 下線の色を変更する
1 下線が引かれた文字列を選択します。
2 <ホーム>タブの<下線>の▾をクリックして、
3 <下線の色>を
4 設定したい色をクリックします。
5 下線の色が変更されます。
Hint
同じ下線を繰り返す
手順5以降、文字列を選択して<下線>Uをクリックすると、ここで設定した書式が反映されます。
91
特長3
大きな操作画面で
該当箇所を
囲んでいるので
よくわかる！

パソコンの基本操作

- 本書の解説は、基本的にマウスを使って操作することを前提としています。
- お使いのパソコンのタッチパッド、タッチ対応モニターを使って操作する場合は、各操作を次のように読み替えてください。

1 マウス操作

▼ クリック（左クリック）

クリック（左クリック）の操作は、画面上にある要素やメニューの項目を選択したり、ボタンを押したりする際に使います。

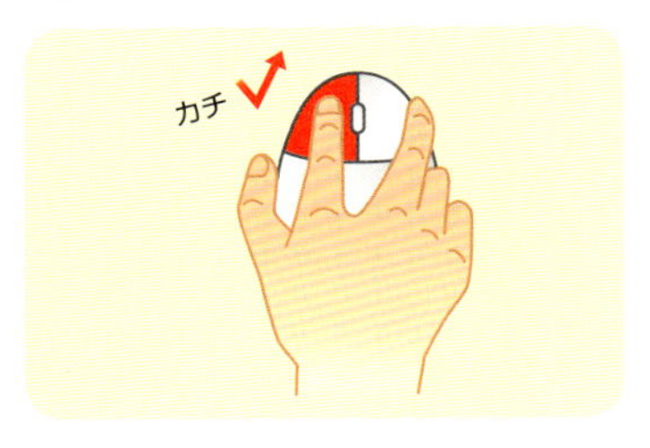

マウスの左ボタンを1回押します。

タッチパッドの左ボタン（機種によっては左下の領域）を1回押します。

▼ 右クリック

右クリックの操作は、操作対象に関する特別なメニューを表示する場合などに使います。

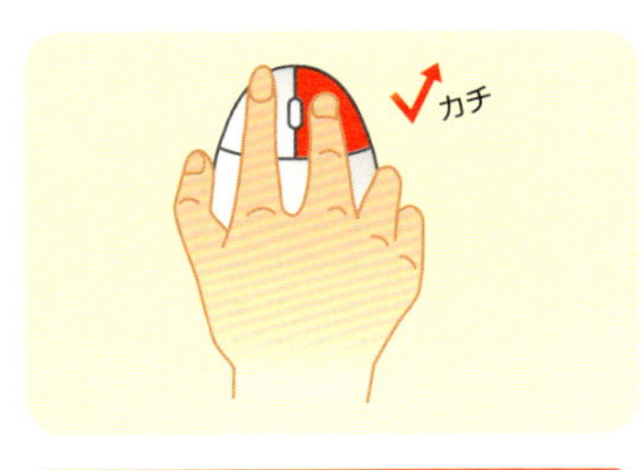

マウスの右ボタンを1回押します。

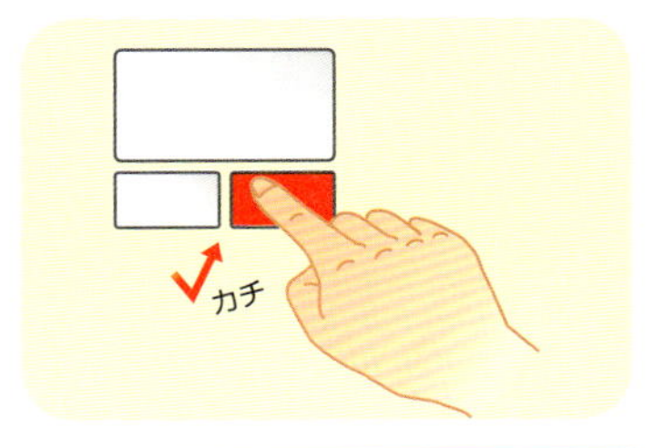

タッチパッドの右ボタン（機種によっては右下の領域）を1回押します。

▼ ダブルクリック

ダブルクリックの操作は、各種アプリを起動したり、ファイルやフォルダーなどを開く際に使います。

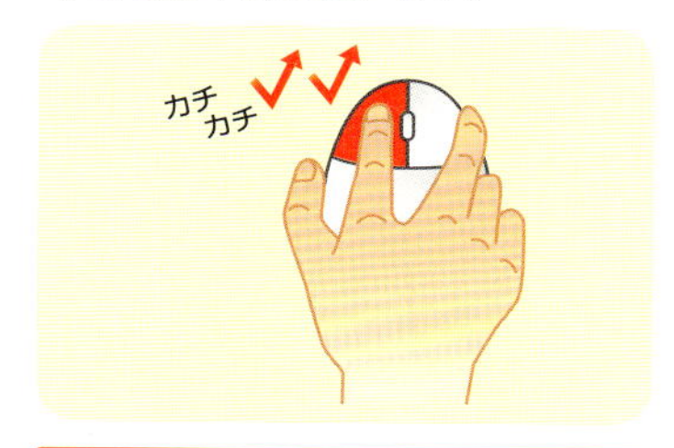

マウスの左ボタンをすばやく2回押します。

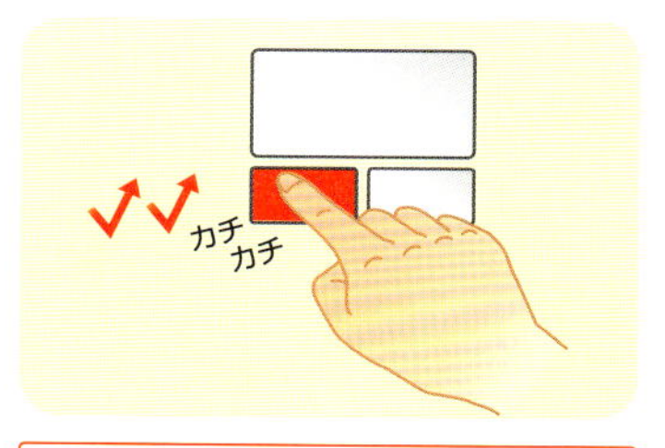

タッチパッドの左ボタン（機種によっては左下の領域）をすばやく2回押します。

▼ ドラッグ

ドラッグの操作は、画面上の操作対象を別の場所に移動したり、操作対象のサイズを変更する際などに使います。

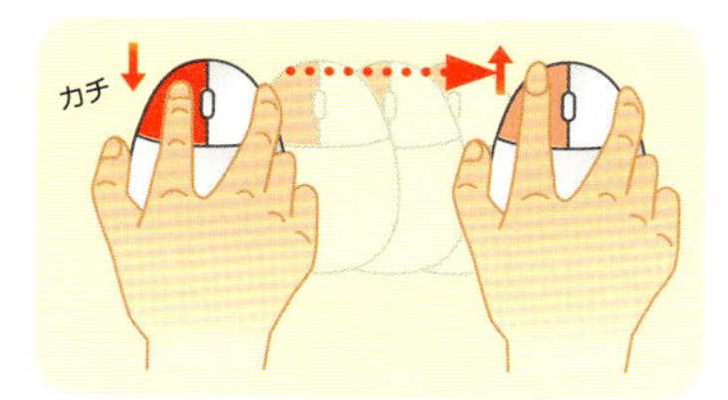

マウスの左ボタンを押したまま、マウスを動かします。目的の操作が完了したら、左ボタンから指を離します。

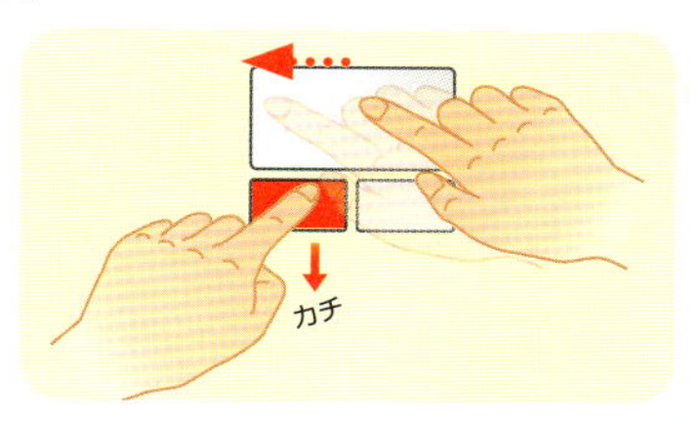

タッチパッドの左ボタン（機種によっては左下の領域）を押したまま、タッチパッドを指でなぞります。目的の操作が完了したら、左ボタンから指を離します。

Memo

ホイールの使い方

ほとんどのマウスには、左ボタンと右ボタンの間にホイールが付いています。ホイールを上下に回転させると、Webページなどの画面を上下にスクロールすることができます。そのほかにも、Ctrlを押しながらホイールを回転させると、画面を拡大／縮小したり、フォルダーのアイコンの大きさを変えたりできます。

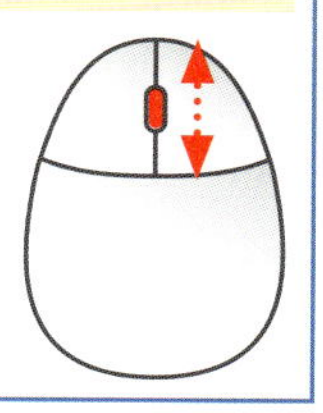

2 利用する主なキー

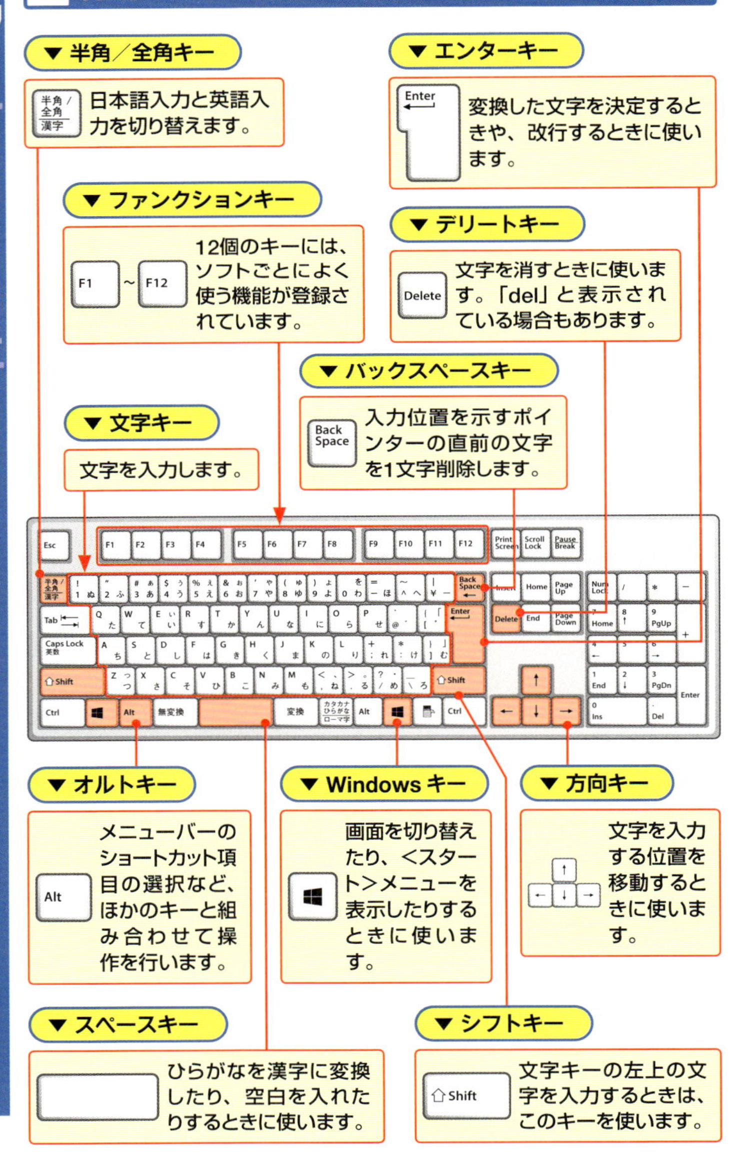

▼半角／全角キー
半角／全角 漢字
日本語入力と英語入力を切り替えます。
▼エンターキー
Enter
変換した文字を決定するときや、改行するときに使います。
▼ファンクションキー
F1 ～ F12
12個のキーには、ソフトごとによく使う機能が登録されています。
▼デリートキー
Delete
文字を消すときに使います。「del」と表示されている場合もあります。
▼バックスペースキー
Back Space
入力位置を示すポインターの直前の文字を1文字削除します。
▼文字キー
文字を入力します。
▼オルトキー
Alt
メニューバーのショートカット項目の選択など、ほかのキーと組み合わせて操作を行います。
▼Windows キー
画面を切り替えたり、<スタート>メニューを表示したりするときに使います。
▼方向キー
文字を入力する位置を移動するときに使います。
▼スペースキー
ひらがなを漢字に変換したり、空白を入れたりするときに使います。
▼シフトキー
Shift
文字キーの左上の文字を入力するときは、このキーを使います。

3 タッチ操作

▼タップ

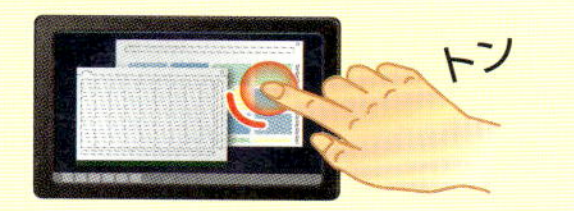

画面に触れてすぐ離す操作です。ファイルなど何かを選択するときや、決定を行う場合に使用します。マウスでのクリックに当たります。

▼ダブルタップ

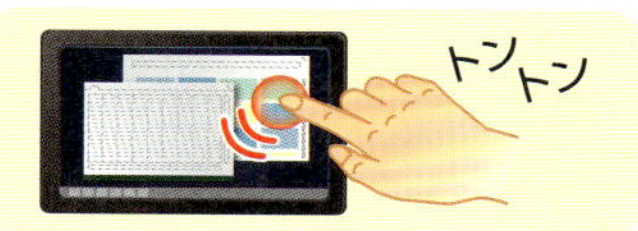

タップを2回繰り返す操作です。各種アプリを起動したり、ファイルやフォルダーなどを開く際に使用します。マウスでのダブルクリックに当たります。

▼ホールド

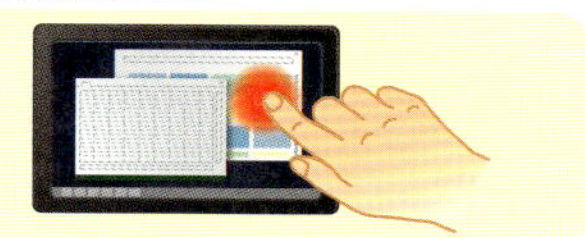

画面に触れたまま長押しする操作です。詳細情報を表示するほか、状況に応じたメニューが開きます。マウスでの右クリックに当たります。

▼ドラッグ

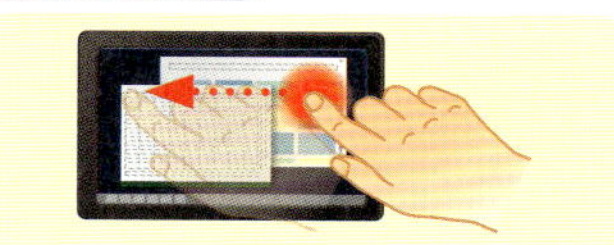

操作対象をホールドしたまま、画面の上を指でなぞり上下左右に移動します。目的の操作が完了したら、画面から指を離します。

▼スワイプ／スライド

画面の上を指でなぞる操作です。ページのスクロールなどで使用します。

▼フリック

画面を指で軽く払う操作です。スワイプと混同しやすいので注意しましょう。

▼ピンチ／ストレッチ

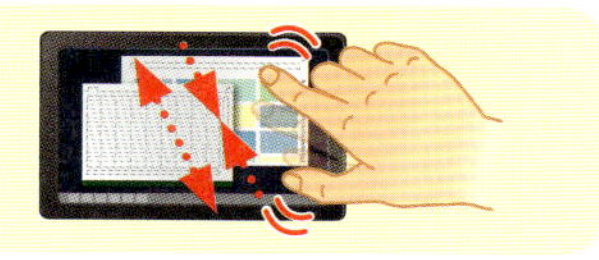

2本の指で対象に触れたまま指を広げたり狭めたりする操作です。拡大（ストレッチ）／縮小（ピンチ）が行えます。

▼回転

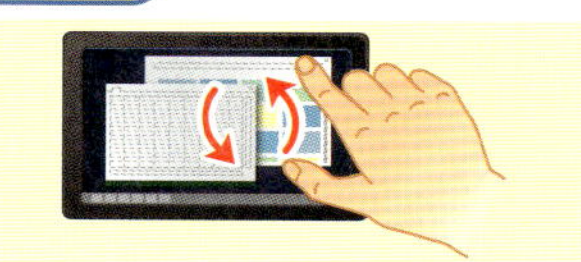

2本の指先を対象の上に置き、そのまま両方の指で同時に右または左方向に回転させる操作です。

サンプルファイルのダウンロード

●本書で使用しているサンプルファイルは、以下のURLのサポートページからダウンロードすることができます。ダウンロードしたときは圧縮ファイルの状態なので、展開してから使用してください。

https://gihyo.jp/book/2019/978-4-297-10758-1/support

▼サンプルファイルをダウンロードする

1 ブラウザー（ここではMicrosoft Edge）を起動します。

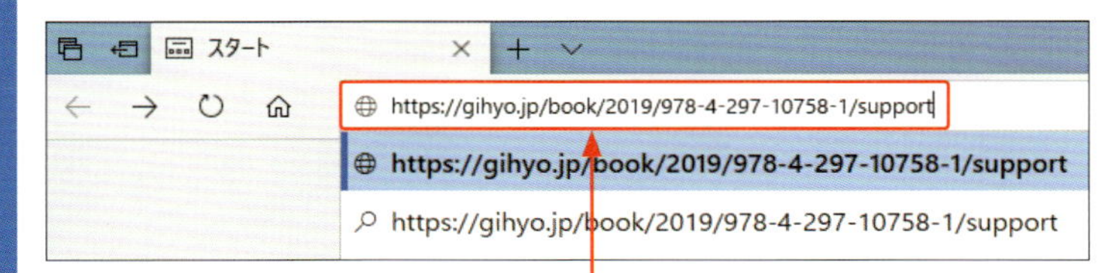

2 ここをクリックしてURLを入力し、Enterを押します。

3 表示された画面をスクロールし、＜ダウンロード＞にある＜サンプルファイル＞をクリックします。

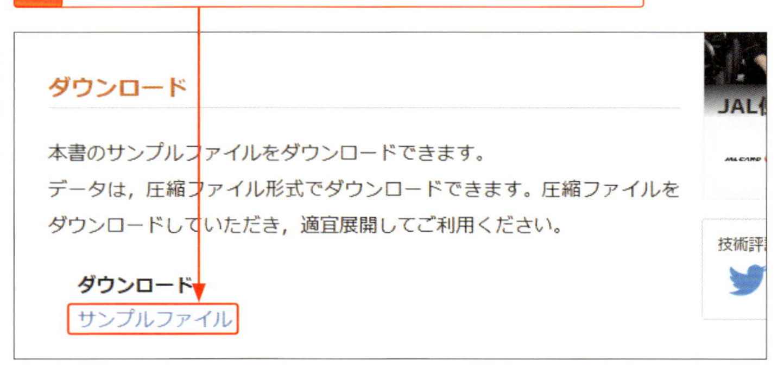

4 ＜開く＞をクリックすると、ファイルがダウンロードされます。

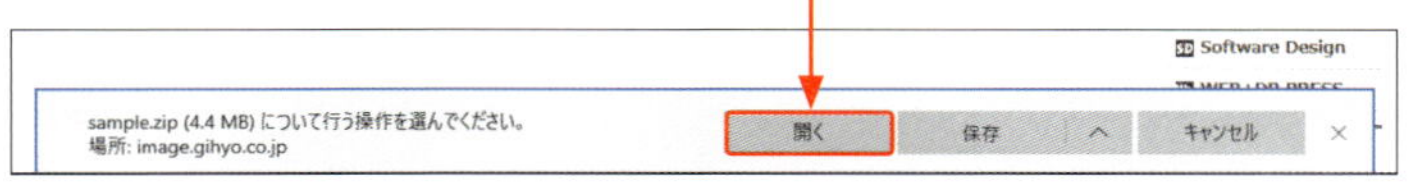

▼ダウンロードした圧縮ファイルを展開する

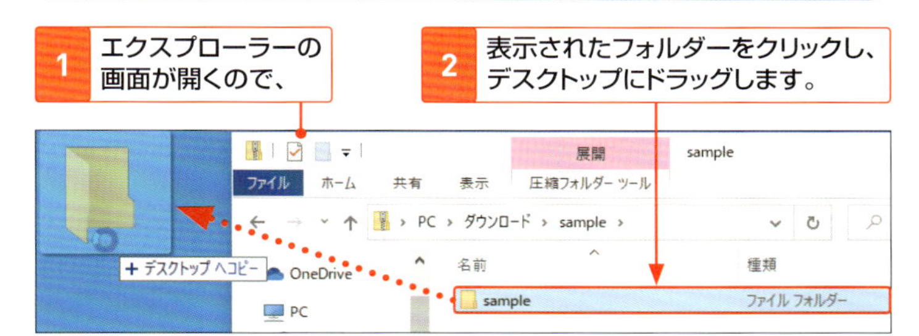

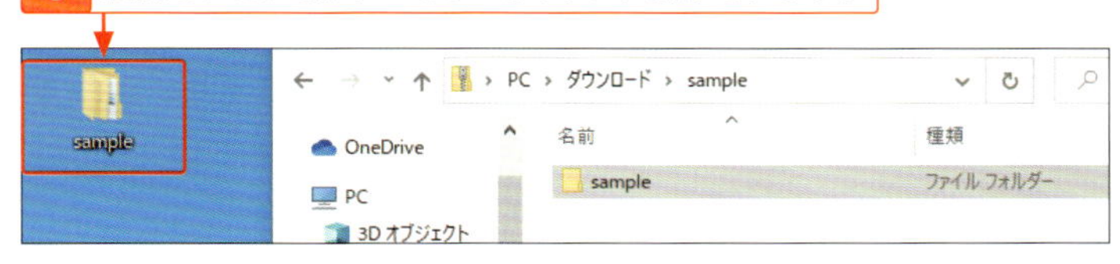

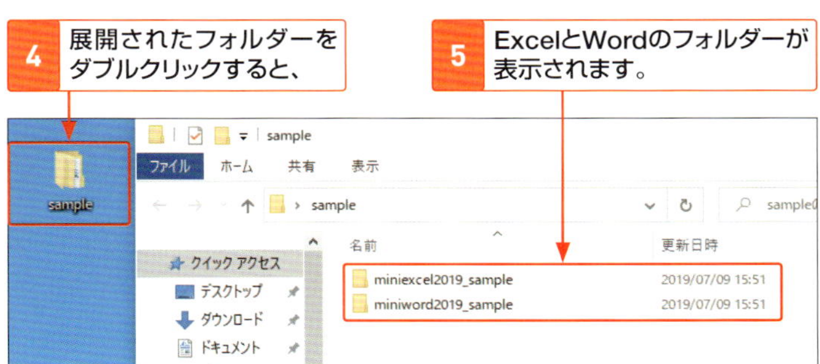

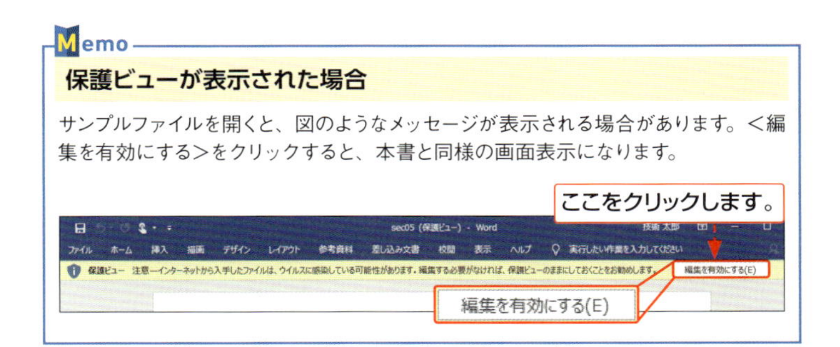

Memo

保護ビューが表示された場合

サンプルファイルを開くと、図のようなメッセージが表示される場合があります。<編集を有効にする>をクリックすると、本書と同様の画面表示になります。

CONTENTS 目次

Wordの部

第1章 Word 2019の基本操作

第2章 文字入力と編集

CONTENTS 目次

第3章 書式と文字の配置

第4章 画像・図形の利用と表作成

CONTENTS 目次

Excelの部

第1章 Excel 2019 の基本操作

第2章 データ入力と表の作成・印刷

第3章 数式や関数の利用

CONTENTS 目次

第5章 セル・シート・ブックの操作

第6章 グラフ・図形の利用

ご注意：ご購入・ご利用の前に必ずお読みください

- 本書に記載された内容は、情報の提供のみを目的としています。したがって、本書を用いた運用は、必ずお客様自身の責任と判断によって行ってください。これらの情報の運用の結果について、技術評論社および著者はいかなる責任も負いません。
- ソフトウェアに関する記述は、特に断りのないかぎり、2019年5月末日現在での最新バージョンをもとにしています。ソフトウェアはバージョンアップされる場合があり、本書での説明とは機能内容や画面図などが異なってしまうこともあり得ます。あらかじめご了承ください。
- インターネットの情報についてはURLや画面等が変更されている可能性があります。ご注意ください。

以上の注意事項をご承諾いただいた上で、本書をご利用願います。これらの注意事項をお読みいただかずに、お問い合わせいただいても、技術評論社は対処しかねます。あらかじめ、ご承知おきください。

第1章

Word 2019の基本操作

Wordとは?

Wordは、世界中で広く利用されているワープロソフトです。文字装飾や文章の構成を整える機能はもちろん、図形描画、イラストや画像の挿入、表作成など、多彩な機能を備えています。

1 Wordは高機能なワープロソフト

文章を入力します。

将棋大会開催のご案内

世代を超えて愛されている将棋。
もっと将棋の輪を広めたい！ という思いから、
市内5か所で将棋大会を同時開催いたします。
本格的な対決も見ものです。
お子さまもできる将棋くずし（山くずし）や、はさみ将棋なども行います。

どなたでも参加できます。
おともだち、ご家族お誘いあわせてお越しください。

日時　3月3日（土）　10：00～15：00（昼休憩あり）
会場　A）市民総合体育館　和室
　　　B）東町もみじ公園会館
　　　C）中央図書館　多目的ホール
　　　D）市民会館　和室
　　　E）西部コミュニティーセンター　大会議室＆大広間

Keyword
Word 2019
「Word 2019」は、ビジネスソフトの統合パッケージである最新の「Microsoft Office」に含まれるワープロソフトです。

文字装飾機能などを使って、文書を仕上げます。

将棋大会開催のご案内

世代を超えて愛されている将棋。
もっと将棋の輪を広めたい！ という思いから、
市内5か所で将棋大会を同時開催いたします。
本格的な対決も見ものです。
お子さまもできる将棋くずし（山くずし）や、はさみ将棋なども行います。

どなたでも参加できます。
おともだち、ご家族お誘いあわせてお越しください。

- 日時　3月3日（土）10:00～15:00（昼休憩あり）
- 会場　A）市民総合体育館　和室
  B）東町もみじ公園会館
  C）中央図書館　多目的ホール
  D）市民会館　和室
  E）西部コミュニティーセンター　大会議室＆大広間

主催／まかべ市将棋市民連盟
お問い合わせ：001-223-4455

Keyword
ワープロソフト
パソコン上で文書を作成し、印刷するためのアプリを「ワープロソフト」と呼びます。

2 Wordではこんなことができる

文字の書式を設定できます。

テキストボックスを挿入して、縦書きの文字を挿入することができます。

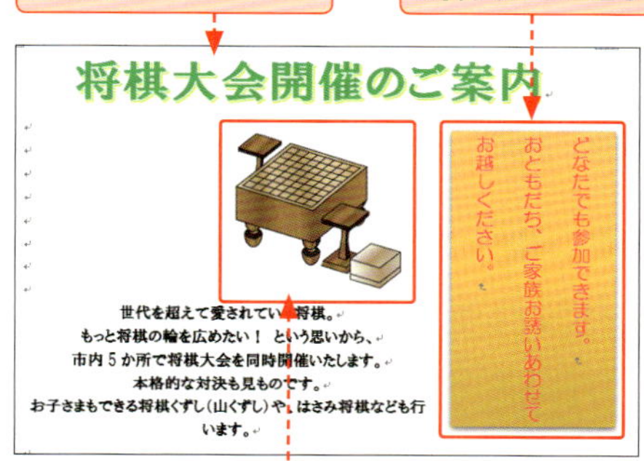

イラストや画像などを挿入できます。

> **Memo**
> **豊富な文字装飾機能**
>
> Word 2019には、ワープロソフトに欠かせない文字装飾機能や、文字列に視覚効果を適用する機能があります（Wordの部 第3章参照）。

箇条書きに記号や番号を設定できます。

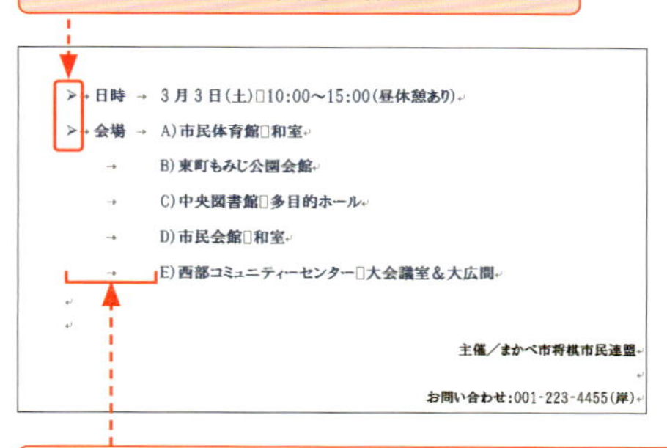

- 日時 → 3月3日（土）□10:00～15:00（昼休憩あり）
- 会場 → A）市民体育館□和室
  - → B）東町もみじ公園会館
  - → C）中央図書館□多目的ホール
  - → D）市民会館□和室
  - → E）西部コミュニティーセンター□大会議室＆大広間

主催／まかべ市将棋市民連盟

お問い合わせ：001-223-4455（岸）

タブを挿入して、文字列の先頭を揃えることができます。

> **Memo**
> **文書を効果的に見せるさまざまな機能**
>
> 文書にイラストや画像などを挿入したり、挿入した画像にアート効果を適用したりできます（Wordの部 第4章参照）。

表を作成できます。

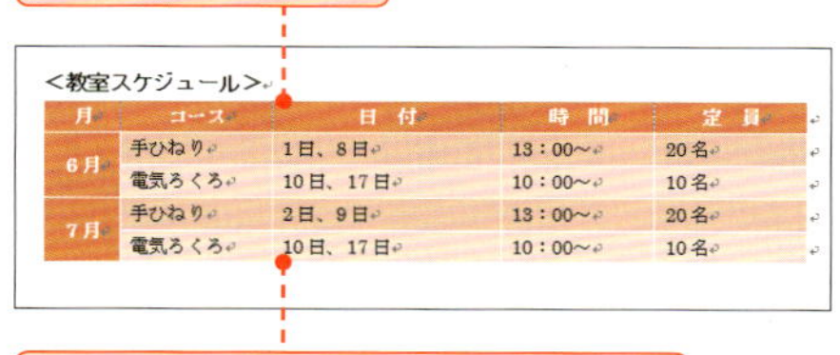

<教室スケジュール>

月	コース	日付	時間	定員
6月	手ひねり	1日、8日	13：00～	20名
	電気ろくろ	10日、17日	10：00～	10名
7月	手ひねり	2日、9日	13：00～	20名
	電気ろくろ	10日、17日	10：00～	10名

表にスタイルを施すことができます。

> **Memo**
> **表の作成機能**
>
> 表をかんたんに作成することができます（Wordの部 第4章参照）。

Word 2019を起動する／終了する

Wordを起動するには、Windows 10のスタートメニューに登録されている＜Word＞をクリックします。Wordを終了するには、＜閉じる＞ をクリックします。

1 Word 2019を起動して白紙の文書を開く

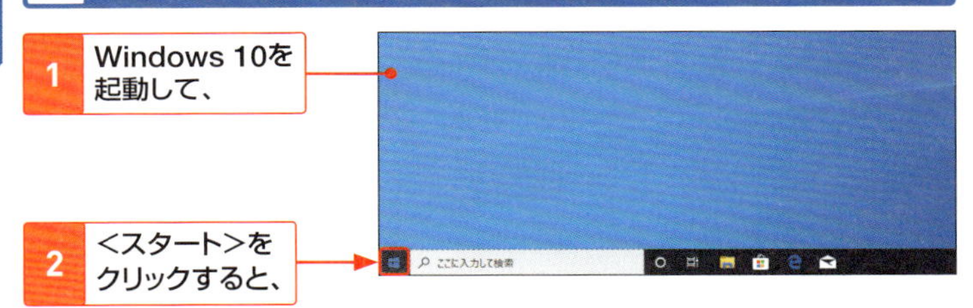

1 Windows 10を起動して、

2 ＜スタート＞をクリックすると、

3 スタートメニューが表示されます。

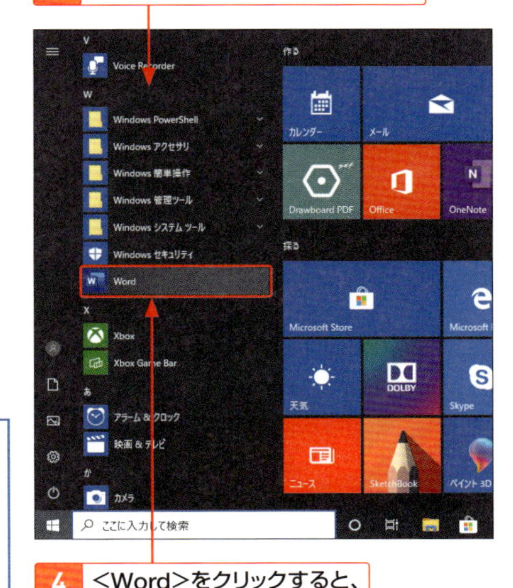

4 ＜Word＞をクリックすると、

> **Memo**
>
> **Word 2019の環境**
>
> Word 2019は、Windows 10のみに対応しています。Windows 8.1などでは利用できません。

5 Word 2019が起動して、スタート画面が開きます。

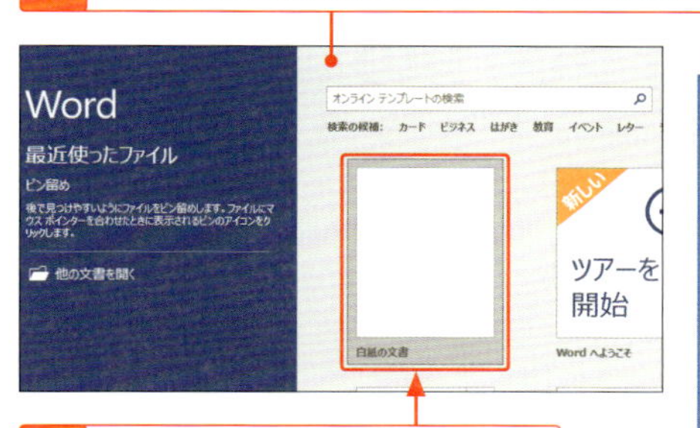

6 <白紙の文書>をクリックすると、

7 新しい文書が表示されます。

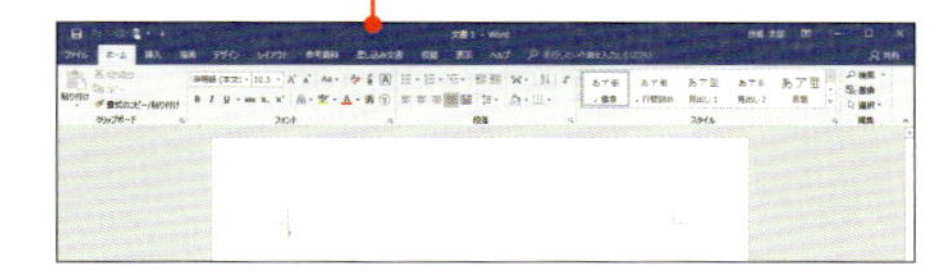

Memo

タスクバーからWord 2019を起動する

Word 2019を起動すると、Wordのアイコンがタスクバーに表示されます。アイコンを右クリックして、<タスクバーにピン留めする>をクリックすると、Wordを終了しても常に表示されるのでクリックするだけで起動できます。

2 Word 2019を終了する

1 <閉じる>をクリックします。

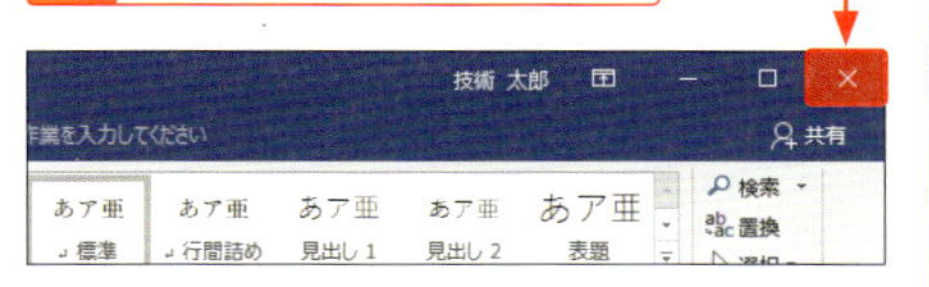

2 Word 2019が終了して、デスクトップ画面に戻ります。

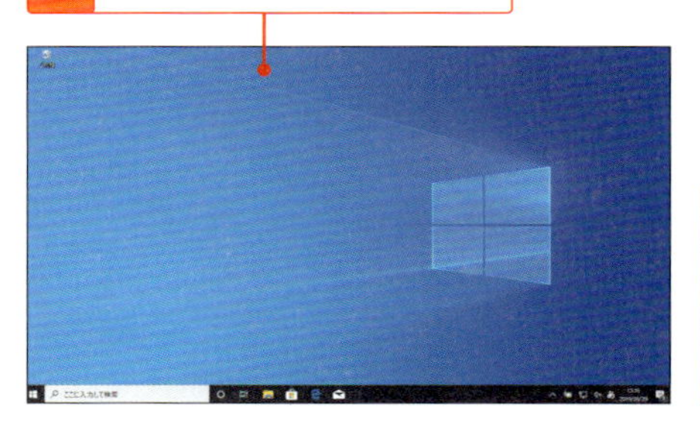

Memo

複数の文書の場合

複数の文書を開いている場合は、<閉じる>をクリックした文書だけが閉じて、Wordは終了しません。

Hint

そのほかの終了方法

<ファイル>タブをクリックして、<閉じる>をクリックしても終了できます。

Word 2019の画面構成

Word 2019の基本画面は、機能を実行するためのリボン（タブで切り替わるコマンドの領域）と、文字を入力する文書の2つで構成されています。

1 Word 2019の基本的な画面構成

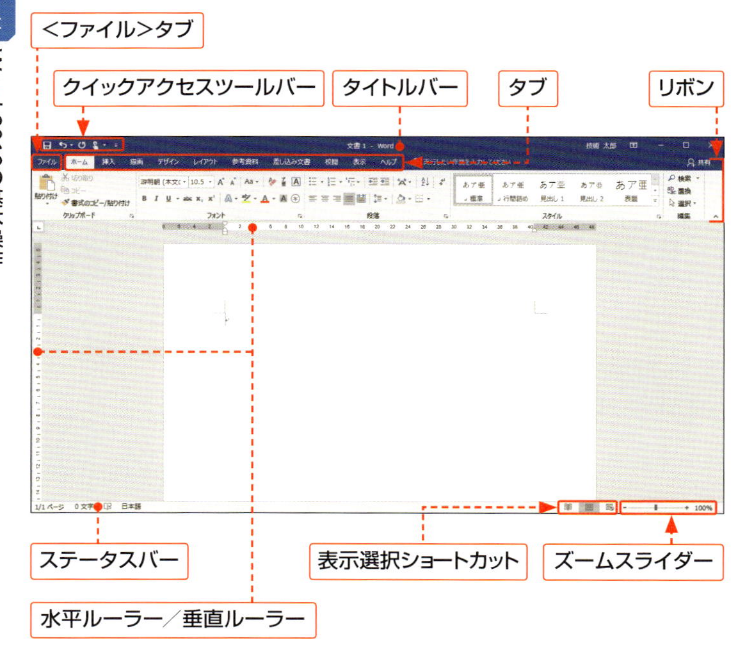

※ タブやリボンに表示される内容は、画面のサイズによって名称や表示方法が自動的に変わります。
※ 水平ルーラー／垂直ルーラーは、初期設定では表示されません。<表示>タブの<ルーラー>をクリックしてオンにすると表示されます。
※<描画>タブは、タッチ対応のパソコンの初期設定によって表示されます。本書では使用しません。

名　称	機　能
クイックアクセスツールバー	<上書き保存>、<元に戻す>、<やり直し>（または<繰り返し>）のほか、頻繁に使うコマンドを追加／削除できます。
タイトルバー	現在作業中のファイルの名前が表示されます。
タブ	初期設定では11（または10）のタブが用意されています。タブをクリックしてリボンを切り替えます。<ファイル>タブの操作は下図を参照。
リボン	目的別のコマンドが、機能別に分類されて配置されています。
水平ルーラー／垂直ルーラー	水平ルーラーはタブやインデントの設定を行い、垂直ルーラーは余白の設定や表の行の高さを変更します。
ステータスバー	カーソル位置の情報や、文字入力の際のモードなどを表示します。ステータスバーを右クリックすると、表示項目の表示／非表示を設定できます。
表示選択ショートカット	文書の表示モード（<閲覧モード><印刷レイアウト><Webレイアウト>）を切り替えます。

<ファイル>タブ

<ファイル>タブをクリックすると、ファイルに関するメニューが表示されます。メニューの項目をクリックすると、右側のBackstageビューと呼ばれる画面に、項目に関する情報や操作が表示されます。

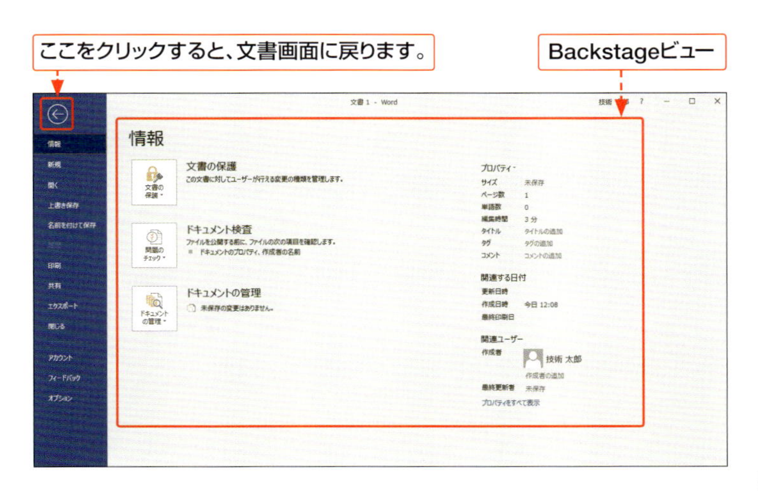

文書の表示倍率と表示モード

画面の表示倍率は、画面右下のズームスライダーや<ズーム>を使って変更できます。また、文書の表示モードは5種類あり、目的によって切り替えます（通常は<印刷レイアウト>モード）。

1 表示倍率を変更する

1 このスライダーをドラッグします。

<拡大>、<縮小>をクリックすると、文書の表示倍率が10%ずつ拡大・縮小します。

2 表示倍率が変更されます。

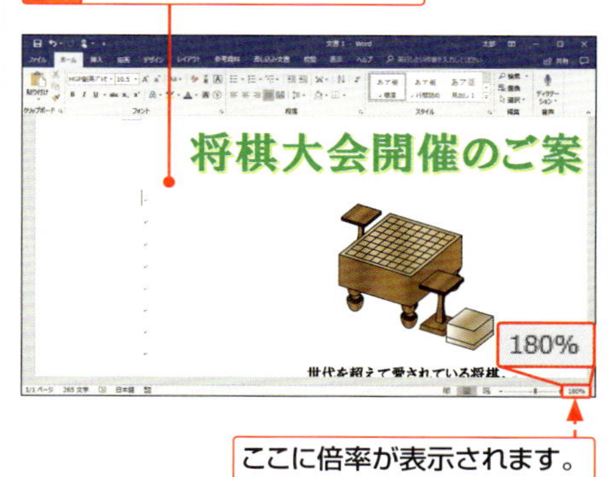

ここに倍率が表示されます。

Hint <ズーム>を利用する

<表示>タブの<ズーム>グループにある<ズーム>や、スライダー横の倍率が表示されている部分をクリックすると表示される<ズーム>ダイアログボックスでも、表示倍率を変更することができます。

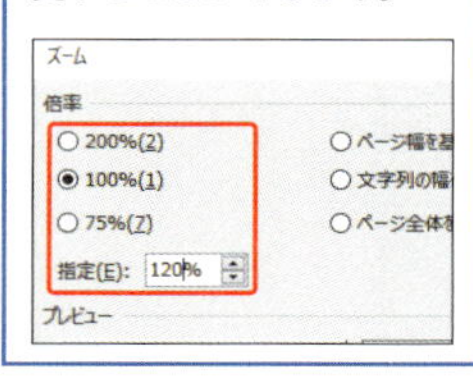

2 文書の表示モードを切り替える

初期設定では、＜印刷レイアウト＞モードで表示されます。

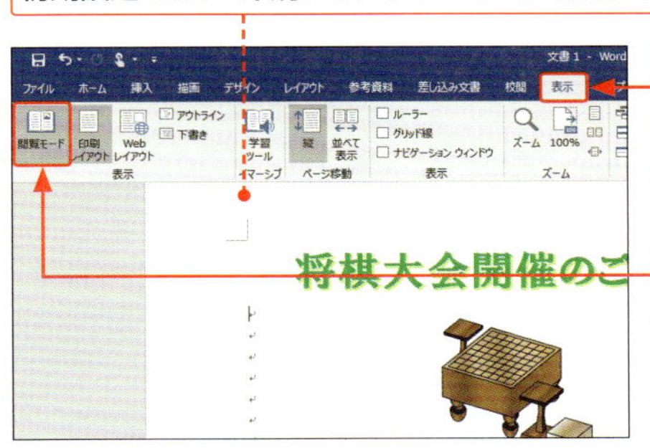

1 ＜表示＞タブをクリックして、

2 目的のコマンド（ここでは＜閲覧モード＞）をクリックします。

3 表示モードが切り替わります。

Hint

表示選択ショートカットを利用する

画面右下の表示選択ショートカットをクリックしても、表示モードを切り替えられます。

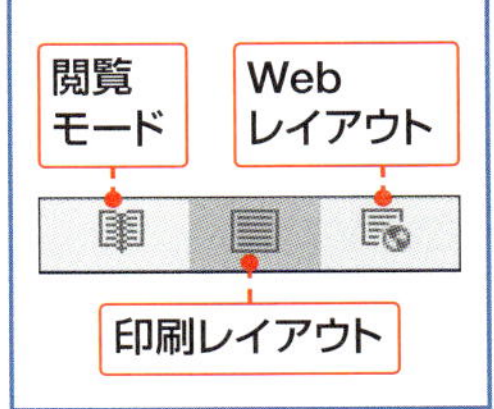

Memo

文書の表示モード

Word 2019の文書の表示モードには、以下の5種類があります。

表示モード	説　明
閲覧モード	文書を画面上で読むのに最適な表示モードで、複数ページでは横方向にページをめくるように閲覧できます。
印刷レイアウト	印刷結果のイメージに近い画面で表示されます（初期設定）。
Webレイアウト	Webページのレイアウトで文書を表示できます。
アウトライン	文書の階層構造を見やすく表示するモードです。
下書き	イラストや画像などを省いて、本文だけが表示されます。

リボンの基本操作

Wordのほとんどの機能はリボンの中に用意されているコマンドから実行できます。リボンに用意されていない機能は、詳細設定のダイアログボックスや作業ウィンドウで設定します。

1 リボンから設定画面を表示する

Memo

追加のオプション設定

表示されている以外に追加のオプションがある場合は、各グループの右下に が表示されます。

1 グループの右下にある をクリックすると、

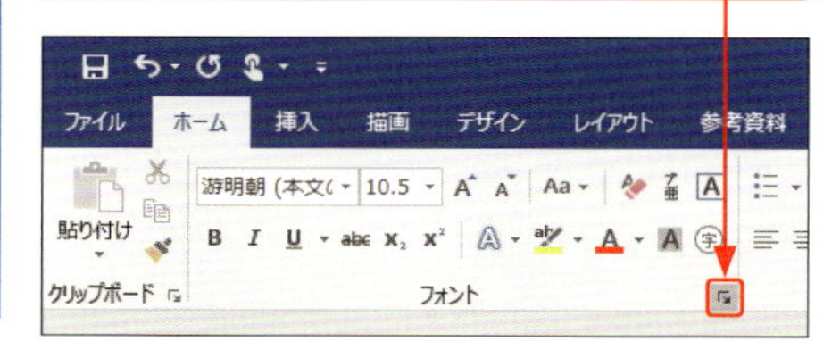

Hint

作業に応じて追加表示されるタブ

基本的なタブのほかに、表を扱う際には<表ツール>の<デザイン>や<レイアウト>タブ、図を扱う際には<描画ツール>の<書式>タブなどが表示されます。

2 タブに用意されていない詳細設定を行うことができます。

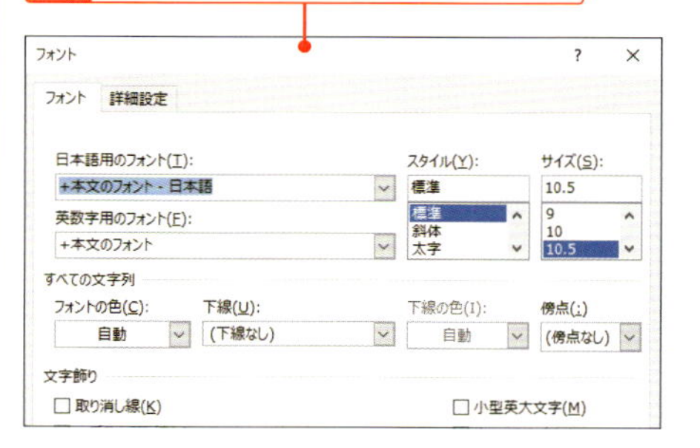

Memo

リボン

Word 2019のタブは初期設定で11(タッチ非対応は10)種類あり、用途別のコマンドが「グループ」に分かれています。目的に合わせてコマンドをクリックし、機能の実行や設定画面の表示を行います。

2 リボンの表示／非表示を切り替える

1 ＜リボンの表示オプション＞をクリックして、

2 ＜タブの表示＞をクリックします。

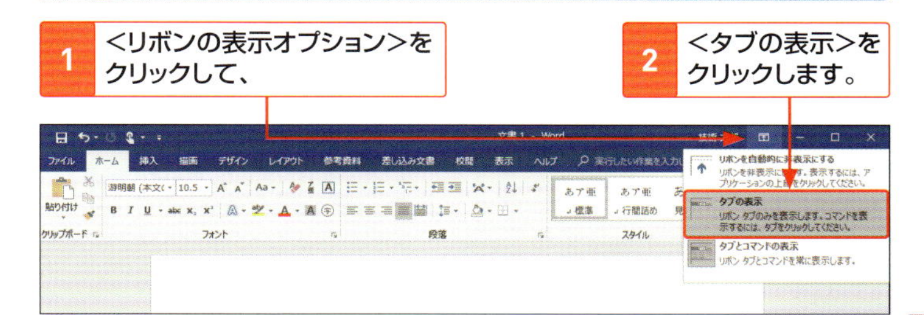

3 リボンのコマンド部分が非表示になり、タブのみが表示されます。

4 ＜リボンの表示オプション＞をクリックして、

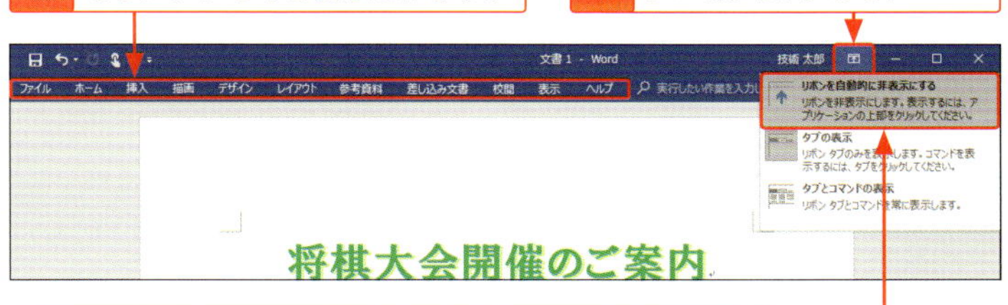

5 ＜リボンを自動的に非表示にする＞をクリックすると、

6 文書のみが表示されます。

7 ＜リボンの表示オプション＞をクリックして、

8 ＜タブとコマンドの表示＞をクリックすると、通常の表示になります。

Hint

リボンの表示の切り替え

文書画面を広く使いたい場合に、タブのみの表示にしたり、全画面表示にしたりすることができます。手順 **3** では、＜ファイル＞以外のタブをクリックすると一時的にリボンが表示され、操作を終えるとまた非表示になります。

操作をもとに戻す／やり直す／繰り返す

操作をやり直したい場合は、クイックアクセスツールバーの<元に戻す>や<やり直し>を使います。また、同じ操作を続けて行う場合は、<繰り返し>を利用すると便利です。

1 操作をもとに戻す

Delete で1文字ずつ「市民総合」を削除しました。

1 ここをクリックして、

2 戻したい操作までドラッグすると、

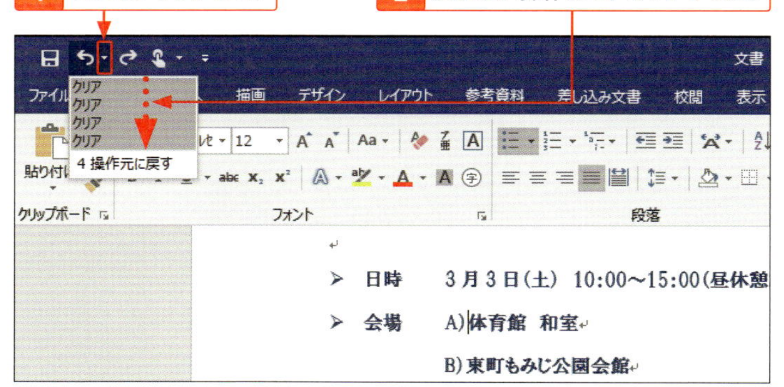

3 指定した操作の前の状態に戻ります。

日時　3月3日(土)　10:00～15:00(昼休憩

会場　A)市民総合体育館　和室

Memo

操作をもとに戻す

<元に戻す> をクリックするたびに、直前に行った操作を100ステップまで取り消すことができます。また、手順 2 のように複数の操作を一度に取り消すことができます。ただし、ファイルを閉じるともとに戻せません。

2 操作をやり直す

もとに戻した「市民総合」を再び削除します。

1 ここをクリックすると、

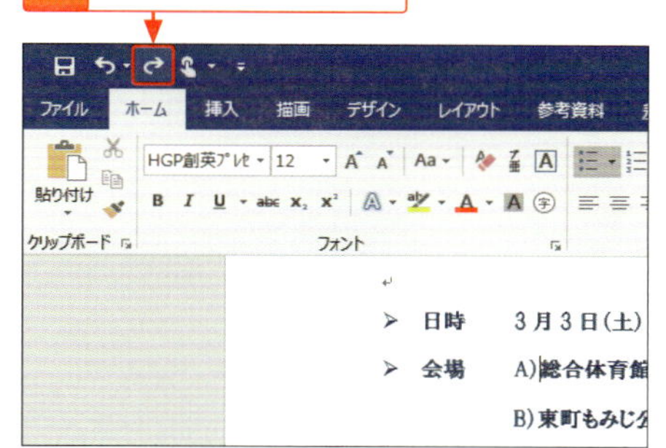

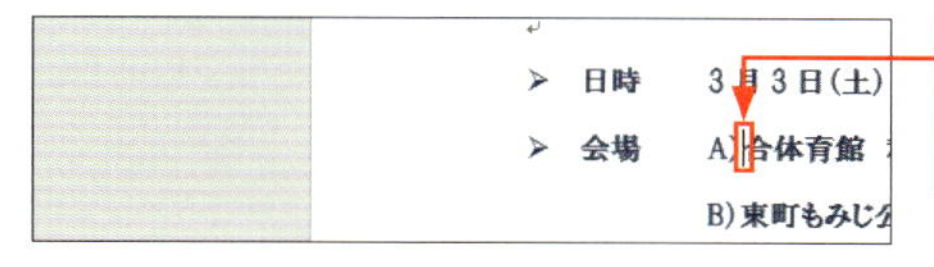

2 1つ前の操作が取り消されます（1文字分戻す）。

> **Memo**
> **操作をやり直す**
>
> <やり直し> をクリックすると、取り消した操作を順にやり直せます。ただし、ファイルを閉じるとやり直せません。

3 操作を繰り返す

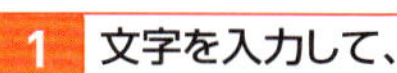

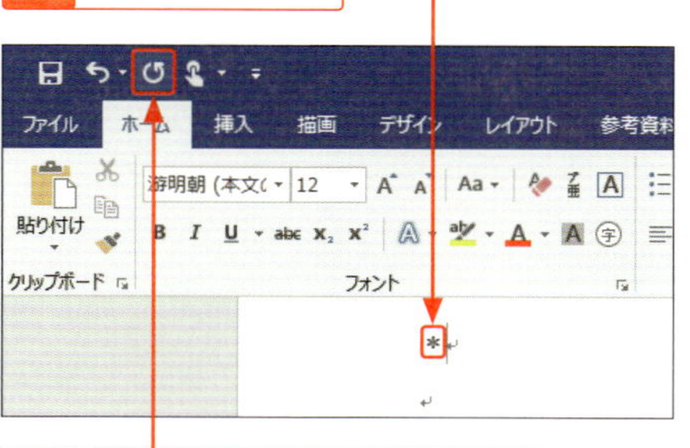

2 <繰り返し>をクリックすると、

3 同じ文字が入力されます。

> **Memo**
> **操作を繰り返す**
>
> 入力や削除、書式設定などの操作を行うと、<繰り返し> が表示されます。次の操作を行うまで、何度でも同じ操作を繰り返せます。

文書を保存する

ファイルの保存には、作成したファイルや編集したファイルを新規ファイルとして保存する名前を付けて保存と、ファイル名はそのままでファイルの内容を更新する上書き保存があります。

1 名前を付けて保存する

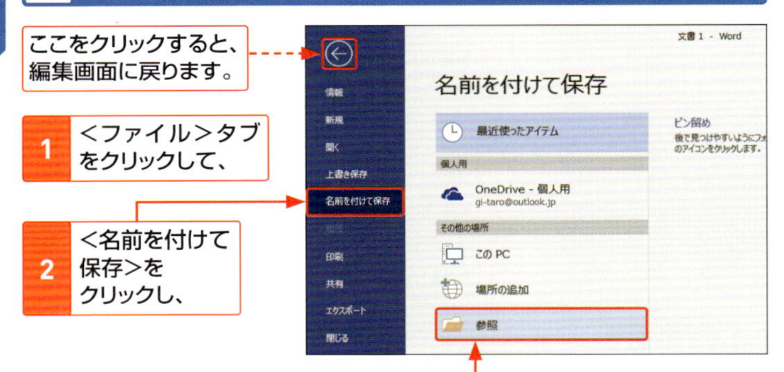

3 <参照>をクリックします。

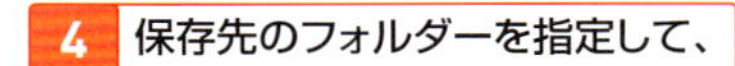

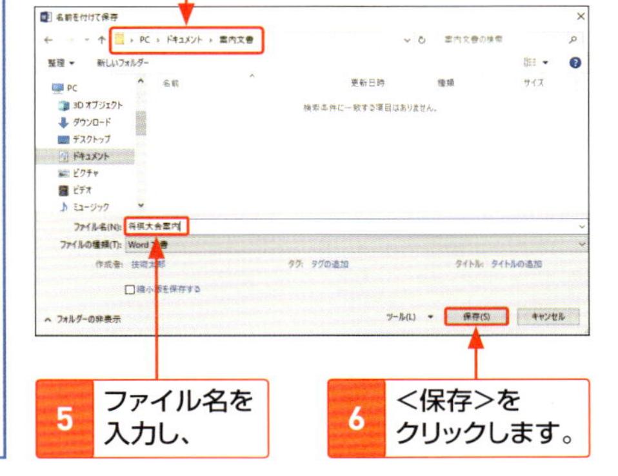

5 ファイル名を入力し、

6 <保存>をクリックします。

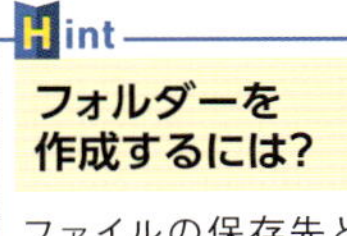

Hint

フォルダーを作成するには?

ファイルの保存先として、フォルダー内に新しくフォルダーを作成することができます。<新しいフォルダー>をクリックして、名前を入力します。

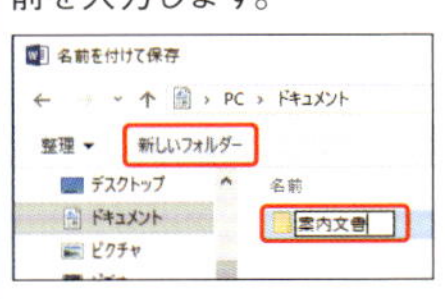

7 文書が保存され、タイトルバーにファイル名が表示されます。

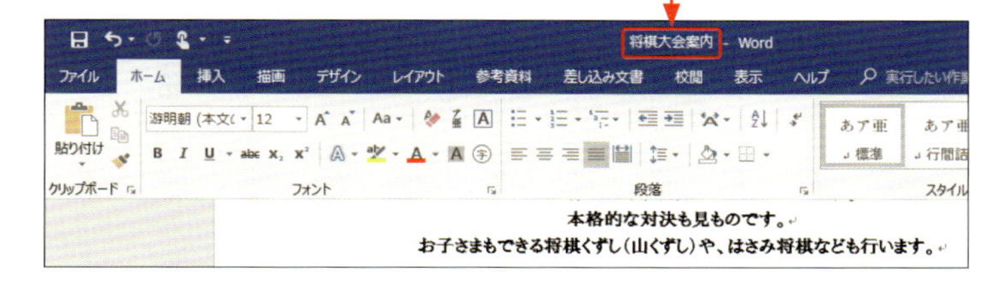

StepUp 旧バージョンやほかの形式で保存する

文書の保存形式を指定したい場合は、＜名前を付けて保存＞ダイアログボックスの＜ファイルの種類＞をクリックします。旧バージョンは＜Word 97-2003文書＞、PDFファイルは＜PDF＞を選択します。

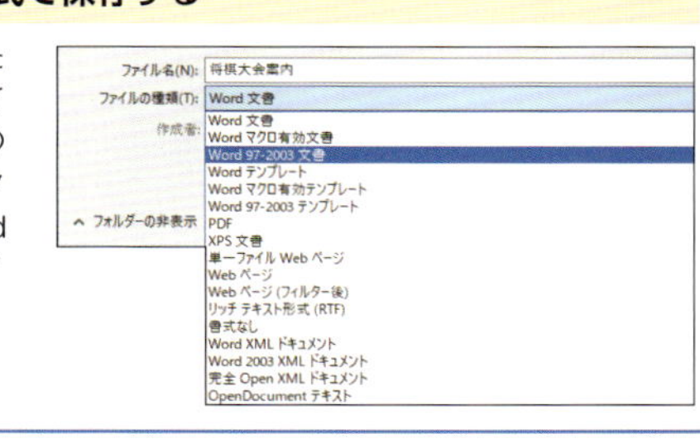

2 上書き保存する

＜上書き保存＞をクリックすると、文書が上書きされます。一度も保存していない場合は、＜名前を付けて保存＞ダイアログボックスが表示されます。

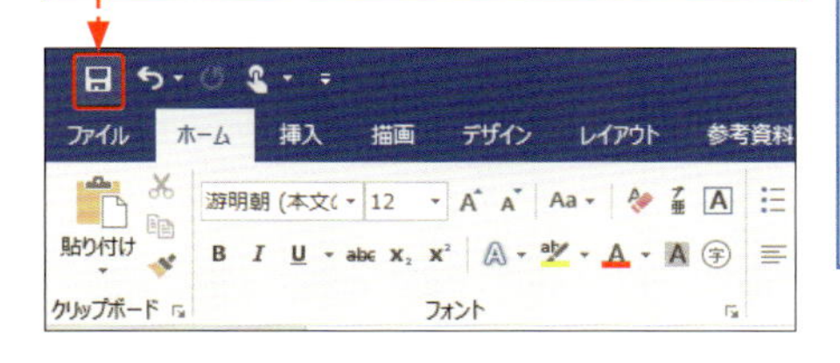

Keyword 上書き保存

文書を何度も変更して、最新のファイルだけを残すことを、文書の「上書き保存」といいます。＜ファイル＞タブの＜上書き保存＞をクリックしても同じです。

Hint 上書き保存する前の状態に戻す

上書き保存をしても、文書を閉じていなければ、＜元に戻す＞をクリックして操作を戻すことができます（P.30参照）。

保存した文書を閉じる／開く

文書を保存したら、＜ファイル＞タブから**文書を閉じます**。保存した文書を開くには、**＜ファイルを開く＞画面**からファイルを選択します。**最近使ったファイル**などを利用しても開くことができます。

1 文書を閉じる

1 ＜ファイル＞タブをクリックして、

2 ＜閉じる＞をクリックすると、

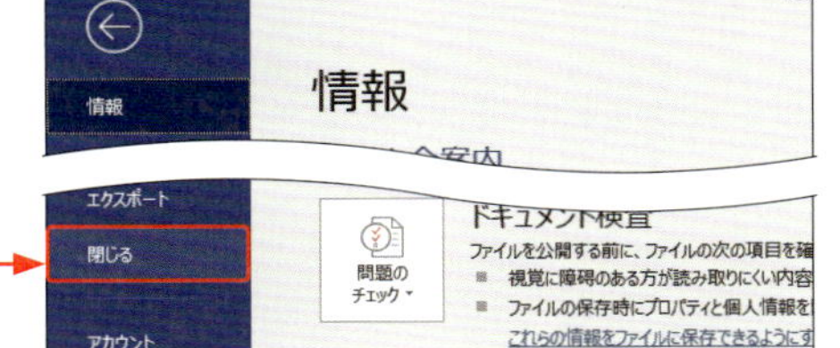

Memo

＜閉じる＞ ✕ をクリックする

文書が複数開いている場合は、＜閉じる＞ ✕ をクリックしても、その文書のみを閉じることができます（文書が1つだけの場合は、Word 2019も終了します）。

3 文書が閉じます。

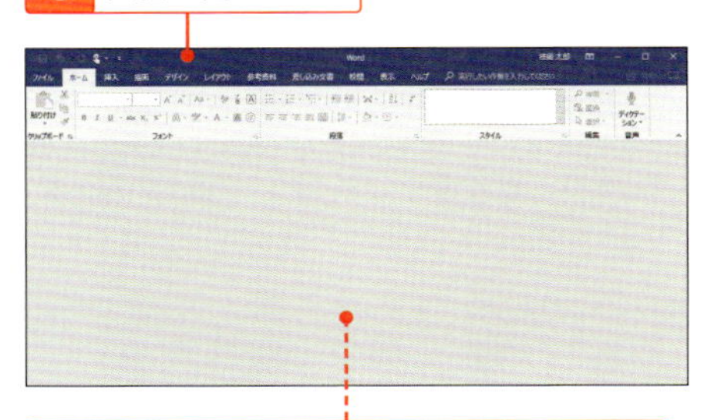

文書を閉じても、Word自体は終了しません。

Hint

文書が保存されていないと?

変更を加えて保存しないまま文書を閉じようとすると、右の画面が表示されるので、いずれかを選択します。

Microsoft Word
将棋大会案内 に対する変更を保存しますか?
[保存しない] をクリックした場合でも、このファイルの最新のコピーが一時的に保存されます。
詳細を表示
保存(S) 保存しない(N) キャンセル

2 保存した文書を開く

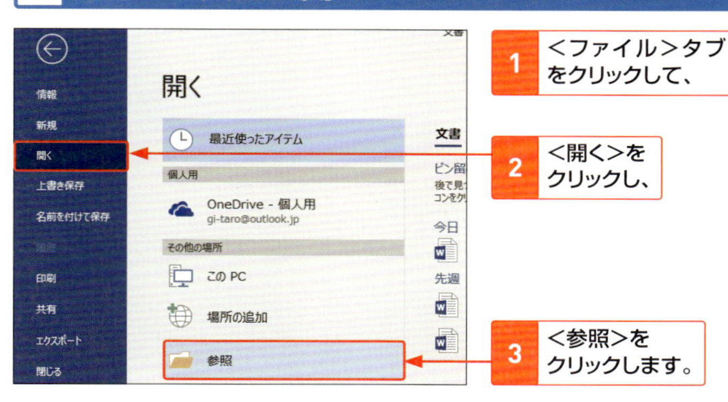

1 <ファイル>タブをクリックして、

2 <開く>をクリックし、

3 <参照>をクリックします。

4 開きたい文書が保存されているフォルダーを指定して、

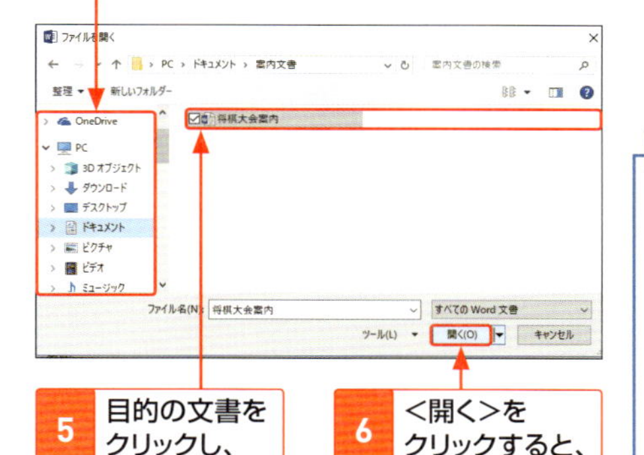

5 目的の文書をクリックし、

6 <開く>をクリックすると、

7 目的の文書が開きます。

Memo Wordの起動画面で文書を開く

Wordを起動した画面では、<最近使ったファイル>が表示されます。ここに目的のファイルがあれば、クリックして開くことができます。<他の文書を開く>をクリックすると、手順 2 の<開く>画面が表示されます。

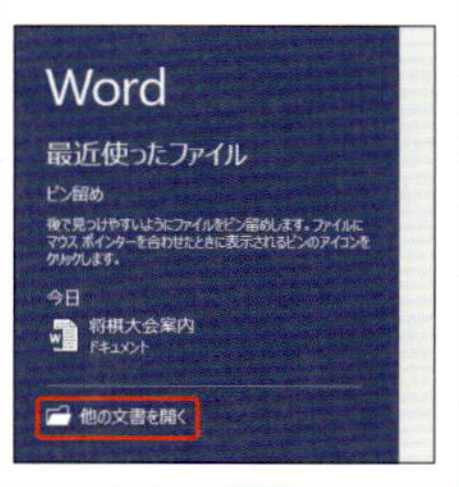

3 最近開いた文書から開く

1 <ファイル>タブをクリックして、<開く>をクリックすると、

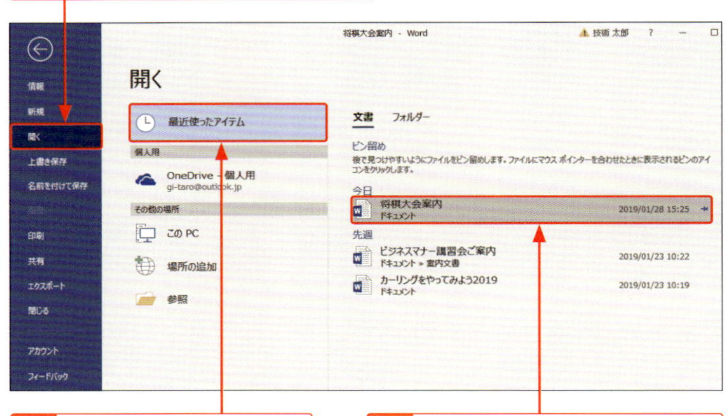

2 <最近使ったアイテム>が表示されます。

3 開きたい文書をクリックします。

StepUp

最近使ったアイテム（ファイル）のファイル表示

Wordの起動画面に表示される<最近使ったファイル>や<開く>画面の<最近使ったアイテム>のファイル一覧は、初期設定では表示されるようになっています。表示するファイルの数を変更したり、この一覧をそれぞれ非表示にすることができます。
<ファイル>タブの<オプション>をクリックして、<Wordのオプション>画面を開きます。<詳細設定>の<表示>から<最近使った文書の一覧に表示する文書の数>を「0」、<[ファイル] タブのコマンド一覧に表示する、最近使った文書の数>をクリックしてオフにすると、ファイルが表示されなくなります。

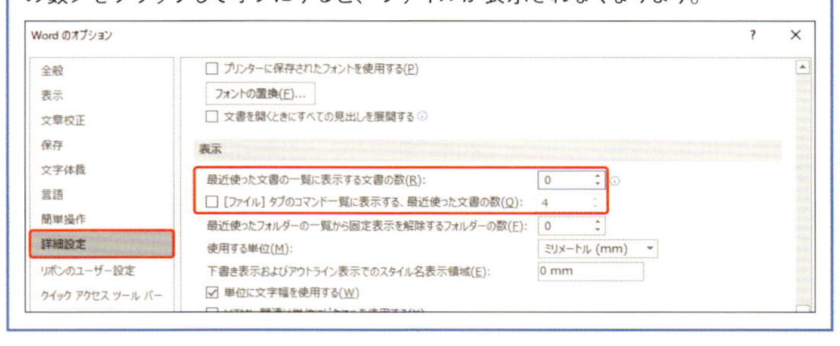

4 ジャンプリストから開く

1 タスクバーにあるWordのアイコンを右クリックすると、

2 最近編集・保存した順に文書名が表示されます。

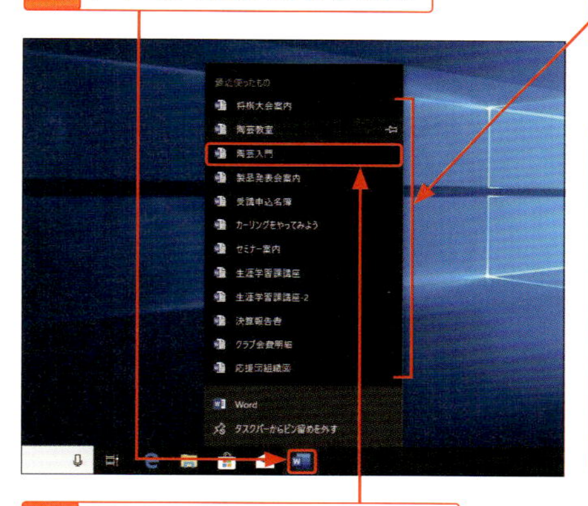

3 開きたい文書をクリックします。

Keyword

ジャンプリスト

手順**2**のような、Wordのアイコンを右クリックして表示される画面を「ジャンプリスト」と呼びます。最近編集・保存した文書名が表示されるので、クリックするだけですばやく開くことができます。

Hint

表示させたくない場合

ジャンプリストに表示させたくない文書は、手順**3**で右クリックして<この一覧から削除>をクリックすると、表示されなくなります。

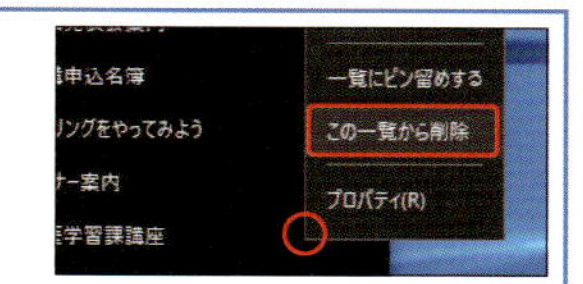

Hint

閲覧の再開

文書を開くと先頭ページが表示されますが、Word 2019では<再開>のメッセージや<再開>マークが表示され、クリックすると前回編集していた位置（ページ）に移動します。
この機能は、前回の作業で編集や保存が行われた場合に利用できます。<再開>マークをクリックせずにほかの操作をすると、<再開>は利用できません。

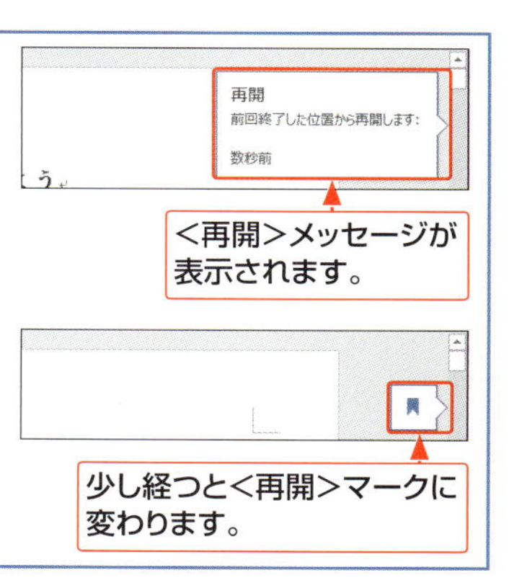

<再開>メッセージが表示されます。

少し経つと<再開>マークに変わります。

新しい文書を作成する

新しい文書を白紙の状態から作成する場合は、＜ファイル＞タブをクリックして＜新規＞の＜白紙の文書＞をクリックします。また、テンプレートから新しい文書を作成することもできます。

1 新規文書を作成する

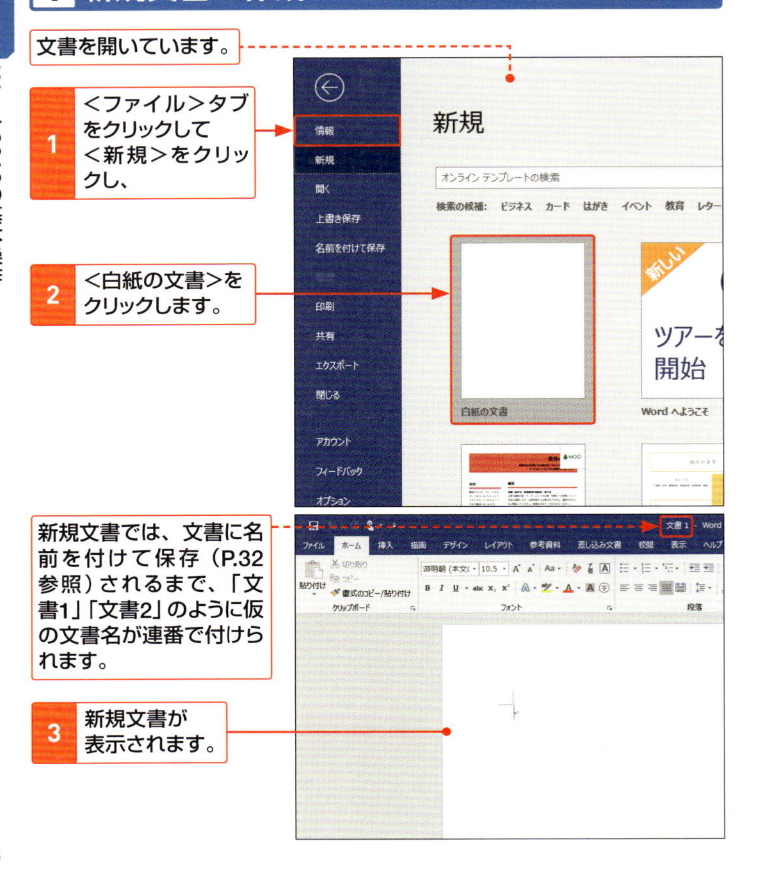

2 テンプレートを利用して新規文書を作成する

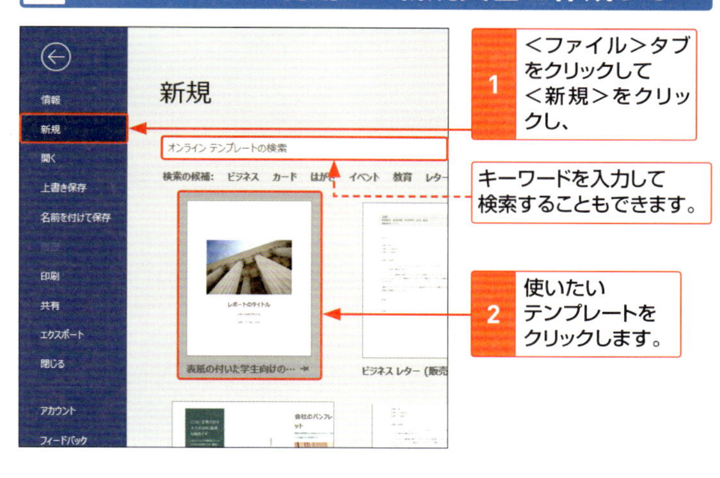

1 <ファイル>タブをクリックして<新規>をクリックし、

キーワードを入力して検索することもできます。

2 使いたいテンプレートをクリックします。

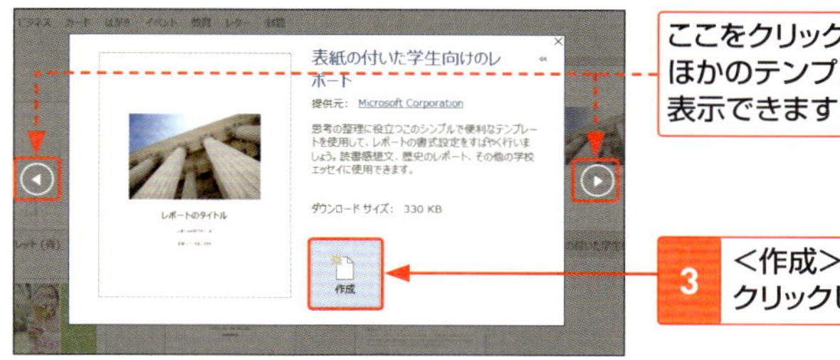

ここをクリックすると、ほかのテンプレートを表示できます。

3 <作成>をクリックします。

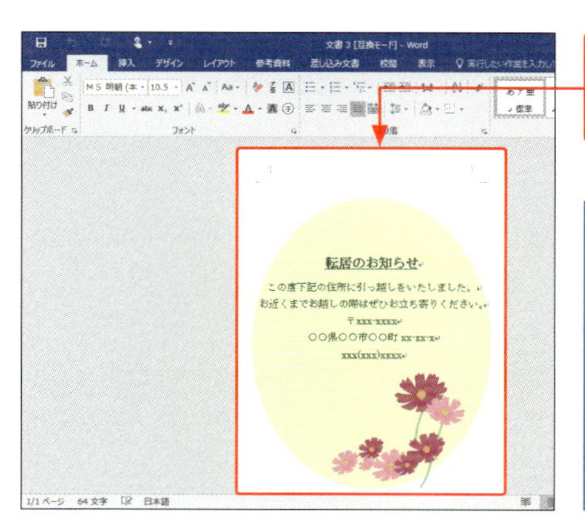

4 テンプレートがダウンロードされます。

Keyword

テンプレート

「テンプレート」は、あらかじめデザインが設定された文書のひな形のことです。テンプレートを検索してダウンロードするには、インターネットに接続しておく必要があります。

文書を印刷する

文書が完成したら、印刷してみましょう。印刷の前に、印刷プレビューで印刷イメージを確認します。<印刷>画面では、ページ設定の確認、プリンターや印刷する条件などを設定できます。

Backstage ビューの<印刷>画面構成

Word 2019は、Backstage ビューの<印刷>画面に、印刷プレビューやプリンターの設定、印刷内容の設定など印刷を実行するための機能がまとまって用意されています。

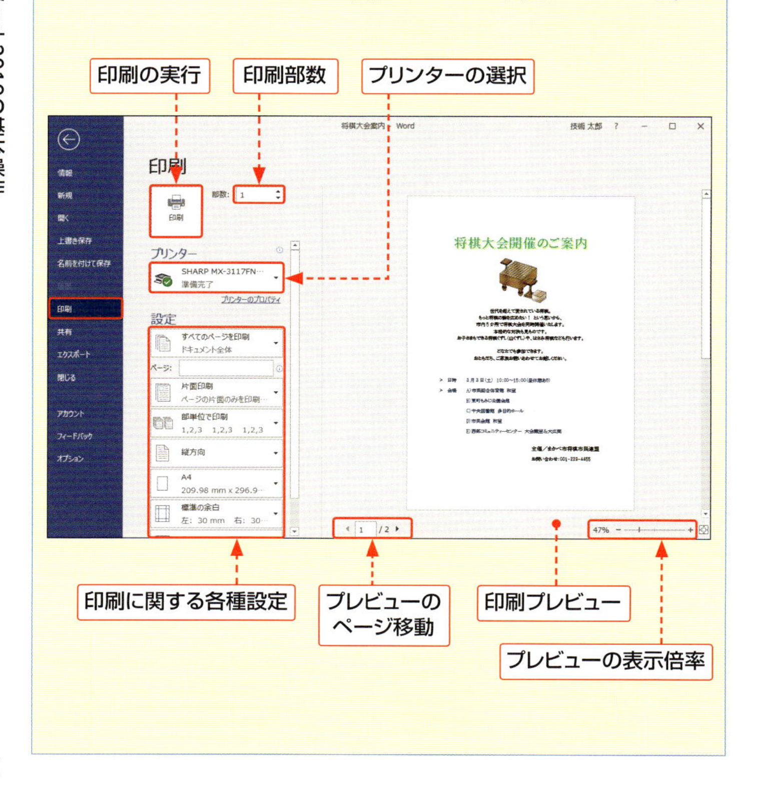

1 印刷イメージを確認して文書を印刷する

1 印刷する文書を開き、

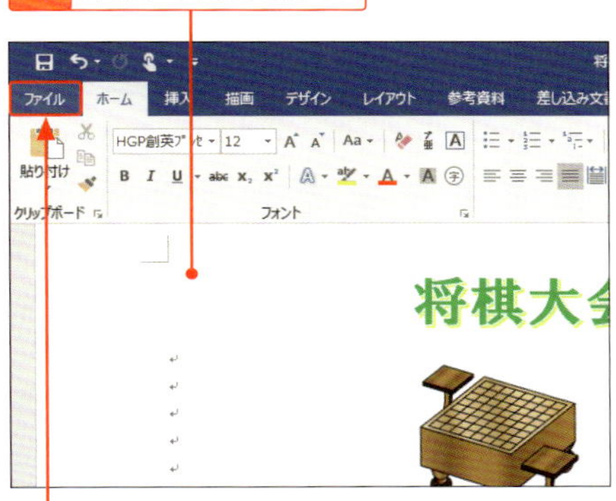

2 <ファイル>タブをクリックして、

3 <印刷>をクリックします。

4 プリンターを確認して、

印刷プレビュー

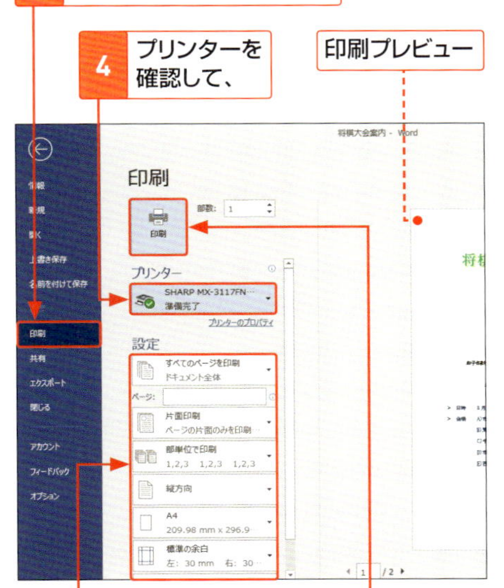

5 ページ設定を確認します。

6 <印刷>をクリックすると、印刷が始まります。

Hint

印刷プレビューの表示倍率

印刷プレビューの表示倍率を変更するには、印刷プレビューの右下にあるズームスライダーをドラッグするか、左右の<拡大>、<縮小>をクリックします。

Memo

印刷する前に

プリンターの電源と用紙がセットされていることを前もって確認しましょう。また、手順4でプリンターを設定した場合、必ず<準備完了>と表示されていることを確認してください（表示されるプリンター名は利用しているプリンターによって異なります）。

Memo

印刷部数の指定

初めて印刷する場合は、まず1部印刷して仕上がりを確認してから、<部数>に必要枚数を指定するとよいでしょう。

さまざまな方法で印刷する

Wordの印刷では、文書内の一部分だけや、ページ範囲を指定して印刷することができます。また、印刷方法を指定したり、両面印刷にしたり、目的に合わせた印刷設定をすることができます。

1 印刷する範囲を指定する

1 印刷したい部分を選択して、

2 ＜ファイル＞タブをクリックします。

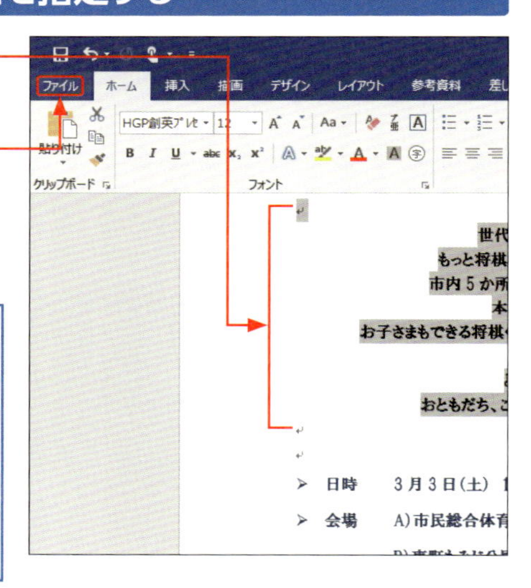

Memo 文書の一部を印刷する

あらかじめ印刷する範囲を選択して、＜選択した部分を印刷＞を指定します。なお、印刷プレビューに選択範囲は表示されません。

Hint 印刷するページ範囲を指定する

＜すべてのページを印刷＞をクリックして、＜ユーザー設定の範囲＞をクリックします＜ページ＞に印刷したいページ範囲を「2-5」(2～5ページまで) のように指定します。

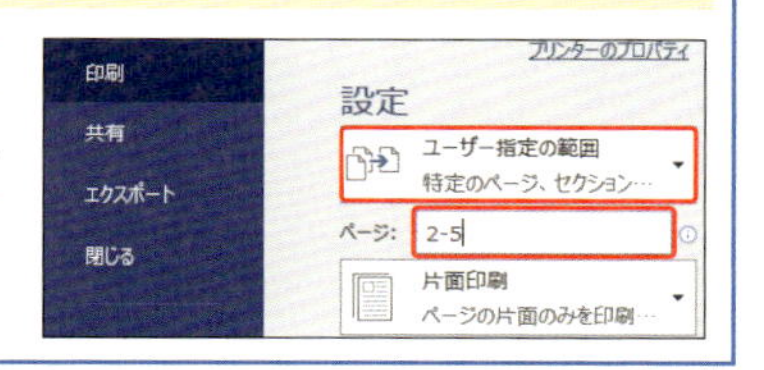

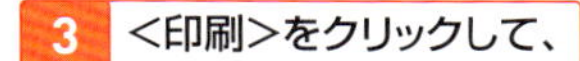

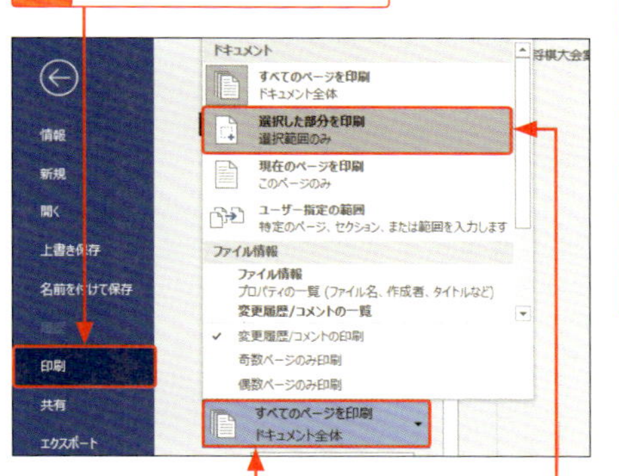

Memo

現在のページを印刷

<すべてのページを印刷>をクリックして、<現在のページを印刷>を指定すると、カーソルが置いてあるページ(現在のページ)のみを印刷することができます。

2 複数ページの印刷方法を指定する

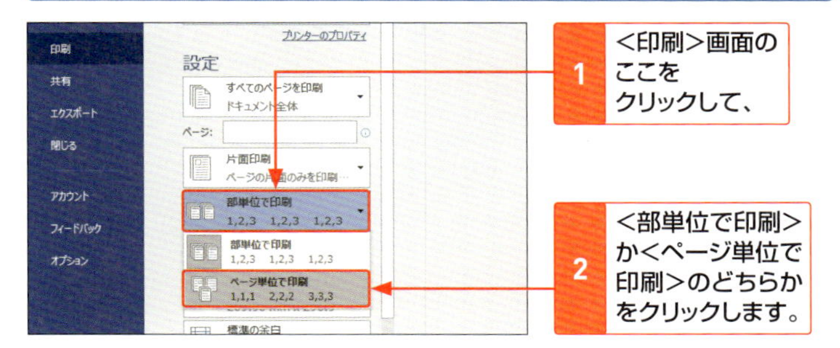

Hint

部単位とページ単位で印刷

複数ページを印刷する場合、部単位で印刷するか、ページ単位で印刷するかを指定できます。<部単位で印刷>は、複数ページをひとまとまりの部として指定した部数が印刷されます。<ページ単位で印刷>は、1ページ目が指定した部数で印刷され、次に2ページ目、3ページ目と順に印刷されます。

部単位

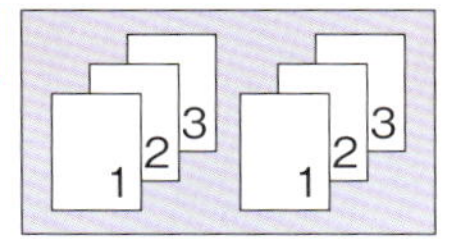

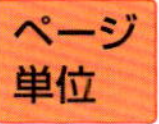

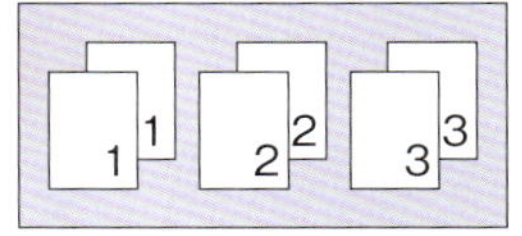

3 自動で両面印刷をする

StepUp 長辺／短辺を綴じる

自動の両面印刷では、文書が縦置きの場合は<両面印刷（長辺を綴じます）>、横置きの場合は<両面印刷（短辺を綴じます）>を指定します。

1 <片面印刷>をクリックし、

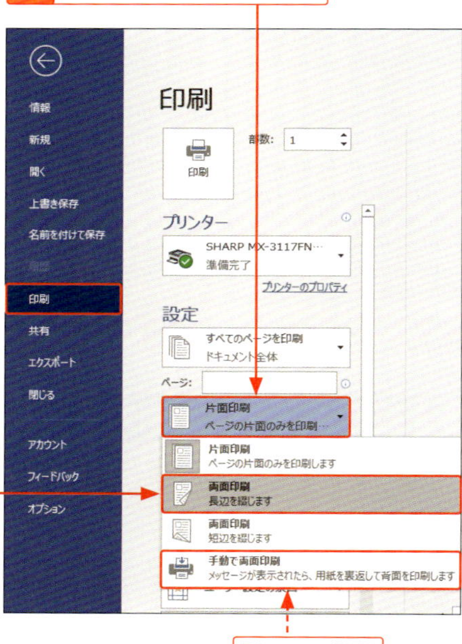

2 <両面印刷（長辺を綴じます）>をクリックします。

下のHint参照

Hint 手動で両面印刷

自動で両面を印刷するには、ソーサー付きのプリンターでなければできません。片面しか印刷できないプリンターの場合は、手順 2 で<手動で両面印刷>をクリックします。通常に片面を印刷したら、下図のような用紙セットのメッセージが表示されますで、印刷した用紙をプリンターの用紙カセットにセットし直して、<OK>をクリックすると、裏面が印刷されます。

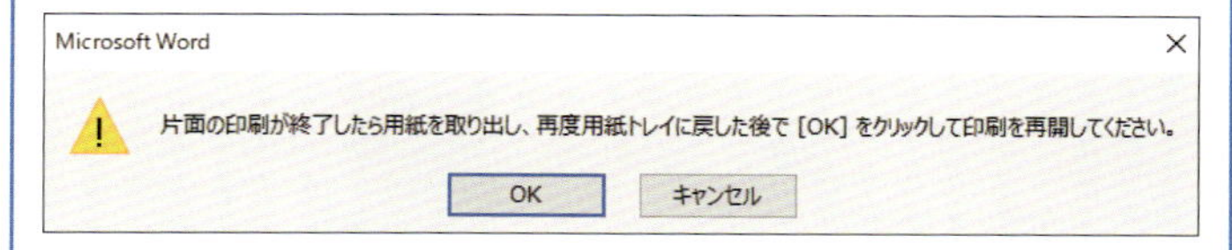

第2章

文字入力と編集

文字入力の準備をする

文字を入力する前に、キーボードでの入力方式をローマ字入力にするかかな入力にするかを決めます。また、入力するときには、ひらがなか英字か、入力モードを設定します。

「ローマ字入力」と「かな入力」の違い

ローマ字入力：この部分の文字でＳＯＲＡとキーを押すと、「そら」と入力されます。

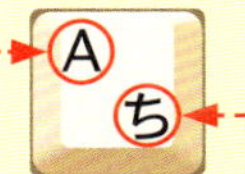

かな入力：この部分の文字でそらとキーを押すと、「そら」と入力されます。

1 ローマ字入力とかな入力を切り替える

Memo

入力方式を決める

最初に「ローマ字入力」か「かな入力」のいずれかを決めます。本書では、ローマ字入力を中心に解説します。

1 <入力モード>を右クリックして、

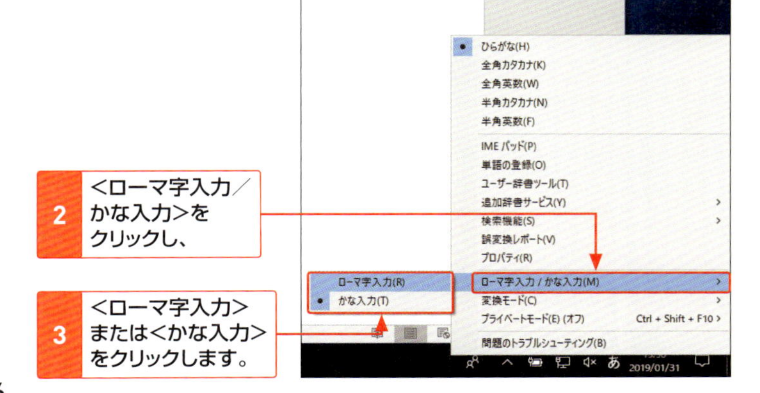

2 <ローマ字入力／かな入力>をクリックし、

3 <ローマ字入力>または<かな入力>をクリックします。

2 入力モードを切り替える

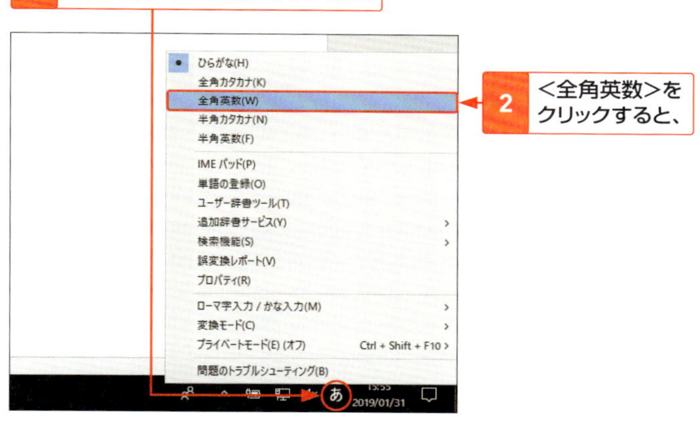

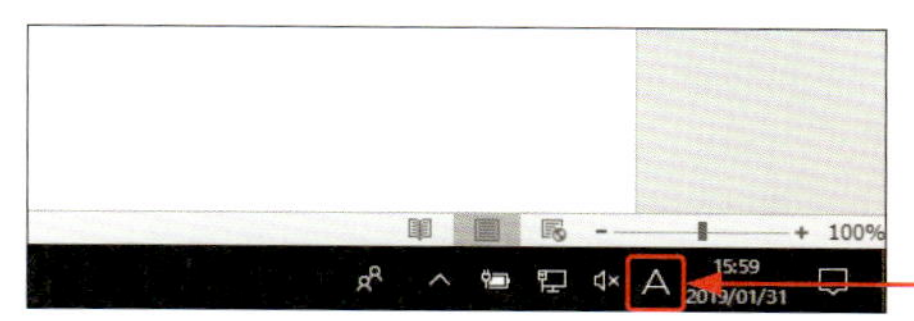

Memo

入力モードの切り替え

入力モードは、キーを押したときに入力される文字の種類を示すもので、タスクバーには現在の入力モードが表示されます。<入力モード>をクリックするか 半角/全角 を押すと、<ひらがな> あ と<半角英数> A が切り替わります。そのほかのモードは上の手順のように指定するか、 無変換 を押して切り替えます。

入力モードの種類

入力モード	入力例	入力モードの表示
ひらがな	あいうえお	あ
全角カタカナ	アイウエオ	カ
全角英数	ａｉｕｅｏ	Ａ
半角カタカナ	ｱｲｳｴｵ	_ｶ
半角英数（直接入力）	aiueo	A

日本語を入力する

日本語を入力するには、文字の「読み」としてひらがなを入力し、漢字やカタカナに変換して確定します。読みを変換すると、変換候補が表示されるので選択します。

1 ひらがなを入力する

入力モードを<ひらがな>にします（P.47参照）。

1 Aのキーを押すと、

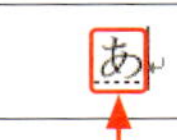

2 「あ」と表示されます。

3 続けて、S A H Iとキーを押すと、

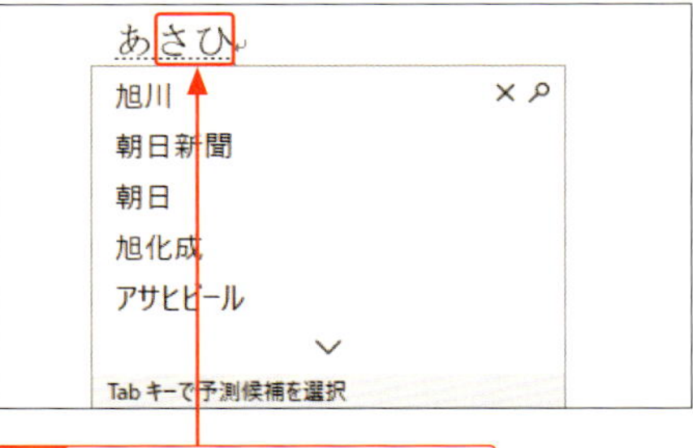

4 「さひ」と表示されるので、Enterを押します。

5 文字が確定します。

あさひ

> **Memo　入力と確定**
>
> キーを押して画面上に表示されたひらがなには、手順4のように文字の下に点線が引かれています。この状態では、まだ文字の入力は完了していません。キーボードのEnterを押すと、入力が確定します（手順5のように下線が消えます）。

> **Memo　予測候補の表示**
>
> 入力が始まると、手順4のように該当する変換候補が表示されます。ひらがなを入力する場合は、そのまま無視してかまいません。

2 カタカナを入力する

1 W I N D O U とキーを押して「うぃんどう」と読みを入力します。

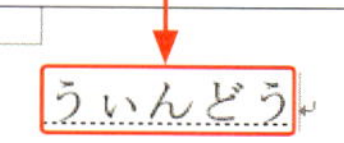

2 Space を押すと、

3 カタカナに変換されます。

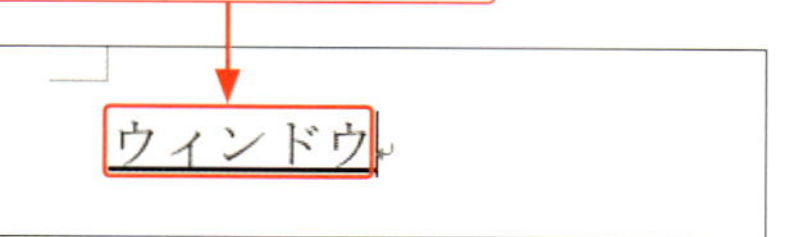

4 Enter を押すと、

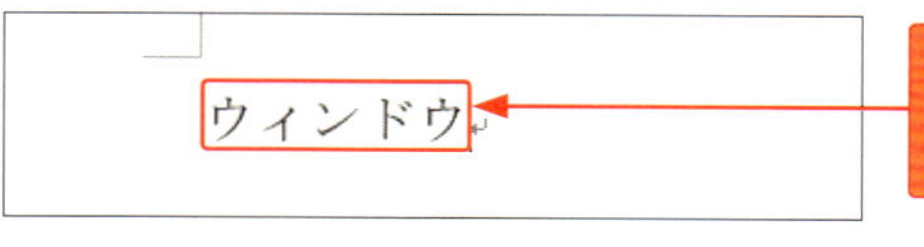

5 文字が確定し、「ウィンドウ」と入力されます。

Hint カタカナの変換

「ニュース」や「インターネット」など、一般的にカタカナで表記する語句は、Space を押すとカタカナに変換されます。
また、読みを入力して、F7 を押しても変換できます（下のStepUp参照）。

StepUp ファンクションキーで一括変換する

確定前の文字列は、キーボードの上部にあるファンクションキー（F6～F10）を押すと、それぞれ変換できます。ここでは、S A K U R A とキーを押した例を紹介します。

F6「ひらがな」

さくら

F7「全角カタカナ」

サクラ

F8「半角カタカナ」

ｻｸﾗ

F9「全角英数」

ｓａｋｕｒａ

F10「半角英数」

sakura

3 漢字を入力する

「散会」という漢字を入力します。

1 S A N K A I とキーを押して、Space を押すと、

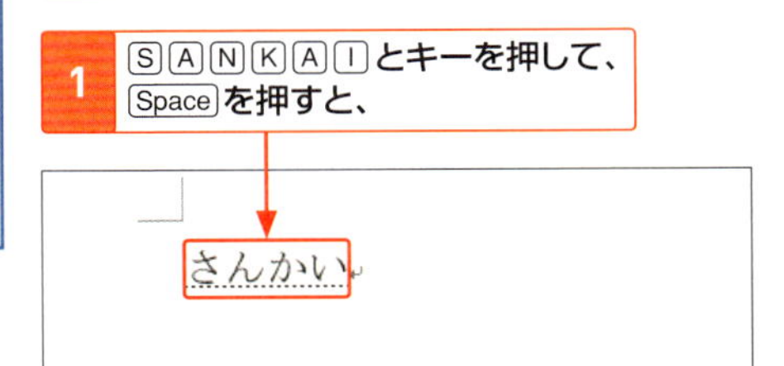

2 漢字に変換されます。

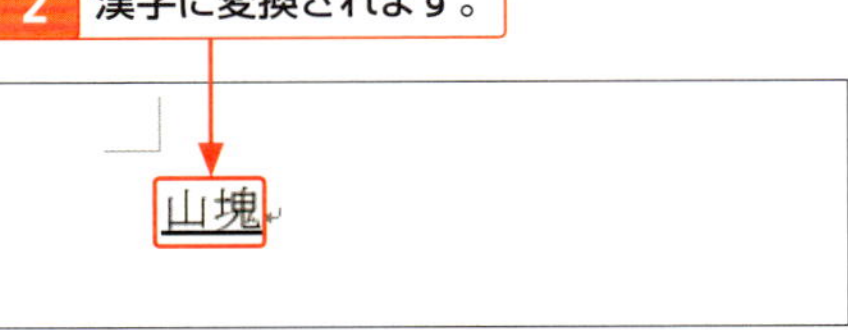

3 違う漢字に変換するために、再度 Space を押して、

左のHint参照

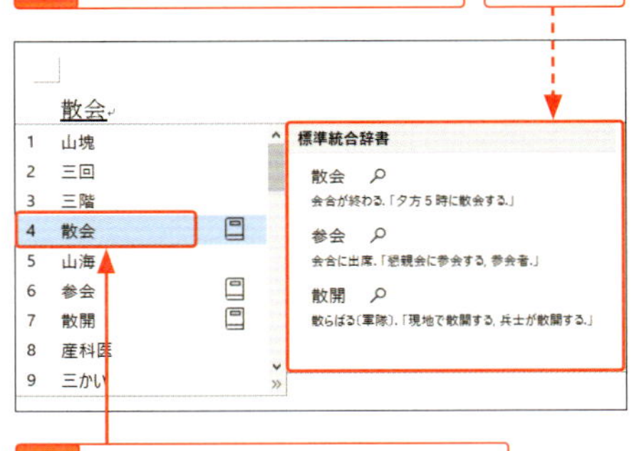

4 候補一覧から漢字をクリックし、Enter を押します。

5 文字が確定して、「散会」と入力されます。

散会

Memo 漢字の入力と変換

漢字を入力するには、漢字の「読み」を入力して、Space または 変換 を押します。

Memo 変換候補の一覧

漢字の「読み」を入力して Space を2回押すと、入力候補が表示されます。

Hint 標準統合辞書の表示

同音異義語がある候補には、📖 が表示されます。その候補に移動すると、語句の用法を示す標準統合辞書が表示されるので、用途に合った漢字を選びます。

🔍 をクリックすると、Webブラウザが起動して、語句の検索結果が表示されます。

4 複文節を変換する

「シャツを選択する」と変換された複文節の「選択する」を「洗濯する」に直します。

1 「しゃつをせんたくする」と読みを入力して、Space を押すと、

2 複文節がまとめて変換されます。

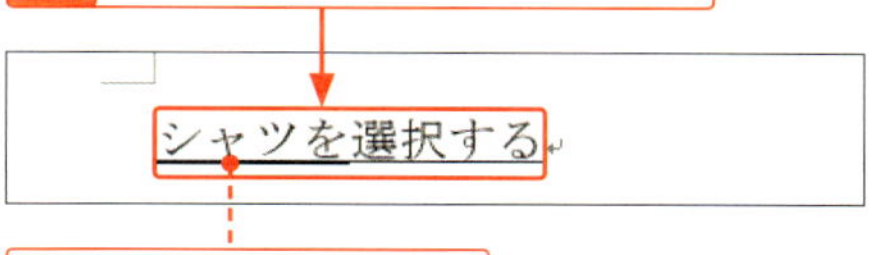

太い下線が付いた文節が変換の対象になります。

3 → を押して、変換対象に移動します。

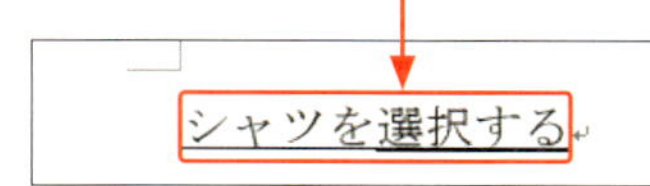

4 Space を押すと変換されるので、

5 「洗濯する」をクリックし、Enter を押します。

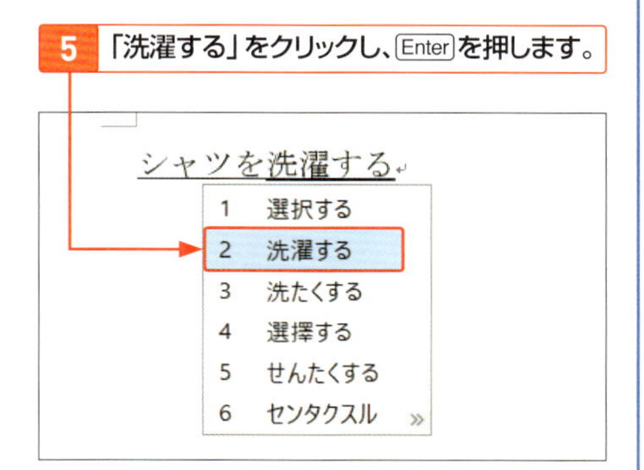

6 変換が確定されます。

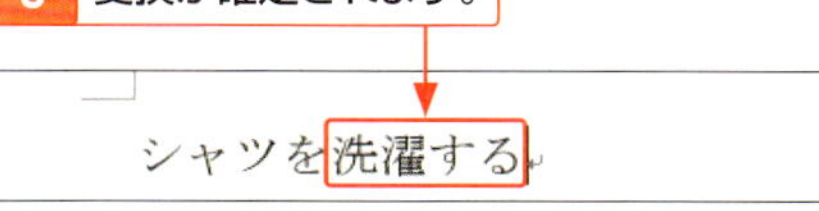

Keyword

文節と複文節

「文節」とは、末尾に「～ね」や「～よ」を付けて意味が通じる文の最小単位のことです。これに対し、複数の文節で構成された文字列を「複文節」といいます。

StepUp

確定後に再変換する

確定した文字が違っていたら、文字を選択して（P.56参照）キーボードの 変換 を押します。変換候補が表示されるので、正しい文字を選択します。

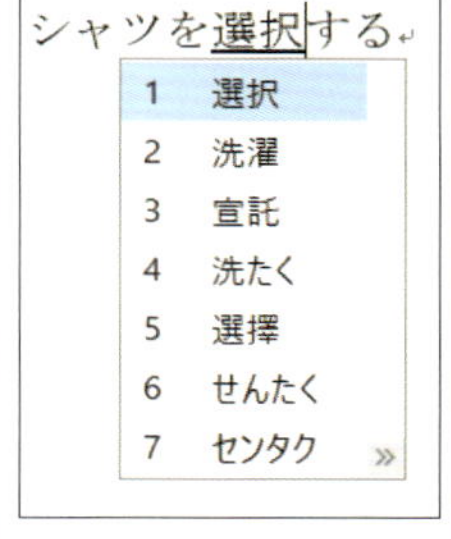

アルファベットを入力する

アルファベットを入力するには、入力モードを<半角英数>モードにして入力する方法と、日本語を入力中のまま、<ひらがな>モードで入力する方法があります。

1 <半角英数>モードで入力する

Memo

<半角英数>モードに切り替える

<入力モード>を<半角英数>（P.47参照）にするか、キーボードの半角／全角を押すと、アルファベット入力の<半角英数>モードになります。

「Windows Update」と入力します。

1 入力モードを<半角英数>に切り替えます。

2 Shift＋Wを押して、大文字の「W」を入力します。

3 Shiftを押さずにINDOWSとキーを押して、小文字の「indows」を入力します。

Windows

4 Spaceを押して、半角スペースを入力します。

5 同様に、「Update」を入力します。

Hint

大文字の英字の入力

<半角英数>モードで、アルファベットのキーを押すと小文字の英字、Shiftを押しながらキーを押すと大文字の英字が入力できます。

2 ＜ひらがな＞モードで入力する

「World」と入力します。

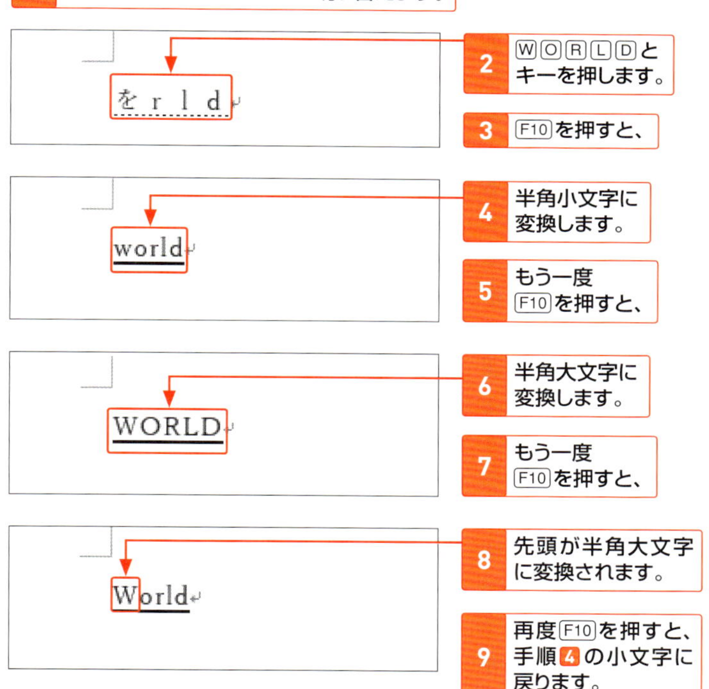

Hint

1文字目が大文字に変換される

1文字目が大文字に変換される場合は、＜ファイル＞タブの＜オプション＞をクリックして、＜文章校正＞で＜オートコレクトのオプション＞をクリックします。表示される＜オートコレクト＞ダイアログボックスの＜オートコレクト＞で＜文の先頭文字を大文字にする＞をクリックしてオフにします。

オートコレクト：英語（米国）

オートコレクト | 数式オートコレクト | 入力オートフォーマット | オー

☑ [オートコレクト オプション] ボタンを表示する(H)
☑ 2 文字目を小文字にする [THe … → The …](O)
☐ 文の先頭文字を大文字にする [the … → The …](S)
☑ 表のセルの先頭文字を大文字にする(C)
☑ 曜日の先頭文字を大文字にする [monday → Monday](
☑ CapsLock キーの押し間違いを修正する [tHE … → The .

文章を改行する

文末でEnterを押して次の行に移動する区切りのことを**改行**といいます。改行された文末には**段落記号** ↵ が表示されます。段落記号は**編集記号**の1つで、文書編集の目安にする記号です。

1 文字列を改行する

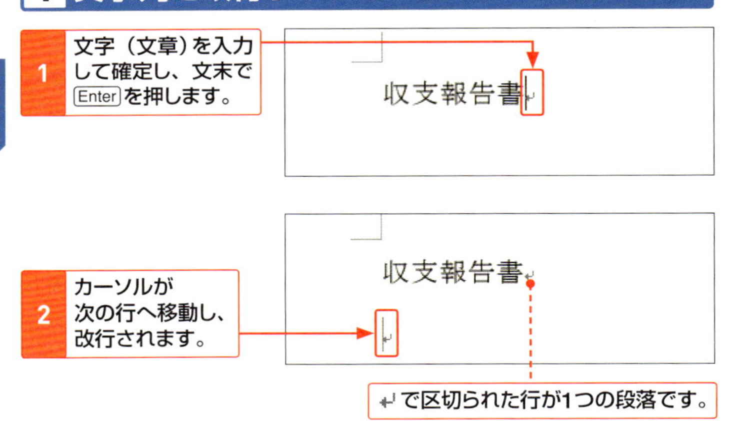

2 編集記号を表示する

1 <ホーム>タブをクリックして、

2 <編集記号の表示／非表示>をクリックします。

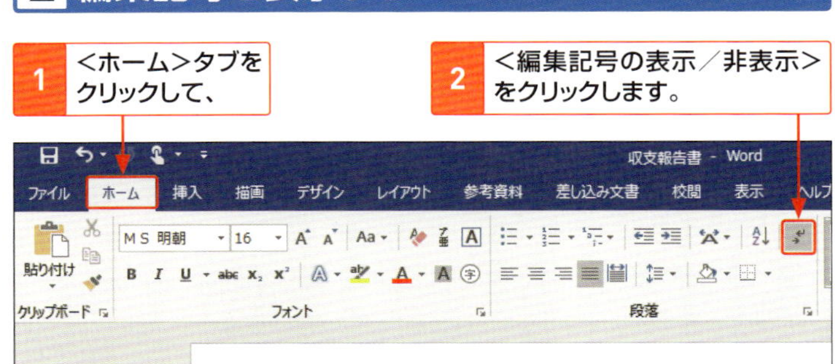

3 編集記号が表示されます。

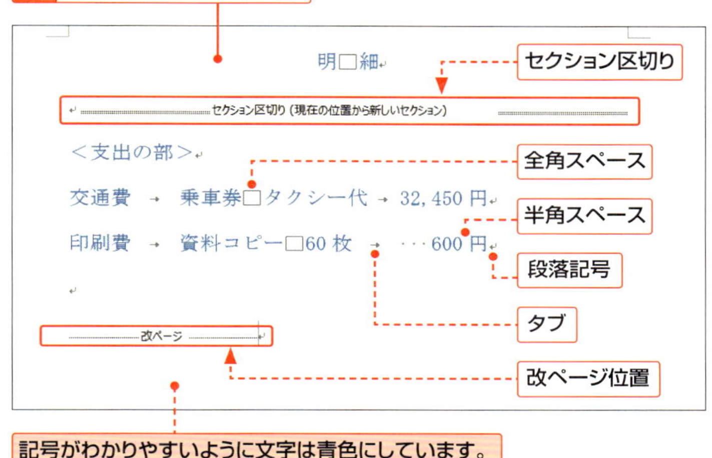

記号がわかりやすいように文字は青色にしています。

Keyword

編集記号

Wordでの編集記号とは、スペースやタブなど文書編集に用いる記号です。画面上に表示して編集の目安にするもので、印刷はされません。

StepUp

編集記号の表示

初期設定では段落記号↵のみが表示されますが、このほかの編集記号は個別に表示／非表示を設定することができます。
＜ファイル＞タブの＜オプション＞をクリックして、＜表示＞の＜常に画面に表示する編集記号＞で表示する記号をオンにし、表示しない記号はオフにします。＜すべての編集記号を表示する＞をオンにするとすべて表示されます。

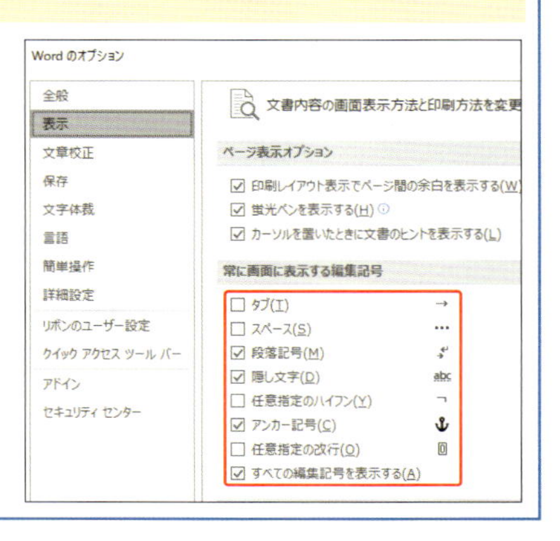

第2章 文字入力と編集

文字列を選択する

文字列にコピーや書式変更などを行う場合、最初にその対象範囲を選択します。**文字列の選択**は、選択したい文字列をドラッグするのが基本です。**単語や段落、文書全体の選択**方法を紹介します。

1 単語を選択する

1 選択する単語の上にマウスカーソルを移動して、

2 ダブルクリックします。

陶芸教室を開講します！

「土和市」との友好交流事業として、陶芸教室
一度は作陶体験してみませんか？

3 単語が選択されます。

陶芸教室を開講します！

「土和市」との友好交流事業として、陶芸教室
一度は作陶体験してみませんか？

Hint タッチ操作で文字列を選択する

タッチ操作で単語を選択する場合は、単語の上をダブルタップします。文字列の場合は、右図のように操作します。

1 始点となる位置を1回タップして、

陶芸教室を開講します！

陶芸教室を開講します！

2 ハンドルを終点までスライドします。

2 文字列を選択する

1 選択範囲の先頭にカーソルを移動して、

2 目的の範囲をドラッグすると、

陶芸教室を開講します！

ち「土和市」との友好交流事業として、陶芸教室

。一度は作陶体験してみませんか？

3 文字列が選択されます。

3 行を選択する

1 選択する行の左余白にマウスポインターを移動してクリックすると、

2 行が選択されます。

焼き物のまち「土和市」との友好交流事業として、陶芸教室を開催することになりました。一度は作陶体験してみませんか？

「手ひねり」と呼ばれる手で簡単に作れるものから、電動のろくろを回して本格的な焼き物を作る体験ができます。

土和市の先生方がていねいに教えてくださいますので、お気軽にご参加ください。

3 左余白をドラッグすると、

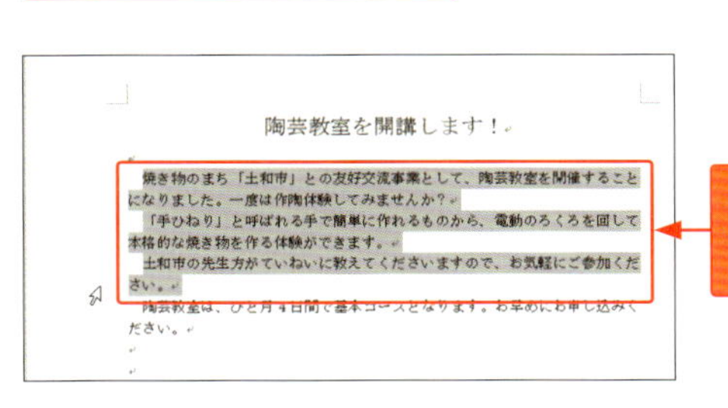

4 ドラッグした範囲の行がまとめて選択されます。

Hint

文書全体の選択

Shift＋Ctrlを押しながら文書の左余白をクリックするか、Ctrl＋Aを押すと、文書全体を選択できます。

4 段落を選択する

Keyword

段落

Wordでの「段落」とは、文書の先頭（または段落記号↵）から、文書の末尾（または次の段落記号↵）までの文章のことです。

1 左余白にマウスポインターを移動してダブルクリックすると、

陶芸教室を開講します！

焼き物のまち「土和市」との友好交流事業として、陶芸教室を開催することになりました。一度は作陶体験してみませんか？

「手ひねり」と呼ばれる手で簡単に作れるものから、電動のろくろを回して本格的な焼き物を作る体験ができます。

土和市の先生方がていねいに教えてくださいますので、お気軽にご参加ください。

陶芸教室は、ひと月4日間で基本コースとなります。お早めにお申し込みください。

2 段落が選択されます。

陶芸教室を開講します！

焼き物のまち「土和市」との友好交流事業として、陶芸教室を開催することになりました。一度は作陶体験してみませんか？

「手ひねり」と呼ばれる手で簡単に作れるものから、電動のろくろを回して本格的な焼き物を作る体験ができます。

土和市の先生方がていねいに教えてくださいますので、お気軽にご参加ください。

陶芸教室は、ひと月4日間で基本コースとなります。お早めにお申し込みください。

StepUp

選択後に選択範囲を変更する

文字列や段落などを選択してマウスのボタンを離したあと、選択範囲を変更したい場合は、キーを使って最後の文字（行）から選択を解除することができます。

- Shift＋← ：選択範囲の最後の1文字を解除します。
- Shift＋→ ：選択範囲の次の1文字を追加します。
- Shift＋↑ ：選択範囲の先頭位置から上の1行分までに範囲が変更されます。複数行選択している場合は、最後の1行の選択を解除します。
- Shift＋↓ ：選択範囲の最後から下の1行分までを範囲に追加します。複数行選択している場合は、下の1行を追加します。

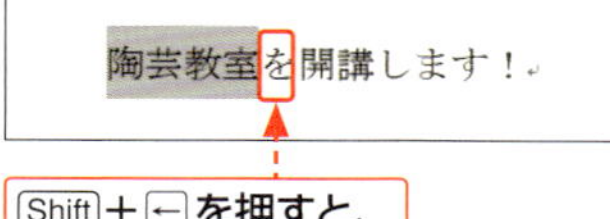

Shift＋←を押すと、1文字解除されます。

陶芸教室を開講します！

Shift＋→を押すと、1文字選択範囲を伸ばせます。

5 複数の文字列を同時に選択する

1 最初の文字列をドラッグして選択します。

2 Ctrl を押しながら、

3 ほかの文字列をドラッグして選択します。

4 Ctrl を押したまま、ほかの文字列をドラッグします。

Memo

離れた場所の文字列を同時に選択する

Ctrl を押しながら文字列、行、段落を選択すると、同時に複数の対象を選択した状態にできます。

文字列を修正する

入力中の文字列は、**変換する前に文字の挿入や削除**を行うことができます。漢字に変換したあとで文字列や文節区切りを修正するには、**変換をいったん解除してから修正**し、文字列を確定します。

1 変換前の文字列を修正する

「もじ」を「もじれつ」に修正します。

1 「もじをにゅうりょくする」と入力します。

もじをにゅうりょくする

2 ←を押して、「じ」の後ろにカーソルを移動し、

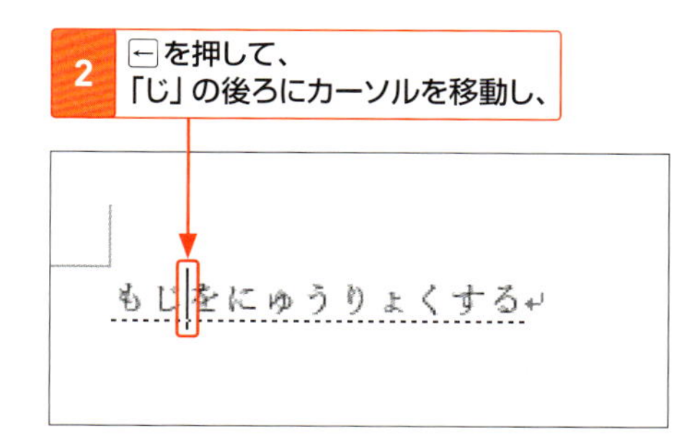

3 RETUとキーを押すと、「もじれつ」と修正されます。

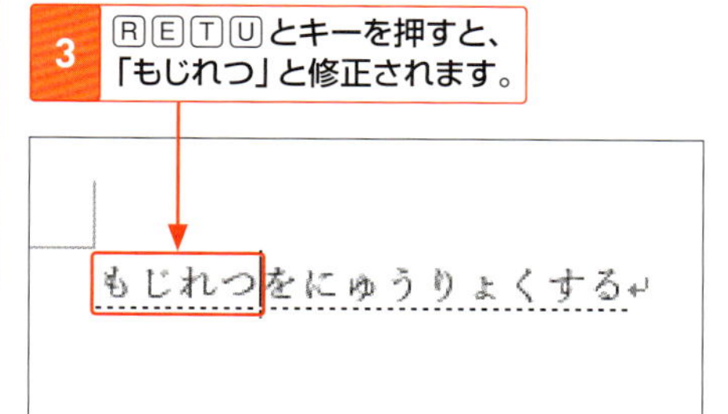

Memo

変換前の修正

変換前の文字列を修正したい場合は、←や→を押してカーソルを移動して、文字の挿入や削除を行います。なお、BackSpaceはカーソルの左側、Deleteはカーソルの右側にある文字を削除します。

2 変換後の文字列を修正する

「文字」を「文字列」に修正します。

1 「にゅうりょくしたもじをしゅうせいする」と入力して変換します。

入力した文字を修正する

2 →を押して修正する文節に移動し、Escを押すと（右のHint参照）、

入力したもじを修正する

3 ひらがなに戻ります。

4 ←を押して、「じ」の後ろにカーソルを移動し、

入力したもじを修正する

5 RETUとキーを押すと、「もじれつ」と修正されます。

入力したもじれつを修正する

6 Spaceを押して漢字に変換し、

入力した文字列を修正する

7 Enterを押して確定します。

Hint 複文節をひらがなに戻す

確定していない複文節の文字列は、Escを押す回数によって入力結果が変わります。

- Escを1回押す
  変換の対象の文節がひらがなに戻ります。
- Escを2回押す
  文字列全体がひらがなに戻ります。
- Escを3回または4回押す
  文字列の入力が取り消されます。

Memo 変換後の修正

変換後に改めて修正したい場合は、修正したい文節の変換を解除してからカーソルを移動し、読みの挿入や削除を行います。

3 文節の区切りを修正する

「今日は混んでいますね」と入力します。

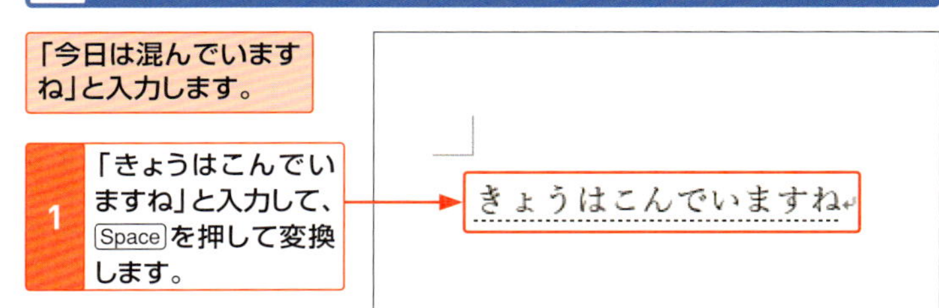

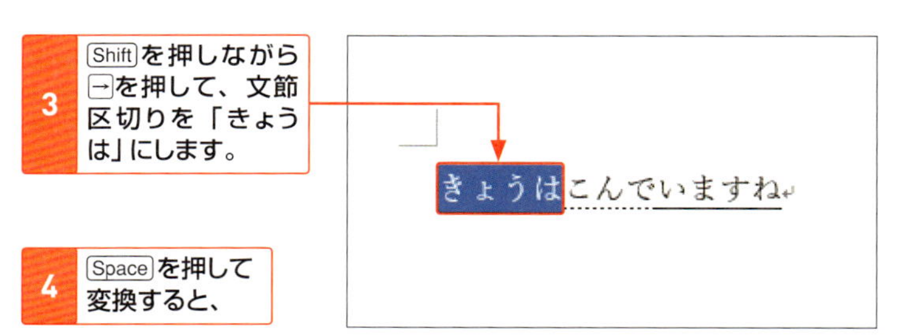

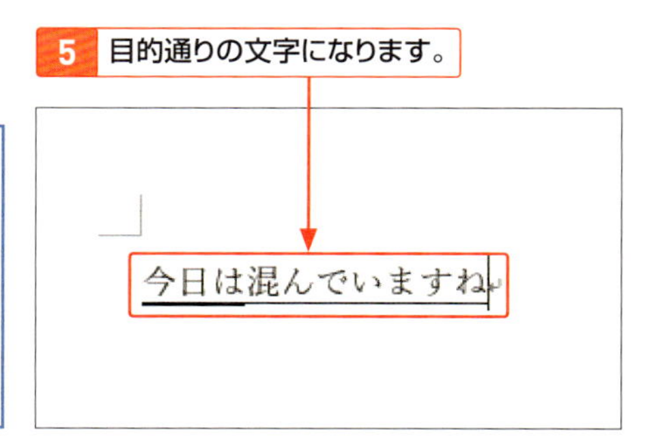

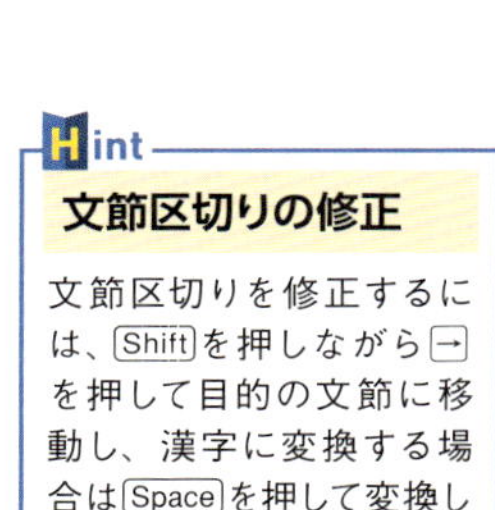

Hint

文節区切りの修正

文節区切りを修正するには、Shiftを押しながら→を押して目的の文節に移動し、漢字に変換する場合はSpaceを押して変換します。

4 漢字を1文字ずつ変換する

「美城」(みしろ)と入力します。

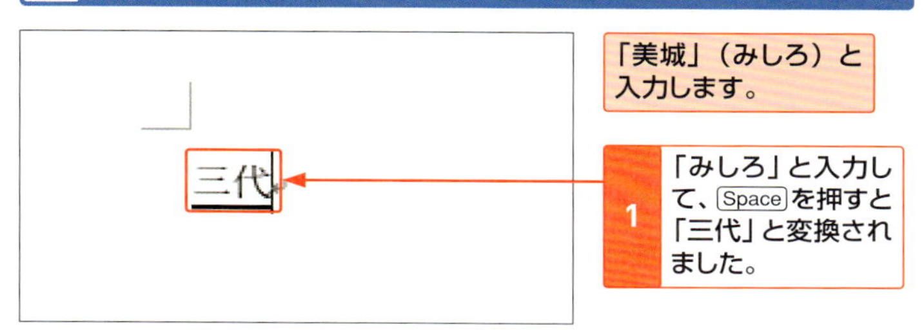

1 「みしろ」と入力して、Spaceを押すと「三代」と変換されました。

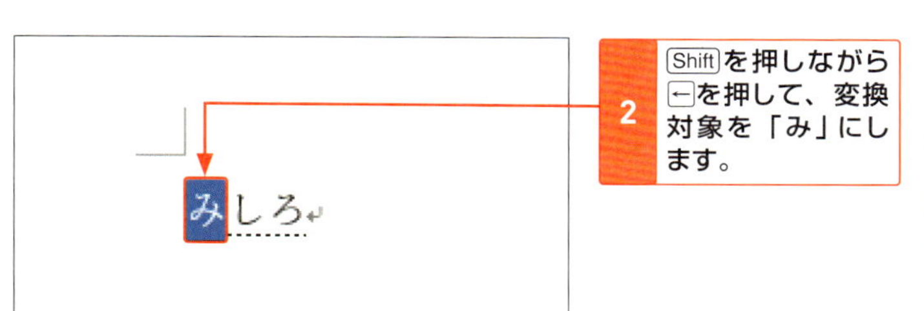

2 Shiftを押しながら←を押して、変換対象を「み」にします。

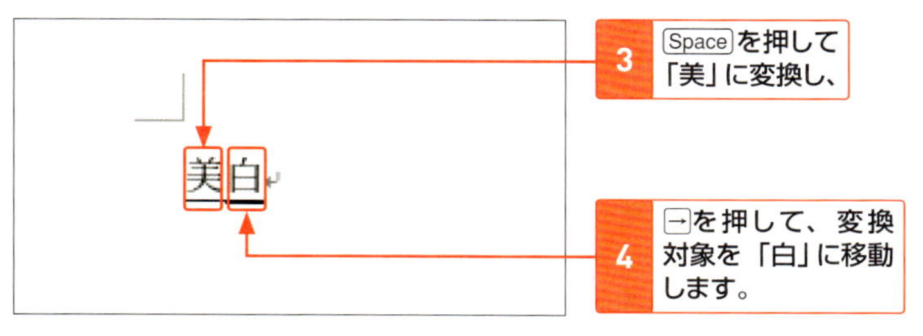

3 Spaceを押して「美」に変換し、

4 →を押して、変換対象を「白」に移動します。

5 Spaceを押して、「城」と変換されたら、Enterを押して確定します。

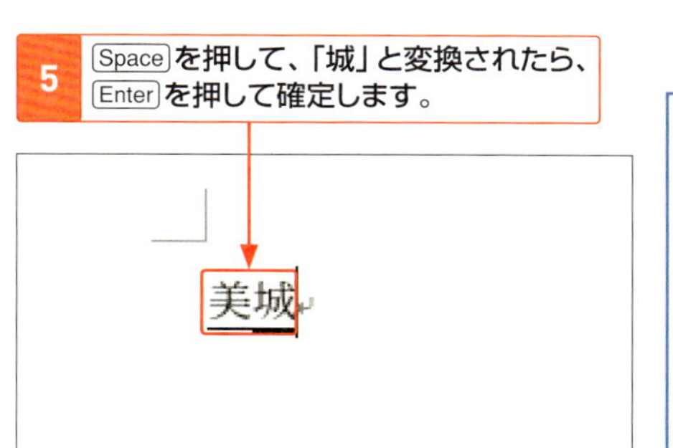

Hint

変換候補にない漢字の入力

変換候補に目的の漢字がない場合は、変換対象を示す下線の位置を変更して、漢字を1文字ずつ変換します。よく使う漢字の場合は登録しておくとよいでしょう(P.72参照)。

文字列を挿入する／削除する／上書きする

文字をあとから追加するには、目的の位置で**文字を入力して挿入**します。**文字を削除**するには、BackSpaceあるいはDeleteを押します。また、文字を変更する場合は、**別の文字を上書き**します。

1 文字列を挿入する

1 文字を挿入する位置をクリックします。

パソコン講習会

2 カーソルを移動して、

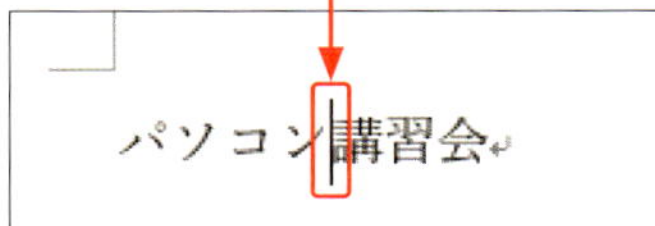

3 文字を入力し、

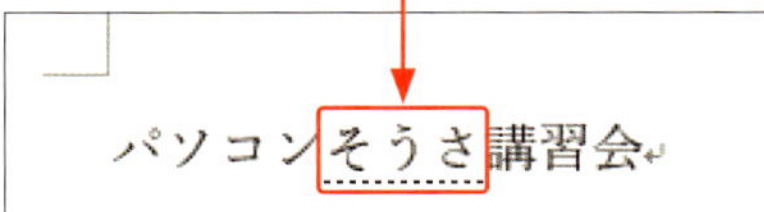

4 漢字に変換して Enter を押すと、

5 文字が挿入されます。

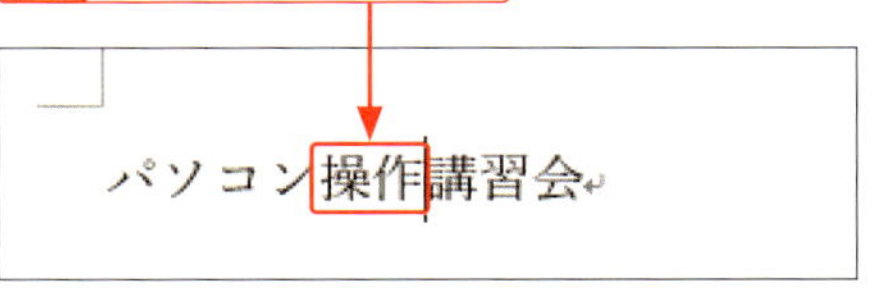

Memo

文字列の挿入

「挿入」とは、入力済みの文字を削除せずに、カーソルのある位置に文字を追加することです。Wordの初期設定であるこの状態を、「挿入モード」と呼びます。

Hint

カーソルを移動する

カーソルを挿入する位置にマウスポインター I を合わせてクリックすると、その位置にカーソルが移動します。

2 文字列を削除する

1文字単位で削除します。

1 ここにカーソルを移動して、BackSpace を押すと、

パソコン操作講習会

2 カーソルの左側の文字が削除されます。

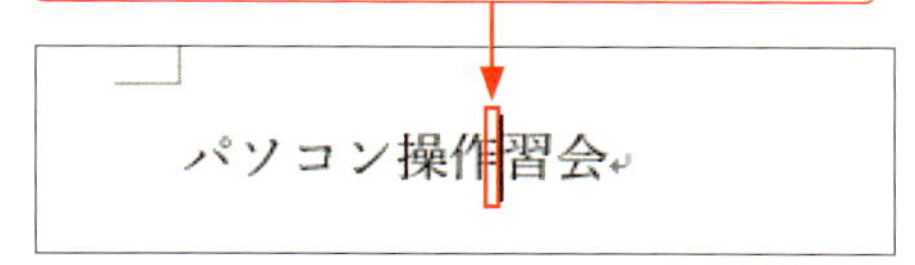

3 そのまま Delete を押すと、

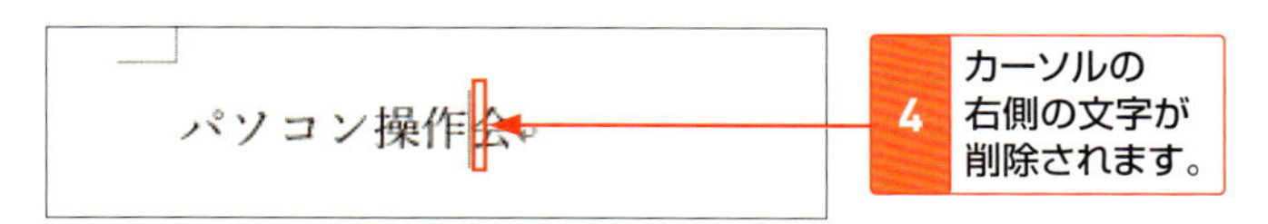

> **Hint**
> **文字列や行単位の削除**
> 文字列や行を選択して（P.56参照）、BackSpace または Delete を押すと、その単位で削除できます。

> **StepUp**
> **文字列を上書きする**
> 「上書き」とは、入力済みの文字を選択して、別の文字に書き換えることです。文字列を上書きするには、文字列を選択してから上書きする文字を入力します。図の例のように、文字数は同じでなくてもかまいません。

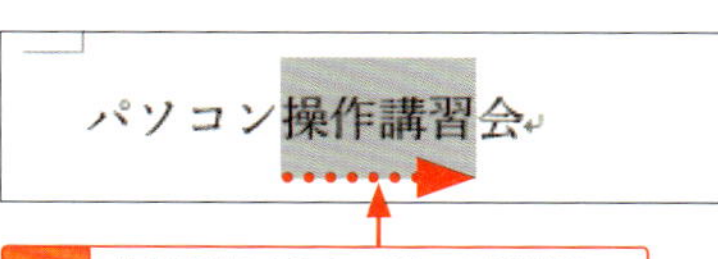

1 文字列をドラッグして選択し、

パソコンの基本を学ぶ会

2 上書きする文字列を入力して確定します。

文字列をコピーする／移動する

Wordには、文字列を繰り返し入力するコピー機能、文字列を切り取り、別の場所に貼り付ける移動機能があります。<ホーム>タブのコマンドやショートカットキーで行うことができます。

1 文字列をコピーする

1 コピーする文字列を選択して、

2 <ホーム>タブの<コピー>をクリックします。

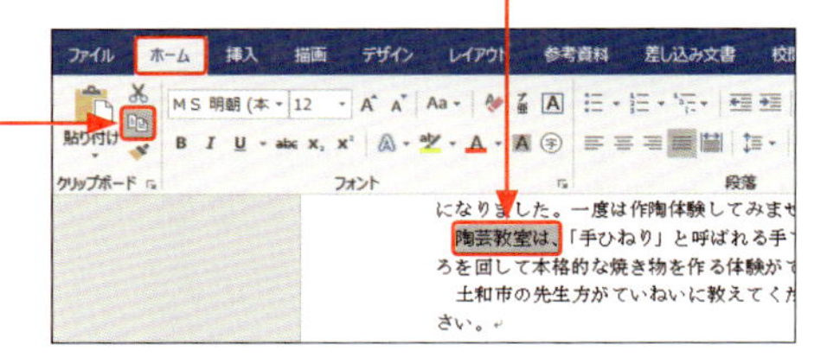

3 貼り付ける位置にカーソルを移動して、

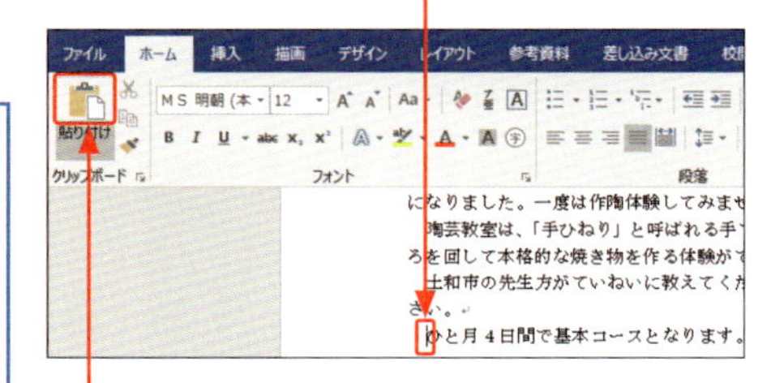

4 <貼り付け>の上部をクリックすると、

5 文字列がコピーされます。

左のHint参照

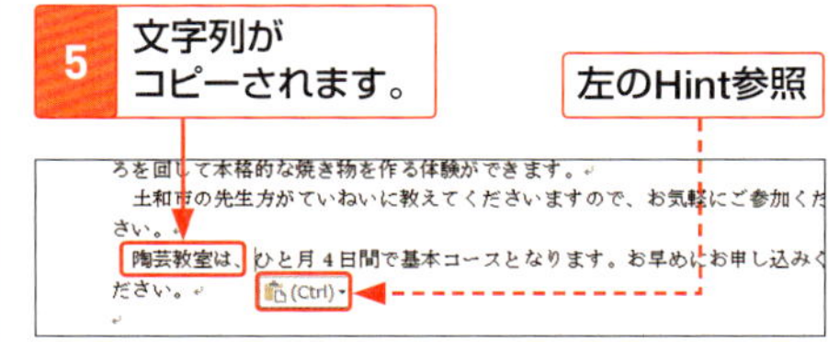

Hint 貼り付けのオプション

コピーや移動した文字列に<貼り付けのオプション> (Ctrl) が表示されます。クリックすると、貼り付け後の操作（もとのフォントのままにするか、貼り付け先のフォントにするかなど）を選択できます。

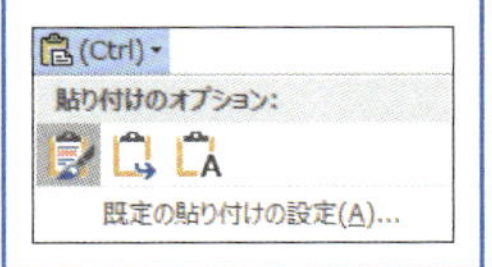

2 文字列を移動する

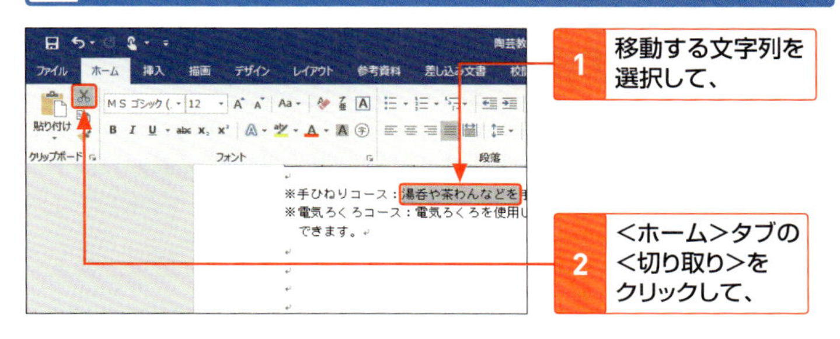

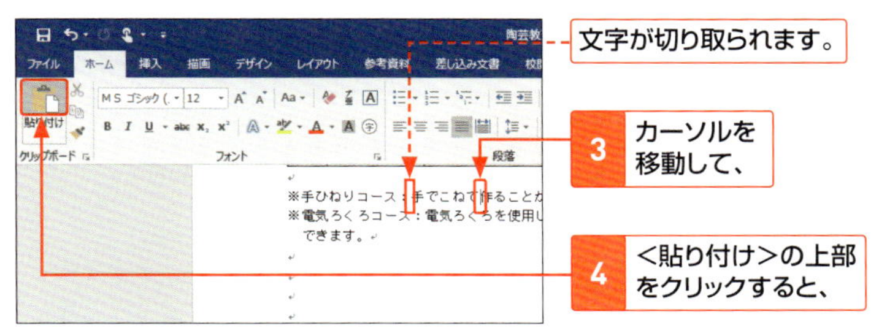

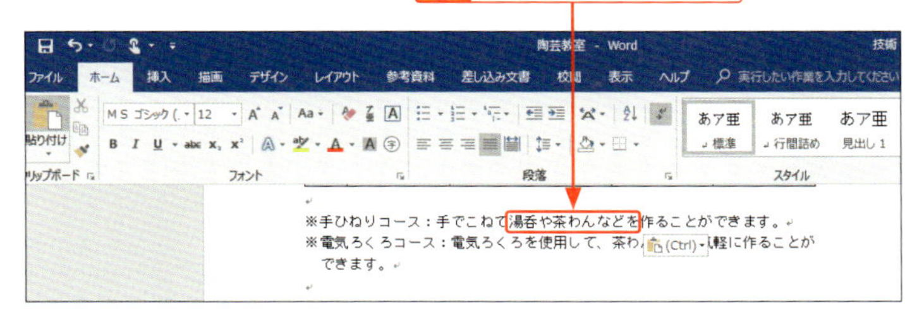

Hint

ショートカットキーを利用する

コピーの場合は、文字列を選択してCtrl＋C（コピー）を押し、コピー先でCtrl＋V（貼り付け）を押します。あるいは、Ctrlを押しながら選択した文字列をドラッグ＆ドロップします。
移動の場合は、文字列を選択してCtrl＋X（切り取り）を押し、移動先でCtrl＋V（貼り付け）を押します。あるいは、選択した文字列をそのまま移動先にドラッグ＆ドロップします。

読みのわからない漢字を入力する

読みのわからない漢字は、IMEパッドを利用して検索し、入力します。IMEパッドには、文字を書いて探す<手書き>、総画数から探す<総画数>、部首から探す<部首>などがあります。

1 手書きで漢字を検索して入力する

ここでは、「渠」を検索します。

1 入力位置にカーソルを置いて、IMEパッドを表示し（左のMemo参照）、

2 <手書き>をクリックします。

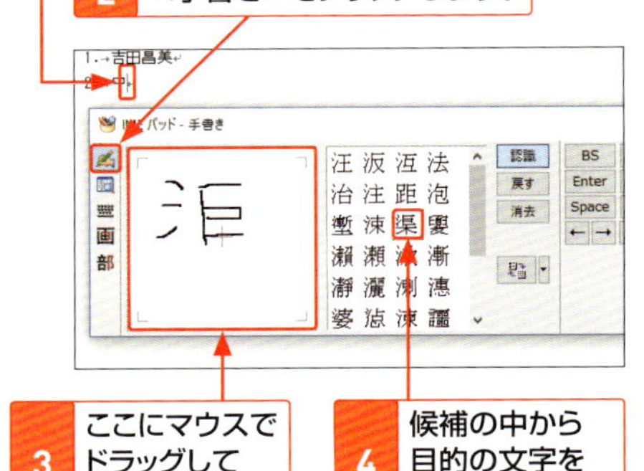

3 ここにマウスでドラッグして文字を書き、

4 候補の中から目的の文字をクリックします。

5 文字が挿入されるので、Enterをクリックするか Enter を押して確定します。

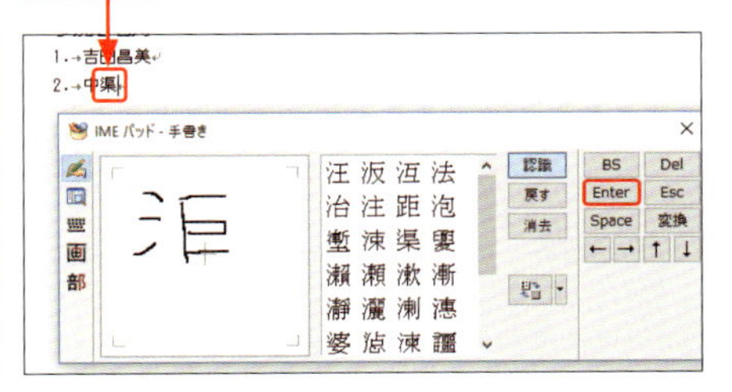

Memo IMEパッドを表示する

IMEパッドを表示するには、タスクバーの<入力モード>を右クリックして、<IMEパッド>をクリックします。

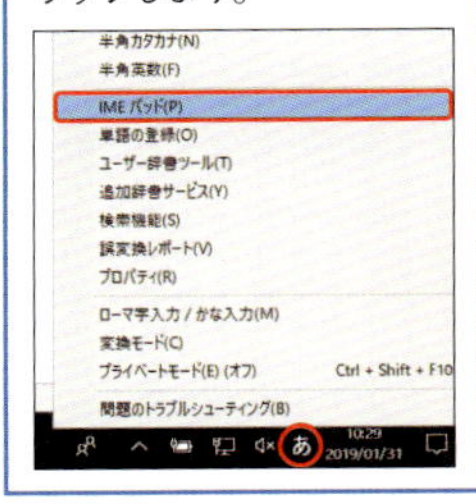

Hint 書いた文字を消去する

書いた文字の直前の1画を取り消すにはIMEパッドの<戻す>を、文字すべてを消去するには<消去>をクリックします。

2 総画数で検索して漢字を入力する

ここでは「樞」を検索します。

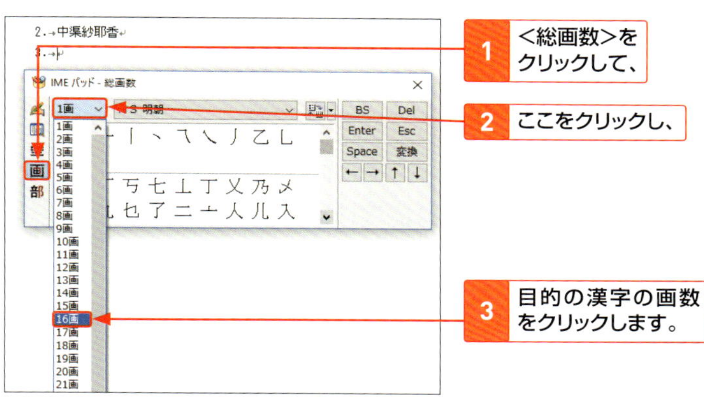

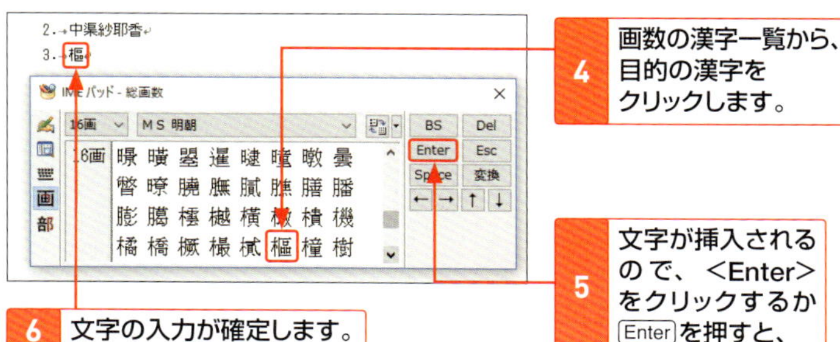

Hint

＜部首＞を利用する

＜IMEパッド-部首＞は、＜部首＞部をクリックすると表示されます。＜総画数＞と同様に、部首の画数と部首を選ぶと、該当する漢字一覧が表示されます。

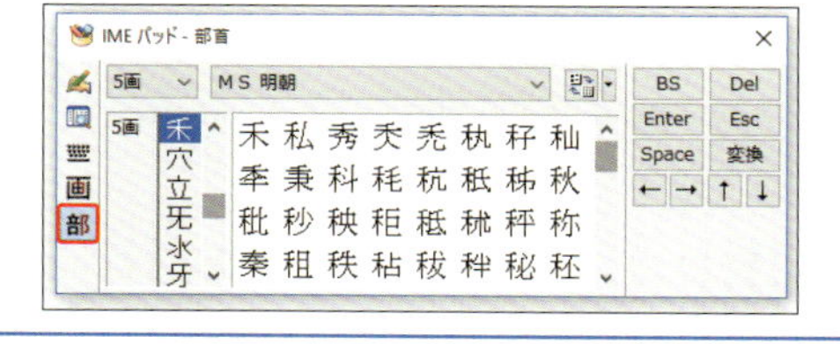

記号や特殊文字を入力する

記号や特殊文字を入力するには、**記号の読みから変換**する、**<記号と特殊文字>ダイアログボックス**を利用する、**<IMEパッド-文字一覧>**を利用する、という3つの方法があります。

1 記号の読みから変換する

郵便記号の「〶」マークを入力します。

1 記号の読みを入力して（ここでは「ゆうびん」）、Space を2回押します。

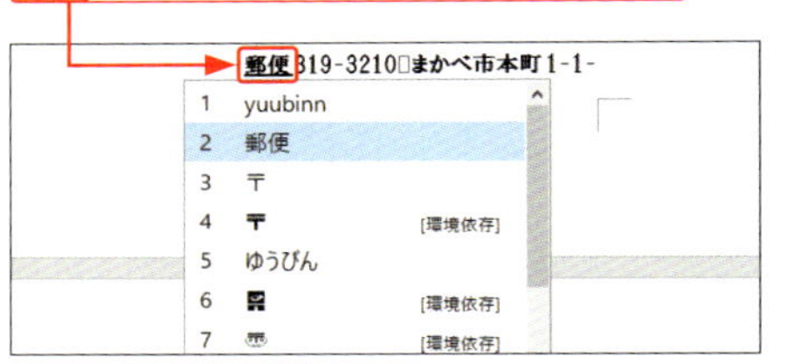

2 目的の記号を選択して Enter を押します。

〶319-3210□まかべ市本町1-1-1
1 yuubinn
2 郵便
3 〒
4 〒 [環境依存]
5 ゆうびん
6 [環境依存]
7 [環境依存]
8 〶 [環境依存]

3 記号が挿入されるので、Enter を押して確定します。

〶319-3210□まかべ市本町1-1-1

Hint 読みから記号に変換する

●や◎（まる）、■や◆（しかく）、★や☆（ほし）などのかんたんな記号は、読みを変換する要領で入力できます。
また、「きごう」と入力して変換しても、一般的な記号が表示されます。

Keyword 環境依存

環境依存文字とは、特定の環境でなければ正しく表示されない文字のことです。環境依存文字を利用していると、Windows 10、8.1、7以外のパソコンとのデータのやり取りの際に文字化けする可能性があります。

2 <記号と特殊文字>ダイアログボックスを利用する

特殊文字の「℡」を入力します。

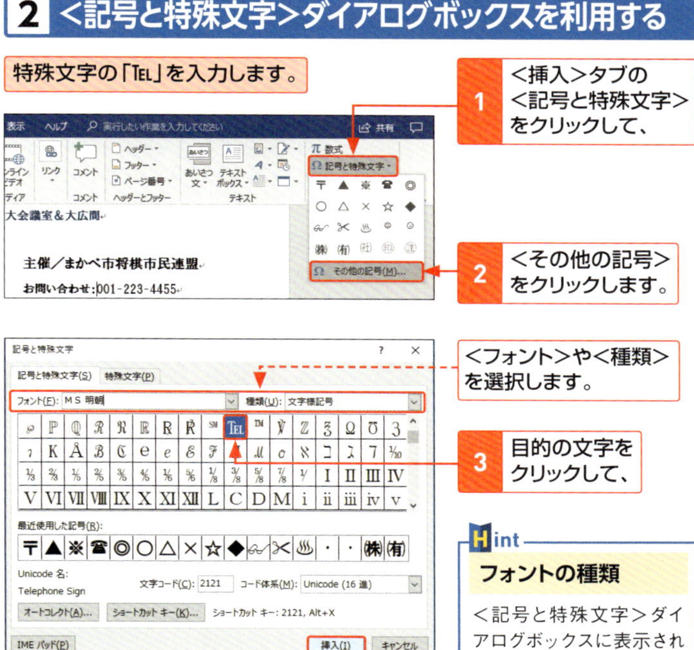

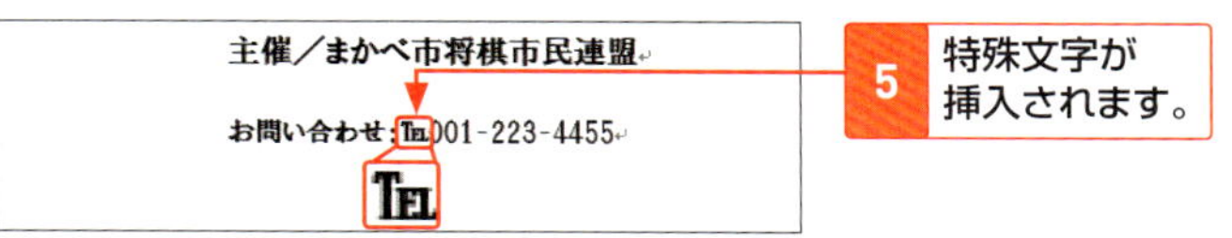

Hint フォントの種類

<記号と特殊文字>ダイアログボックスに表示される記号や文字は、選択するフォントによっても異なります。

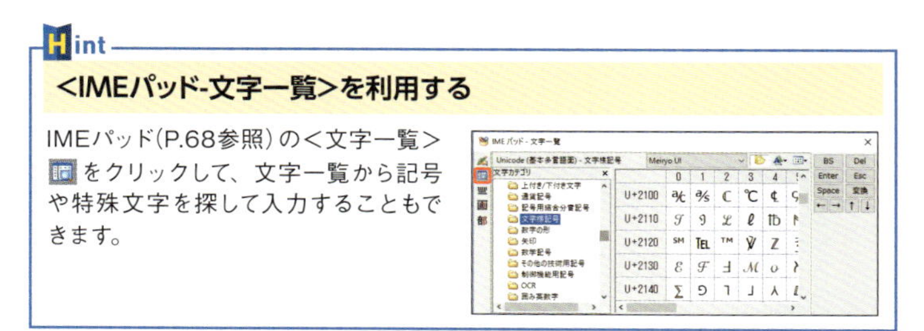

Hint <IMEパッド-文字一覧>を利用する

IMEパッド(P.68参照)の<文字一覧>をクリックして、文字一覧から記号や特殊文字を探して入力することもできます。

単語を登録する／削除する

変換しづらい人名や長い会社名などは、短い読みや略称などで単語登録しておくと便利です。登録した単語は、Microsoft IMEユーザー辞書ツールによって管理され、変更や編集をすることができます。

1 よく使う単語を登録する

1 登録する単語を選択して、

2 <校閲>タブの<日本語入力辞書への単語登録>をクリックします。

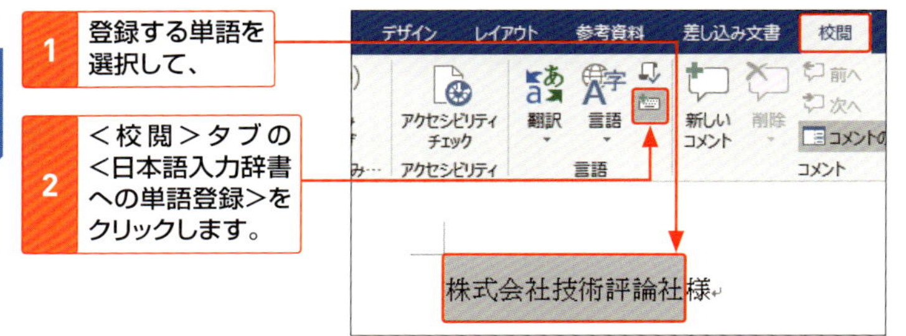

3 単語の読みを入力して、

4 該当する品詞をオンにします。

5 <登録>をクリックして、<閉じる>をクリックします。

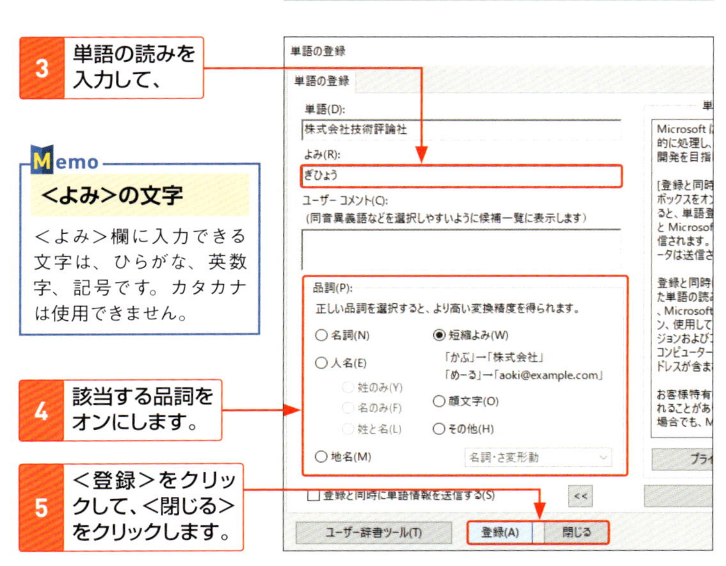

Memo

<よみ>の文字

<よみ>欄に入力できる文字は、ひらがな、英数字、記号です。カタカナは使用できません。

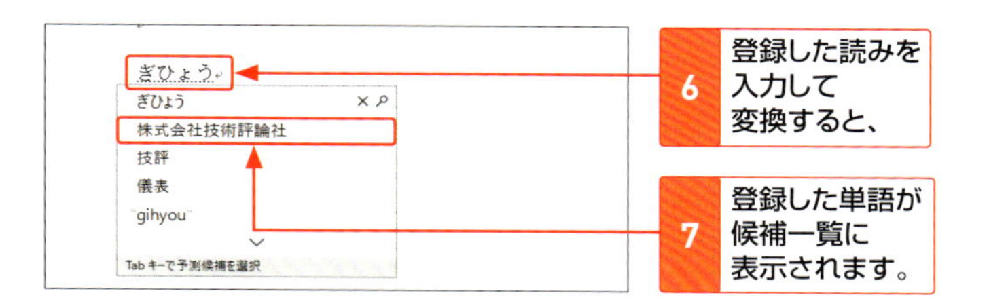

2 登録した単語を削除する

1 タスクバーの<入力モード>を右クリックして、

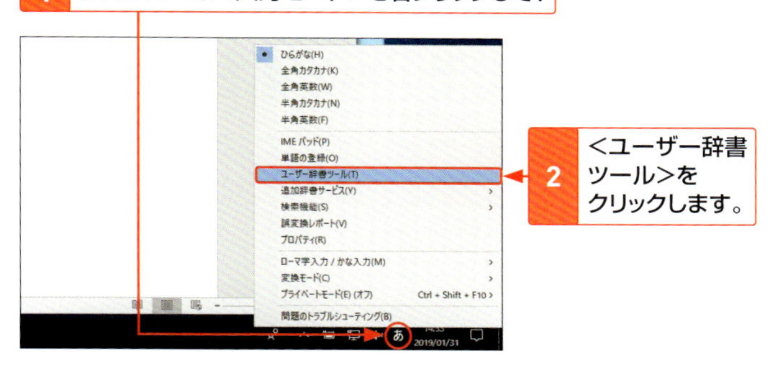

3 削除したい単語をクリックして、

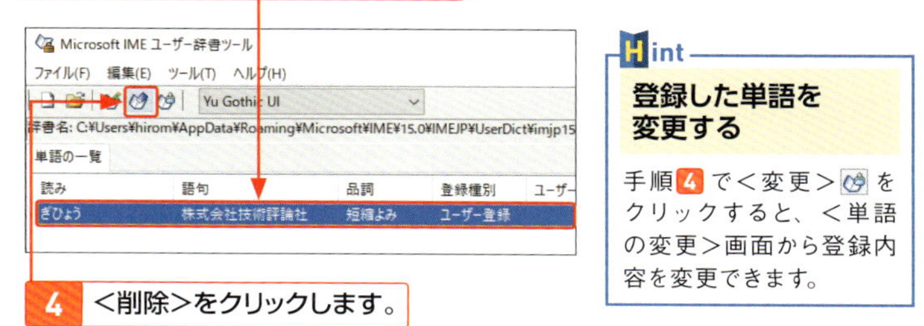

4 <削除>をクリックします。

> **Hint**
> **登録した単語を変更する**
>
> 手順4で<変更>をクリックすると、<単語の変更>画面から登録内容を変更できます。

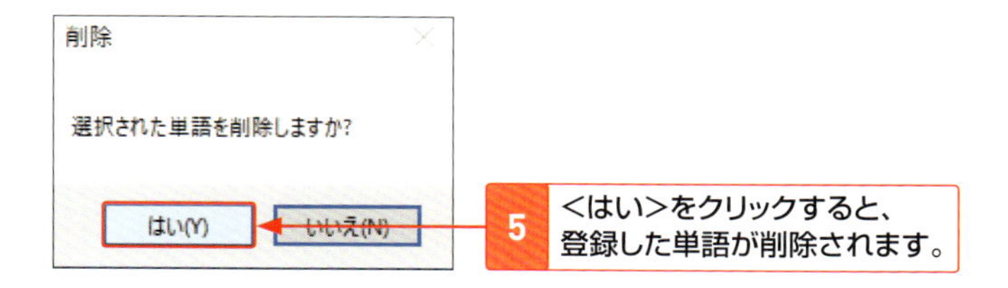

文字列を検索する／置換する

文書内の用語を探したり、ほかの文字に置き換えたい場合は、検索と置換機能を利用します。文字列の検索には＜ナビゲーション＞ウィンドウ、置換の場合は＜検索と置換＞ダイアログボックスを使います。

1 文字列を検索する

1 ＜ホーム＞タブの＜検索＞の左側をクリックすると、

2 ＜ナビゲーション＞ウィンドウが表示されます。

3 検索したい文字列を入力すると、

4 検索結果が表示されます。

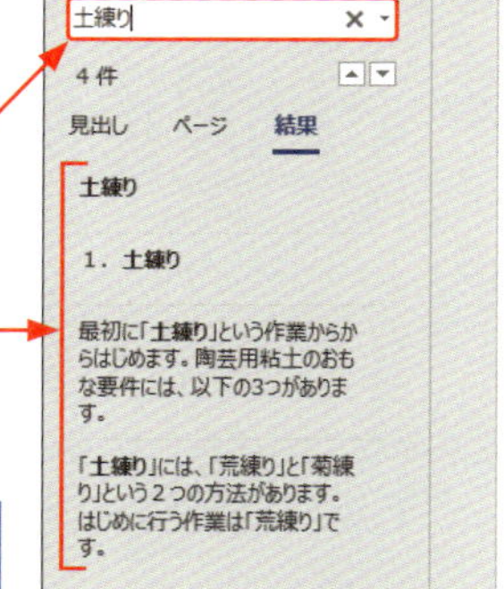

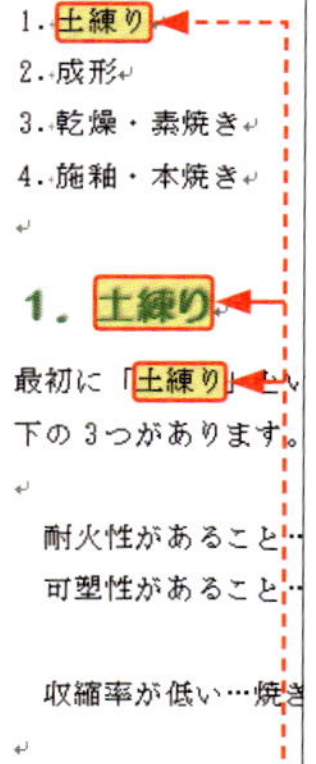

検索文字列に移動し、黄色のマーカーが引かれます。

> **Keyword**
> **＜ナビゲーション＞ウィンドウ**
>
> ＜ナビゲーション＞ウィンドウは、文書内の文字列や見出しなどをすばやく表示する機能です。検索結果の文字列をクリックすると、そのページに移動します。

2 書式を付けた文字列に置換する

「粘土」を書式の付いた文字に置換します。

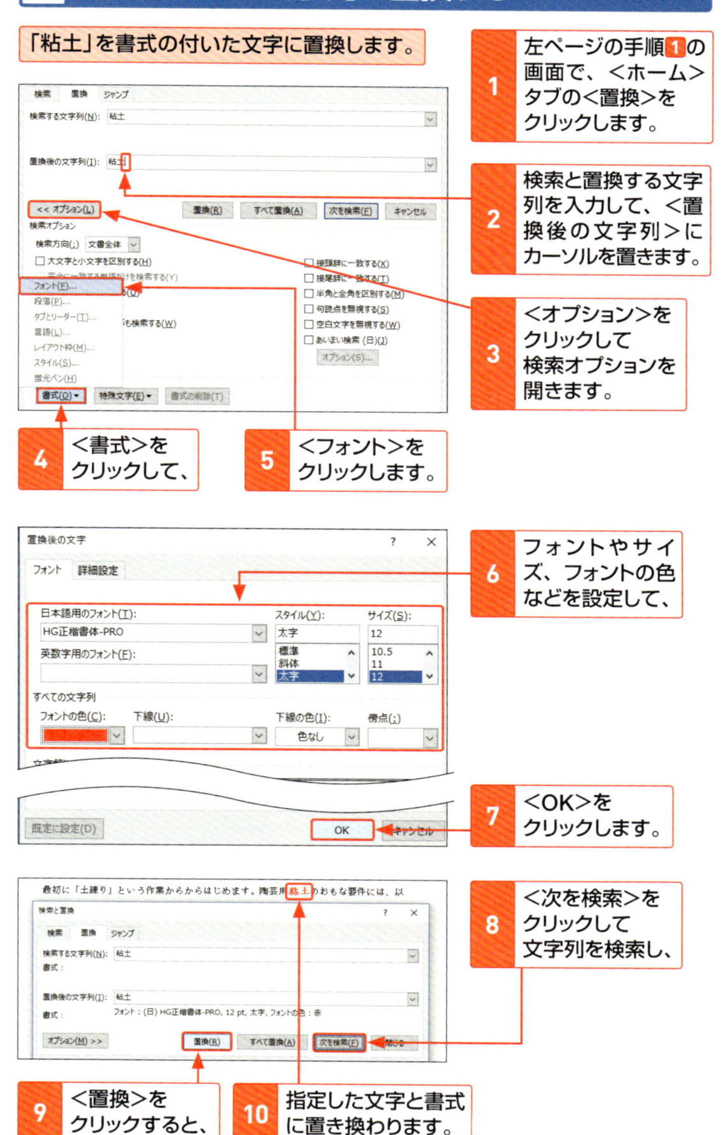

1 左ページの手順1の画面で、<ホーム>タブの<置換>をクリックします。

2 検索と置換する文字列を入力して、<置換後の文字列>にカーソルを置きます。

3 <オプション>をクリックして検索オプションを開きます。

4 <書式>をクリックして、

5 <フォント>をクリックします。

6 フォントやサイズ、フォントの色などを設定して、

7 <OK>をクリックします。

8 <次を検索>をクリックして文字列を検索し、

9 <置換>をクリックすると、

10 指定した文字と書式に置き換わります。

文字にふりがなを設定する

文字列にふりがな（ルビ）を付けたい場合は、<ルビ>ダイアログボックスを利用します。ふりがなの文字の変更、フォントや配置、親文字との間隔などを設定することができます。

1 文字列にふりがな（ルビ）を付ける

1 文字列（親文字）を選択して、

2 <ホーム>タブの<ルビ>をクリックします。

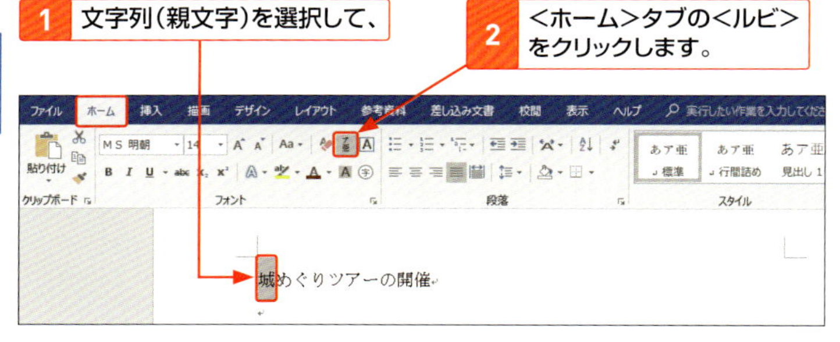

3 <ルビ>ダイアログボックスが開くので<ルビ>の文字を確認して（間違っている場合は修正します）、

4 <OK>をクリックすると、

5 ふりがなが付きます。

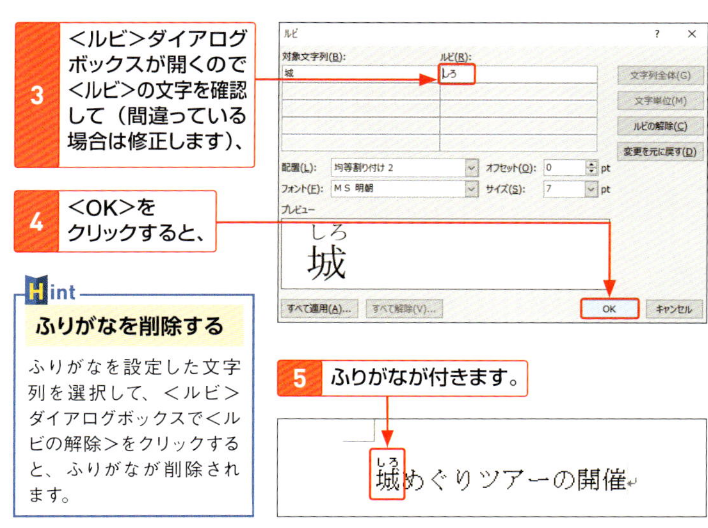

Hint

ふりがなを削除する

ふりがなを設定した文字列を選択して、<ルビ>ダイアログボックスで<ルビの解除>をクリックすると、ふりがなが削除されます。

2 ふりがなの配置位置を変更する

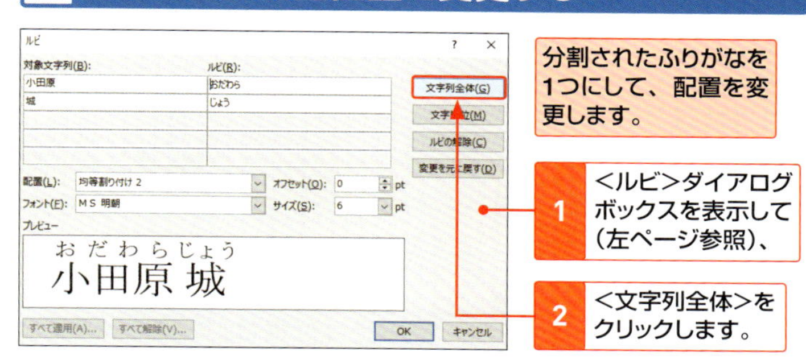

分割されたふりがなを1つにして、配置を変更します。

1 <ルビ>ダイアログボックスを表示して（左ページ参照）、

2 <文字列全体>をクリックします。

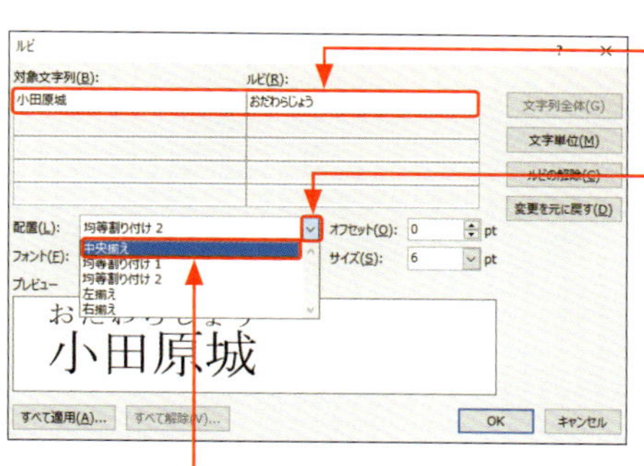

3 文字列が1つにまとまります。

4 ここをクリックして、

5 配置をクリックします（ここでは<中央揃え>）。

> **Memo**
>
> **ルビの配置**
>
> 対象文字列に対して、ルビの配置として中央揃え、均等割り付け、左揃え、右揃えを設定できます。

6 プレビューで確認して、

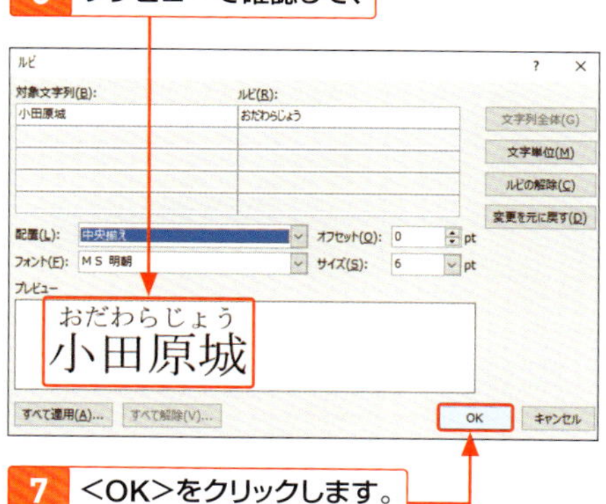

7 <OK>をクリックします。

> **Hint**
>
> **そのほかの設定**
>
> <ルビ>画面では、フォントやオフセット（対象文字列とふりがなとの間隔）、フォントサイズを設定できます。

囲い文字・組み文字を入力する

文書に○などで囲んだ㊙や特などは、囲い文字を利用して入力します。2桁の○付き数字も囲い文字で作成できます。また、㍿などのような組み文字を入力することもできます。

1 囲い文字を挿入する

ここでは「㊞」を入力します。

1 挿入する位置にカーソルを移動して、

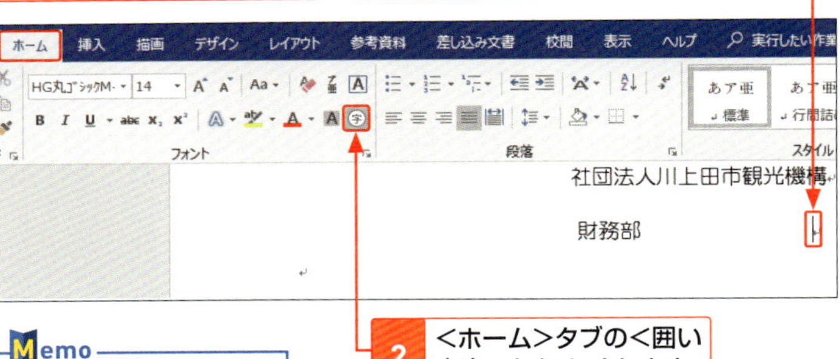

2 <ホーム>タブの<囲い文字>をクリックします。

3 スタイルを選択して、

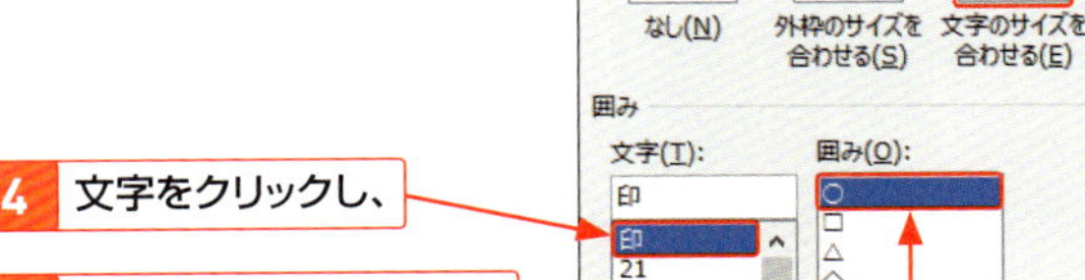

4 文字をクリックし、

5 囲う記号をクリックして、

6 <OK>をクリックします。

Memo 囲い文字の入力

手順4で入力したい文字がない場合は、文書に文字を入力して、選択してから右の操作を行います。あるいは、<囲い文字>画面の<文字>欄に直接入力します。

社団法人川上田市観光機構

財務部　㊞

2 組み文字を設定する

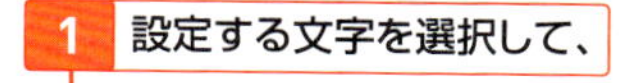

2 <ホーム>タブの<拡張書式>をクリックし、

3 <組み文字>をクリックします。

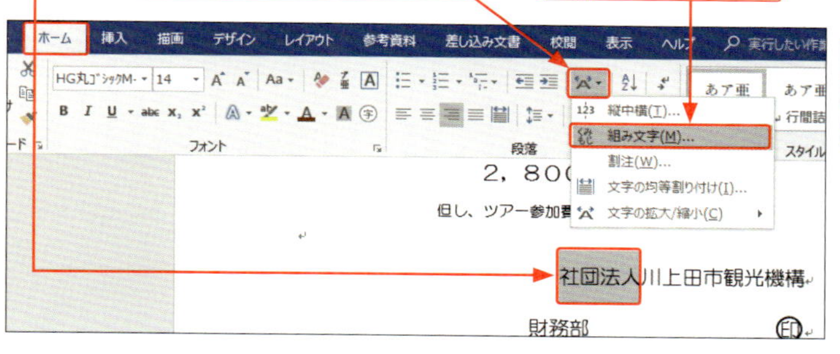

4 文字を確認して、

5 <OK>をクリックします。

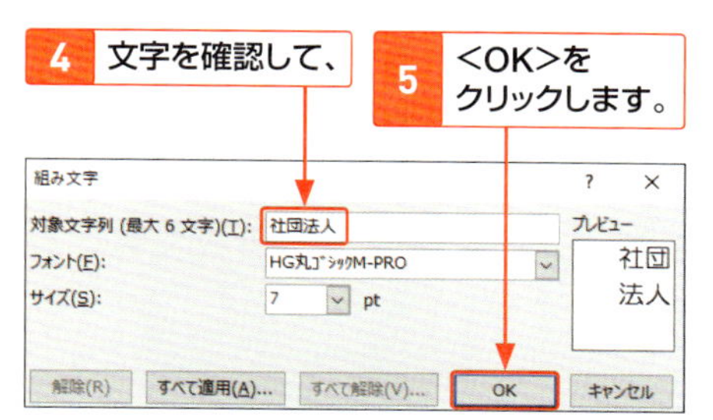

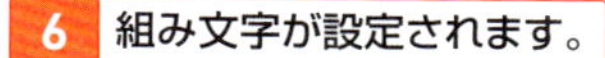

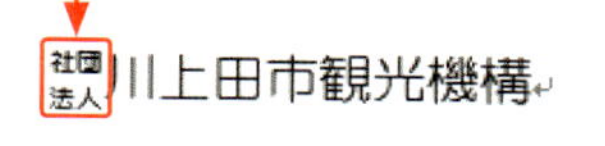

財務部

Hint

設定を解除する

組み文字を選択して、<組み文字>画面の<解除>をクリックすると、設定を解除できます。

今日の日付を入力する

<日付と時刻>では、日付の形式を設定したり、文書を開いた当日の日付に更新したりする機能があります。また、元号や西暦で今年の年を入力すると、今日の日付が入力できる機能もあります。

1 日付を入力する

StepUp

ポップアップを利用する

「令和」や「2019年」など、現在の和暦／西暦を入力して Enter を押すと、当日の日付がポップアップ表示されます。

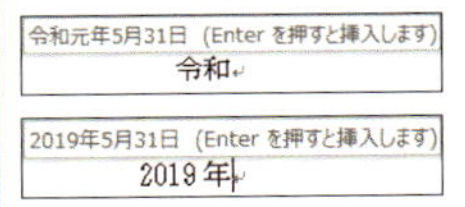

1 日付を挿入する位置にカーソルを移動して、

2 <挿入>タブの<日付と時刻>をクリックします。

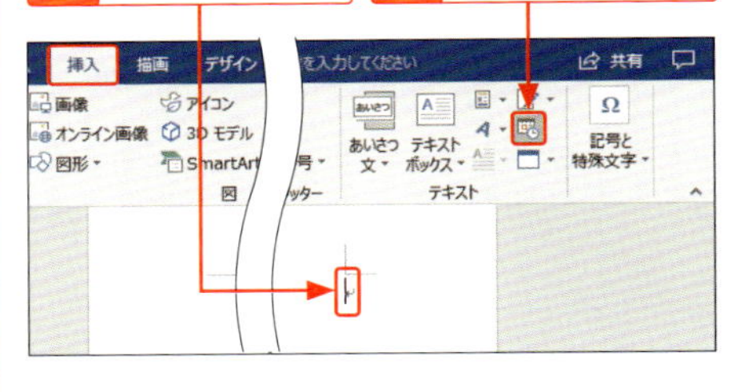

3 種類を選択して、

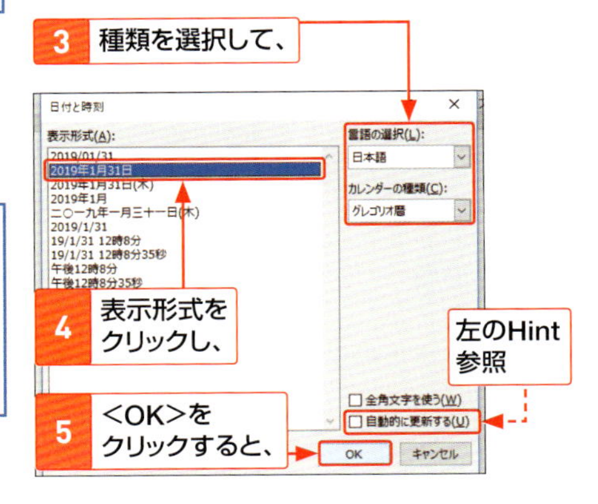

4 表示形式をクリックし、

5 <OK>をクリックすると、

左のHint参照

Hint

日付の自動更新

<自動的に更新する>をオンにすると、文書を開いた日付に自動的に挿入されます。

6 入力当日の日付が入力されます。

第3章

書式と文字の配置

文書全体のレイアウトを設定する

文書を作成する前に、**用紙サイズや文字数、行数などのページ設定**をしておきましょう。ページ設定は、<レイアウト>タブから**<ページ設定>ダイアログボックス**を表示して行います。

■ページ設定

ページ設定とは、印刷用紙の設定や余白、文字数や行数など、文書全体にかかわる書式の設定のことです（数値は初期設定）。

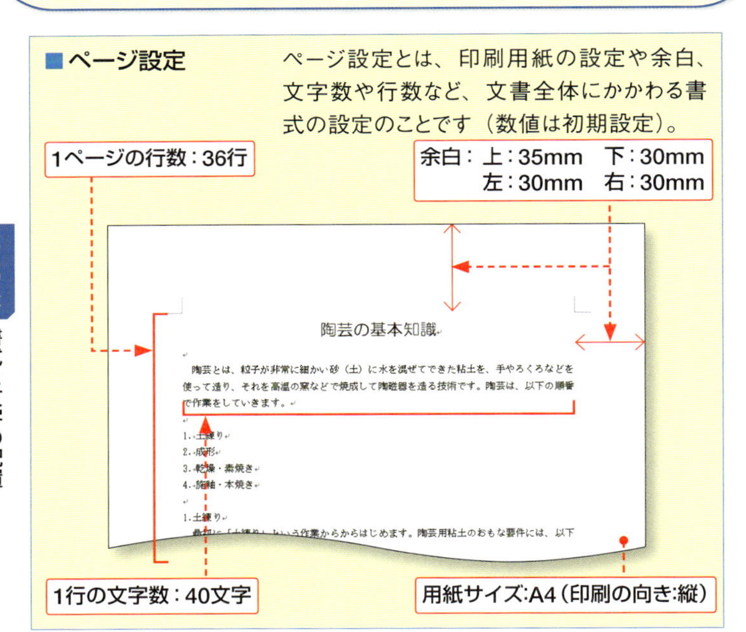

1 用紙サイズや余白を設定する

1 <レイアウト>タブをクリックして、

2 <ページ設定>グループのここをクリックします。

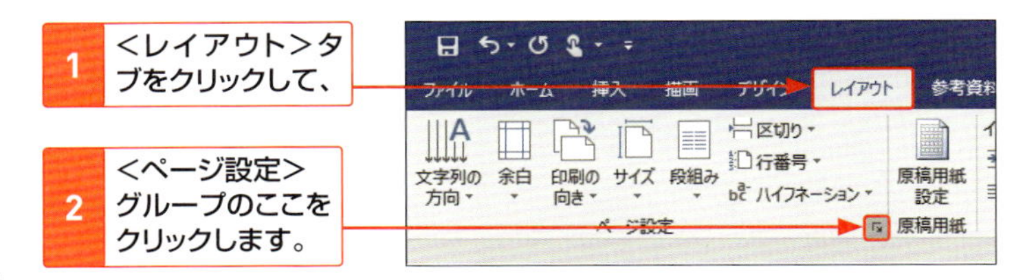

3 <用紙>をクリックして、

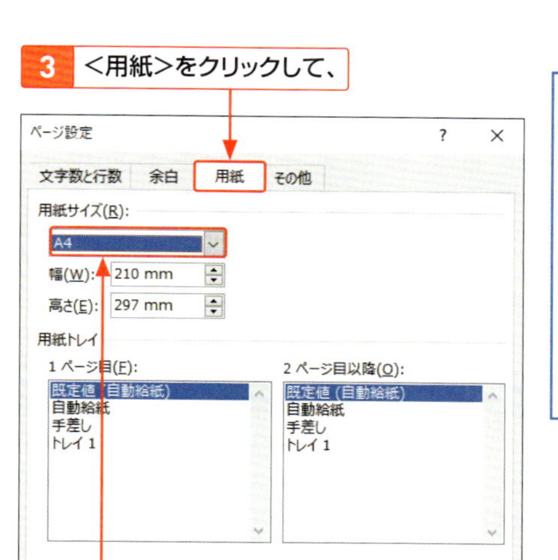

4 ここで用紙サイズを選択します。

5 <余白>をクリックして、

6 上下左右の余白を設定し、

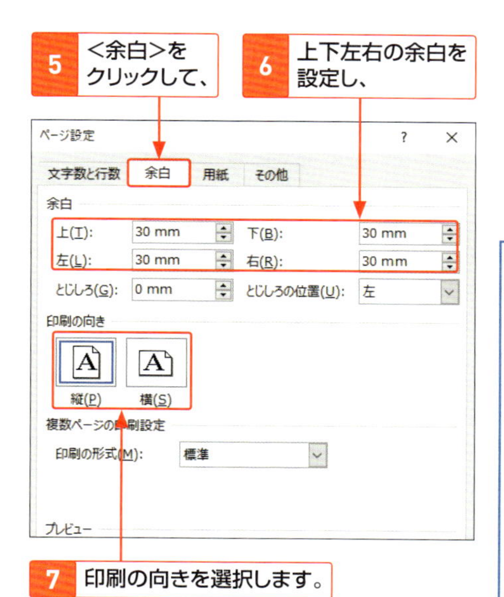

7 印刷の向きを選択します。

続いて、文字数や行数を設定します。

Memo

ページ設定は最初に

ページ設定を文書作成後に行うと、図表やイラストなどの配置がずれて、レイアウトが崩れてしまうことがあります。作成途中でもページ設定を変更することはできますが、必ずレイアウトを確認して設定しましょう。

Memo

初期設定の書式

Word 2019の初期設定は以下の通りです。

書　式	設　定
フォント	遊明朝
フォントサイズ	10.5pt（ポイント）
用紙サイズ	A4
1行の文字数	40文字
1ページの行数	36行

2 文字サイズや行数などを設定する

1 <文字数と行数>をクリックします。

2 <縦書き>か<横書き>かをクリックして選択し、

3 ここをクリックしてオンにします。

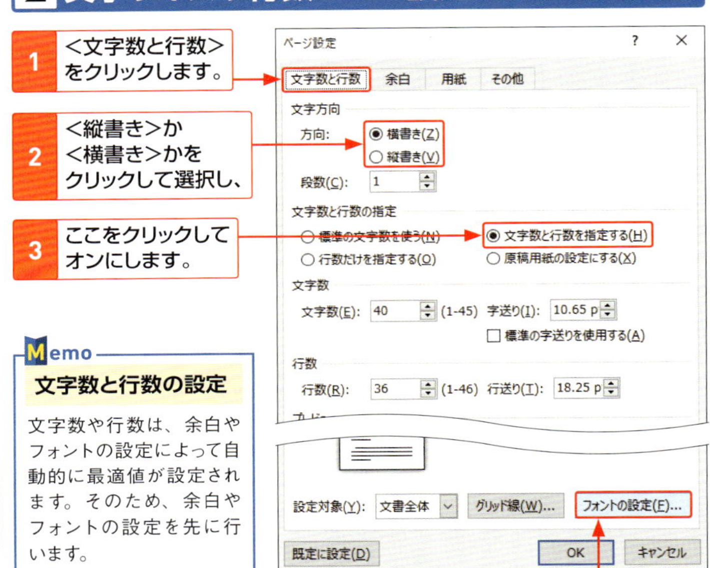

Memo 文字数と行数の設定

文字数や行数は、余白やフォントの設定によって自動的に最適値が設定されます。そのため、余白やフォントの設定を先に行います。

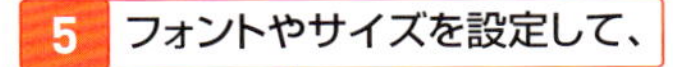

4 フォントを変更する場合は、<フォントの設定>をクリックして、

5 フォントやサイズを設定して、

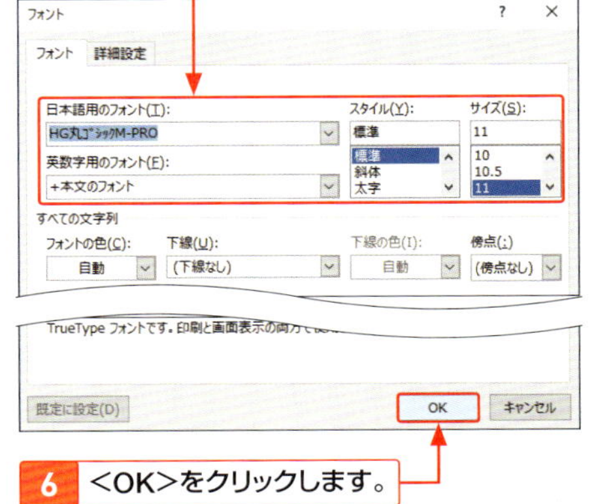

6 <OK>をクリックします。

Hint 字送りと行送り

<字送り>とは文字の左端（縦書きの場合は上端）から次の文字の左端（上端）まで、<行送り>とは行の上端（縦書きの場合は右端）から次の行の上端（右端）までの長さのことです。

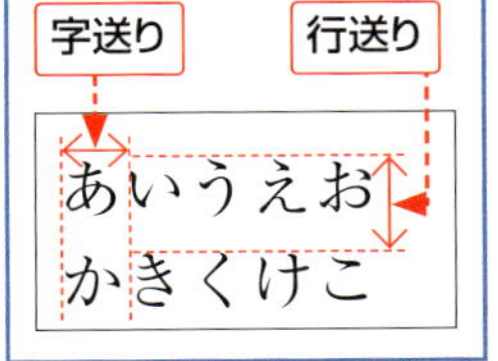

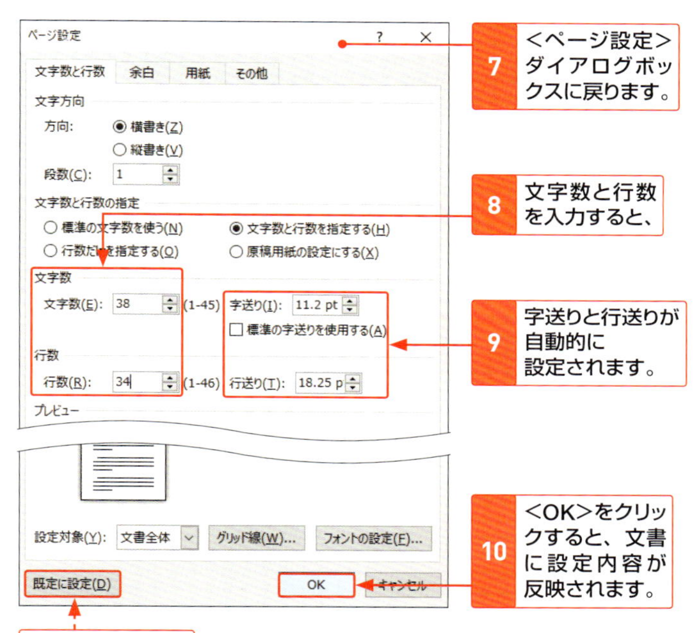

下のStepUp参照

StepUp

ページ設定の内容を新規文書に適用する

<既定に設定>をクリックして表示される確認画面で<はい>をクリックすると、ページ設定の内容が保存され、次回から作成する新規文書にも適用されます。

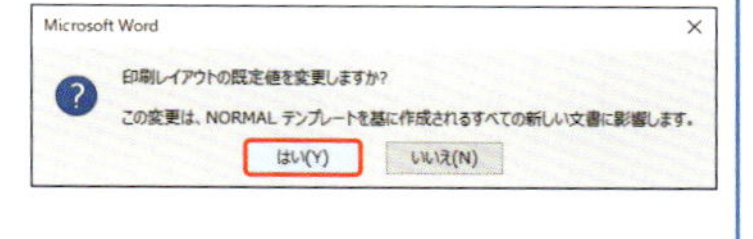

Hint

そのほかの設定方法

<レイアウト>タブの<ページ設定>グループにある<文字列の方向>や<余白>、<印刷の向き>、<サイズ>を利用しても設定できます。

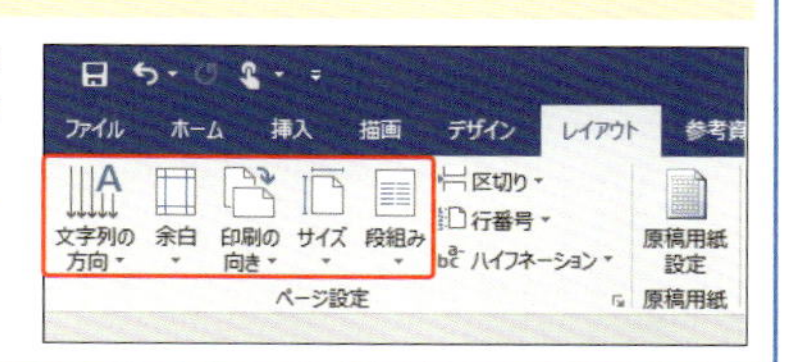

段落の配置を変更する

ビジネス文書では、日付は右に揃え、タイトルは中央に揃えるなどの書式が一般的で、右揃えや中央揃えなどの機能を利用します。なお、初期設定の配置は、両端揃えになっています。

1 文字列を右側に揃える

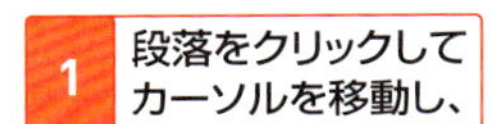

2 ＜ホーム＞タブの＜右揃え＞をクリックすると、

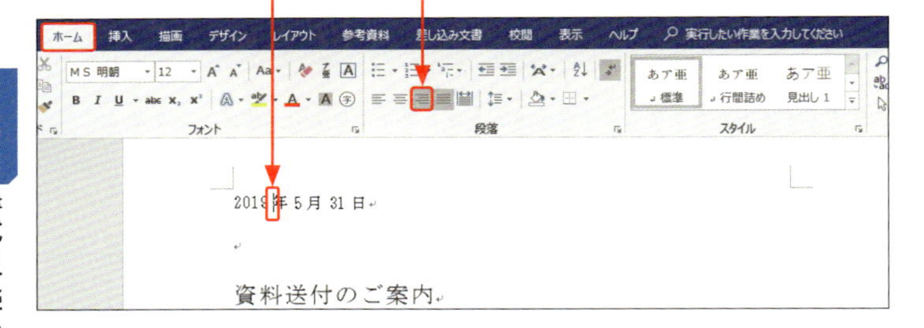

3 文字列が右に揃えられます。

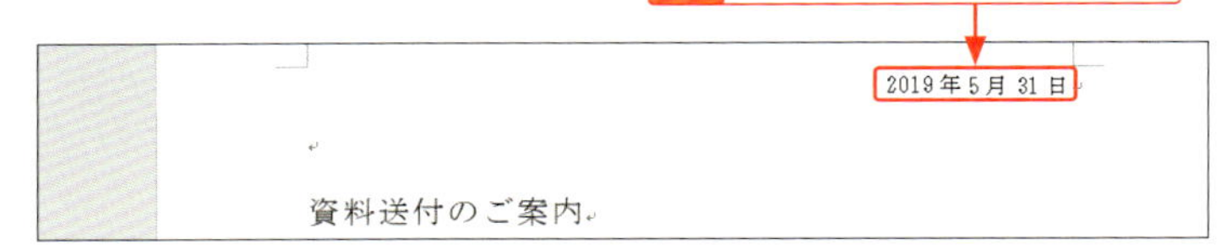

Memo 段落の指定

設定する段落内にカーソルを移動していれば、その段落が設定の対象となります。

Memo 段落の配置

＜ホーム＞タブの＜段落＞グループにあるコマンドを利用して、段落ごとに配置位置を設定できます。初期設定では＜両端揃え＞で、＜左揃え＞、＜右揃え＞、＜中央揃え＞、＜均等割り付け＞（P.101参照）の5種類が用意されています。

2 文字列を中央に揃える

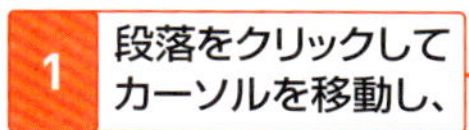

1 段落をクリックしてカーソルを移動し、

2 ＜ホーム＞タブの＜中央揃え＞をクリックすると、

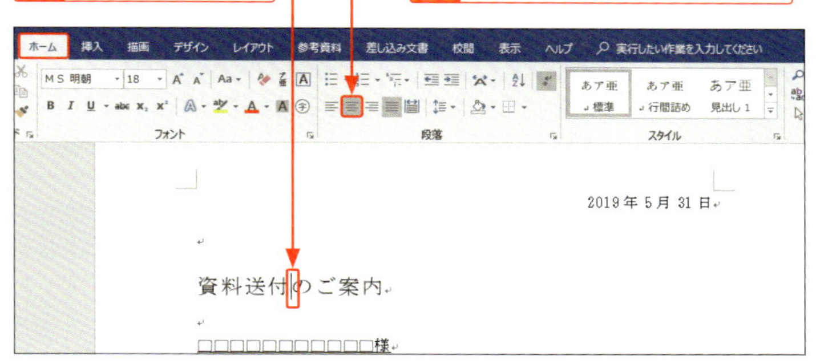

3 文字列が中央に揃えられます。

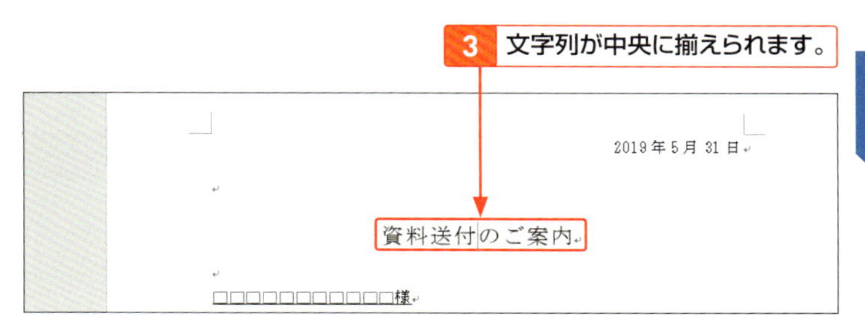

Memo 両端揃えと左揃えの違い

両端揃えでは、段落の両端で文字が揃うように文字間が調整されます。左揃えは左端に揃えるので、右側（行末）が文字幅に揃いません。

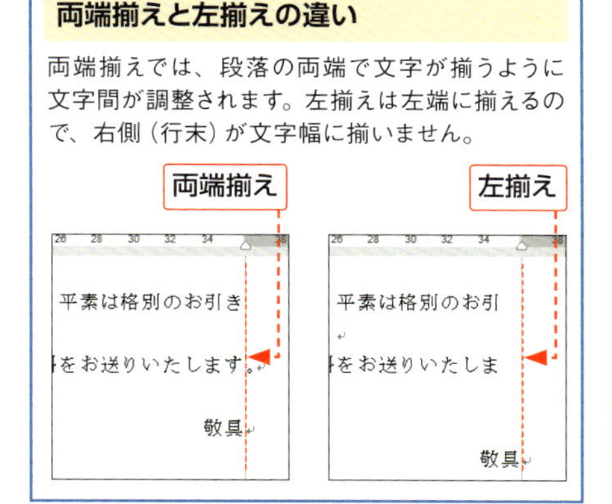

Hint 配置の解除

設定した段落を選択するか、解除したい段落にカーソルを移動して、＜ホーム＞タブの＜両端揃え＞ をクリックします。

フォントサイズとフォントを変更する

フォントサイズを大きくしたり、フォントの種類を変更したりすると、文書のタイトルや重要な部分を目立たせることができます。変更するには、＜フォントサイズ＞と＜フォント＞のボックスを利用します。

1 フォントサイズを変更する

Keyword

フォント／フォントサイズ

フォントは文字の書体、フォントサイズは文字の大きさのことです。それぞれ、＜ホーム＞タブの＜フォント＞ボックスと＜フォントサイズ＞ボックスで設定できます。なお、フォントサイズの単位「pt（ポイント）」は表示上、省略されています。

1 フォントサイズを変更したい文字列をドラッグして選択します。

2 ＜ホーム＞タブの＜フォントサイズ＞の▾をクリックして、

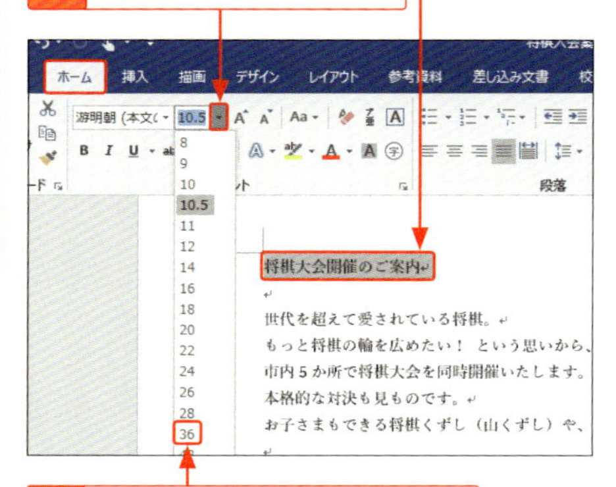

3 目的のサイズをクリックすると、

4 サイズが変更されます。

将棋大会開催のご案内

世代を超えて愛されている将棋。

2 フォントを変更する

1 フォントを変更したい文字列をドラッグして選択します。

2 <ホーム>タブの<フォント>の▾をクリックして、

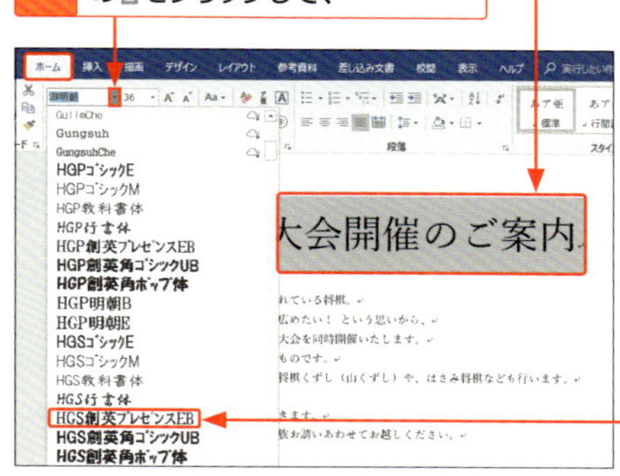

3 目的のフォントをクリックします。

4 フォントが変更されます。

Hint

フォントのプレビュー表示

手順3で表示される一覧には、フォント名が実際の書体で表示されます。マウスポインターを合わせるとフォントがプレビューされます。

Memo

フォントの変更方法の違い

<フォント>ボックスで変更した場合は、選択した文字列だけが変更されます。一方、<フォント>ダイアログボックス（P.95のStepUp参照）で変更した場合は、現在開いている文書の標準フォントとして設定されます。

Hint

ミニツールバーを利用する

文字列を選択すると表示されるミニツールバーでも、フォントサイズやフォントを変更できます。

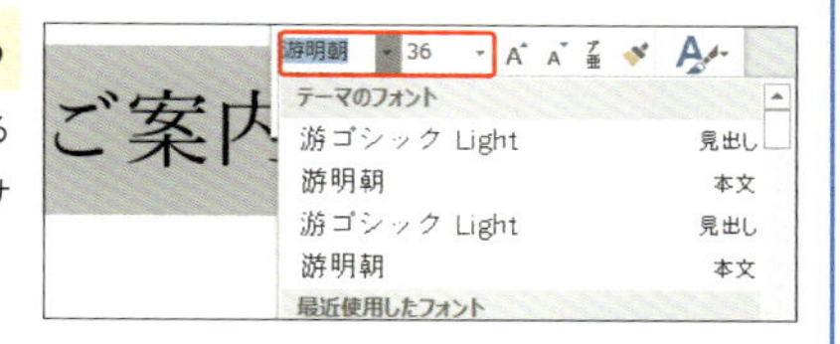

文字を太字にする／下線を付ける

文字を**太字**にしたり、文字に**下線を付け**て、**下線の色**を変えたりすることができます。文字に施す書式を**文字書式**といい、コマンドは＜ホーム＞タブの＜フォント＞グループに用意されています。

1 文字を太字にする

1 文字列を選択します。

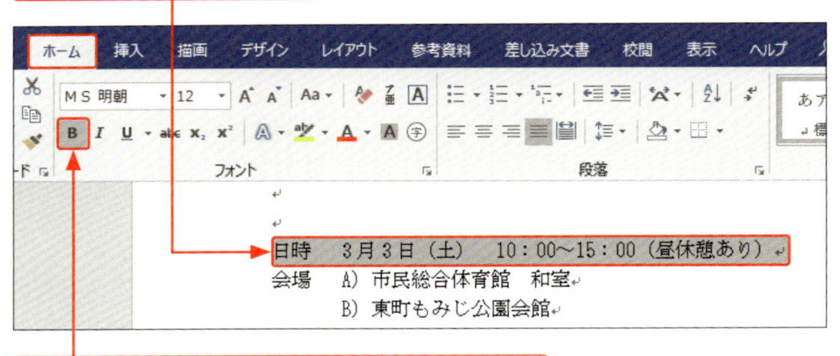

2 ＜ホーム＞タブの＜太字＞をクリックすると、

3 文字が太くなります。

日時　3月3日（土）　10：00～15：00（昼休憩あり）
会場　A）市民総合体育館　和室
B）東町もみじ公園会館
C）中央図書館　多目的ホール

Hint 太字を解除する

太字にした文字列を選択し、＜太字＞ B をクリックすると、太字の設定が解除されます。

Keyword 文字書式

太字や斜体、色を付けるなどの文字に対する書式を文字書式といいます。

2 文字に下線を引く

1 文字列を選択します。

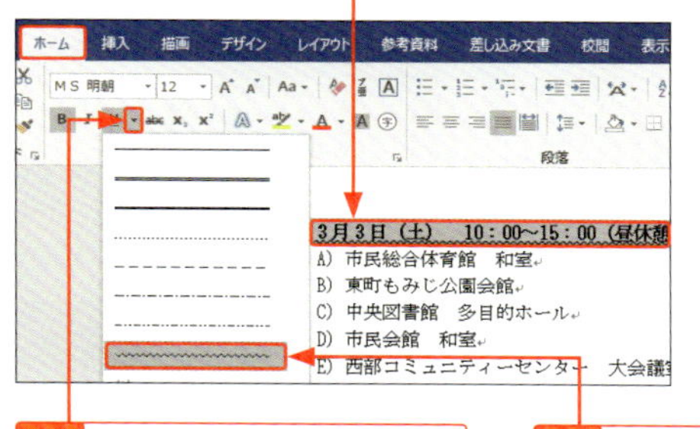

2 ＜ホーム＞タブの＜下線＞の ▾ をクリックして、

3 下線の種類をクリックします。

日時 3月3日（土） 10：00～15：00（昼休憩あり）
会場 A）市民総合体育館 和室

4 下線が引かれます。

> **Memo**
>
> **下線を引く**
>
> ＜ホーム＞タブの＜下線＞ U をクリックすると、設定されている線種で下線が引かれます。左の操作のように、下線の種類を選んで引くこともできます。下線の色は、文字と同じ色になります。

3 下線の色を変更する

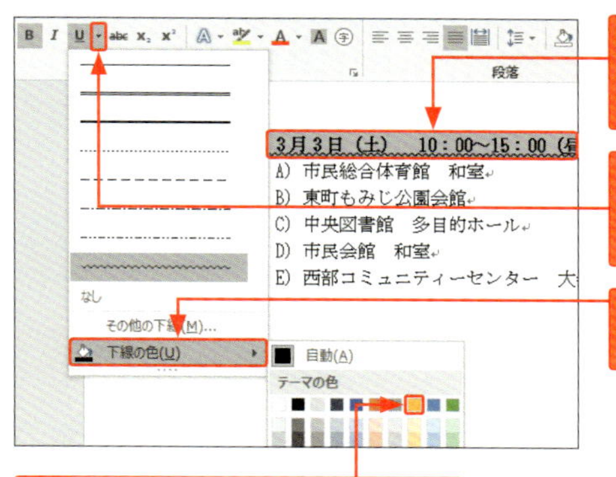

1 下線が引かれた文字列を選択します。

2 ＜ホーム＞タブの＜下線＞の ▾ をクリックして、

3 ＜下線の色＞をクリックし、

4 設定したい色をクリックします。

日時 3月3日（土） 10：00～15：00（昼休憩あり）
会場 A）市民総合体育館 和室

5 下線の色が変更されます。

> **Hint**
>
> **同じ下線を繰り返す**
>
> 手順 5 以降、文字列を選択して＜下線＞ U をクリックすると、ここで設定した書式が反映されます。

囲み線や背景色を設定する

文字列や段落を目立たせるには、囲み線や背景色を設定します。<ホーム>タブの<囲み線>や<文字の網かけ>は単色ですが、ページ罫線を利用すると線種や色を設定することができます。

1 段落に囲み線や網かけを設定する

1 段落にカーソルを移動して、

2 <罫線>の ▾ をクリックし、

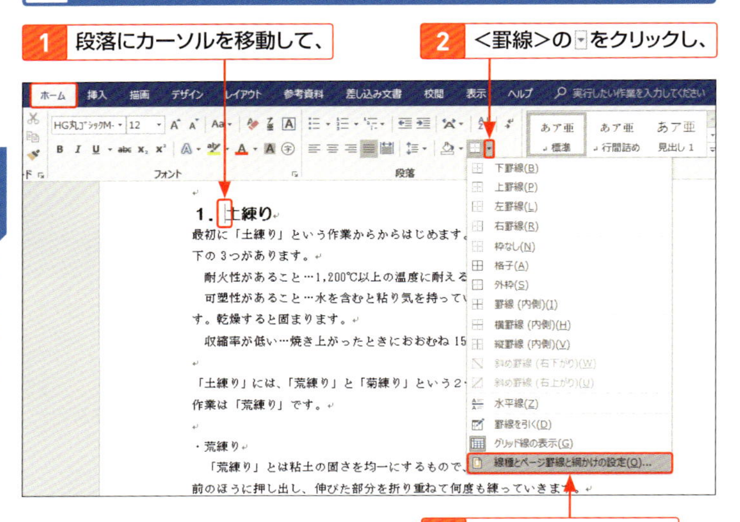

3 ここをクリックします。

Memo 囲み線と文字の網かけ

<ホーム>タブの<囲み線> A や<文字の網かけ> A は、文字列を選択してクリックすると設定できます。囲み線は1本の罫線で、網かけはグレイのみです。

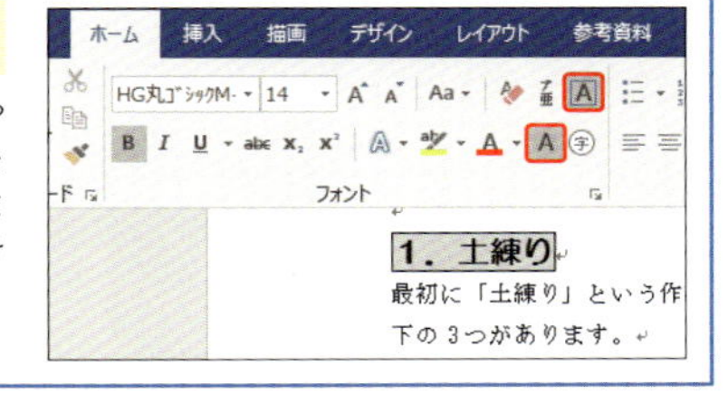

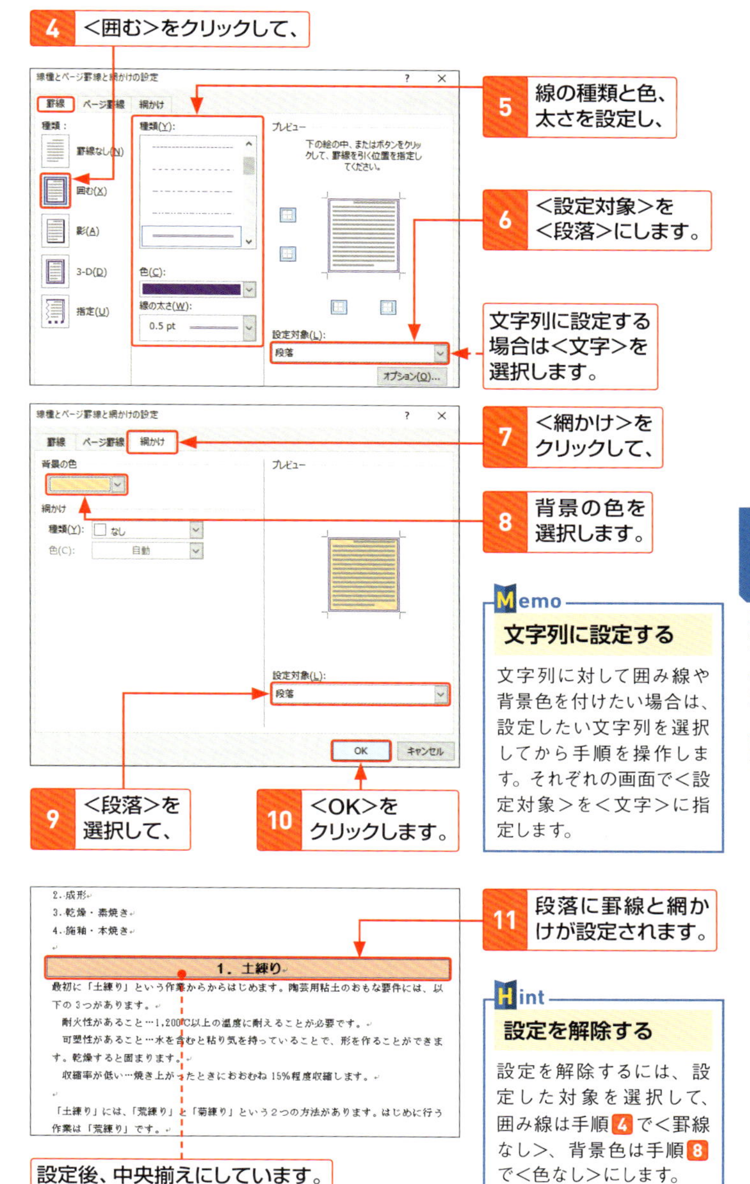

Memo

文字列に設定する

文字列に対して囲み線や背景色を付けたい場合は、設定したい文字列を選択してから手順を操作します。それぞれの画面で＜設定対象＞を＜文字＞に指定します。

Hint

設定を解除する

設定を解除するには、設定した対象を選択して、囲み線は手順 4 で＜罫線なし＞、背景色は手順 8 で＜色なし＞にします。

文字にデザイン効果や色を付ける

Wordでは、文字列を影や反射などの視覚効果を付けたり、色を付けるなどの文字飾りを設定することができます。コマンドは<ホーム>タブの<フォント>グループに用意されています。

1 文字にデザイン効果を付ける

1 文字列をドラッグして選択します。

2 <文字の効果と体裁>をクリックして、

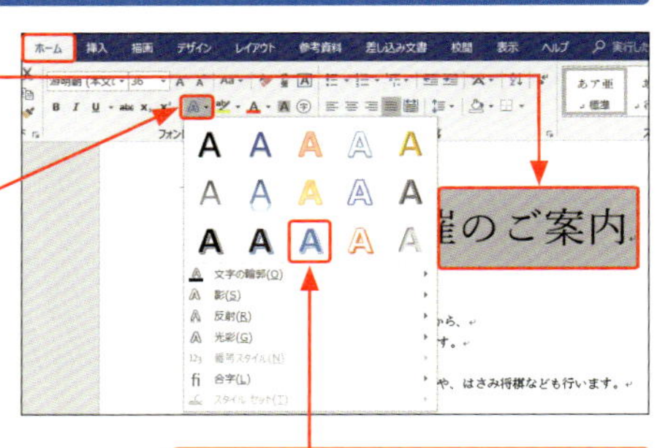

3 目的の効果をクリックすると、

4 文字の効果が設定されます。

Memo 効果を解除する

効果を付けた文字列を選択し、設定効果の<なし>を選択すると、効果が解除されます。操作の直後なら、クイックアクセスツールバーの<元に戻す>をクリックします。

StepUp そのほかの効果を設定する

文字列を選択して、手順3で表示されるメニューの<文字の輪郭><影><反射><光彩>からそれぞれの効果を選択します。

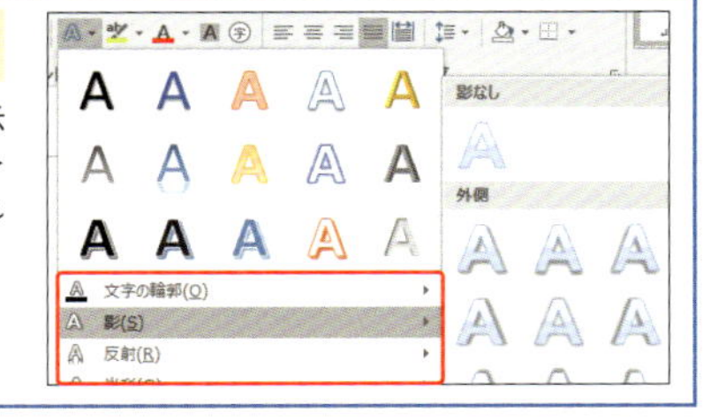

2 文字に色を付ける

1 文字列をドラッグして選択します。

2 ＜フォントの色＞の ▾ をクリックして、

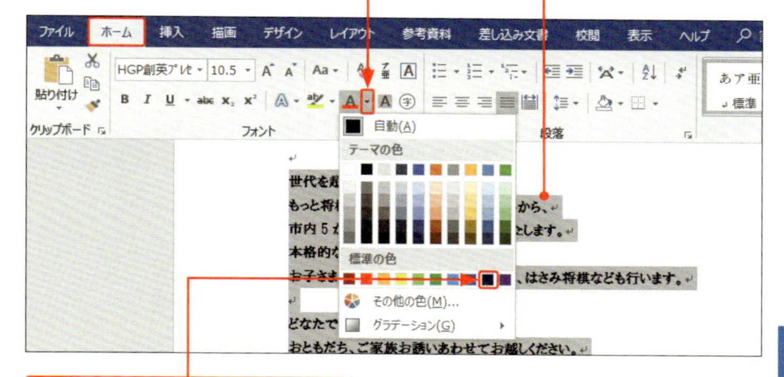

3 目的の色をクリックすると、

4 文字の色が変わります。

世代を超えて愛されている将棋。
もっと将棋の輪を広めたい！ という思いから、
市内5か所で将棋大会を同時開催いたします。
本格的な対決も見ものです。
お子さまもできる将棋くずし（山くずし）や、はさみ将棋なども行います。

どなたでも参加できます。
おともだち、ご家族お誘いあわせてお越しください。

Hint

同じ色を繰り返す

手順 4 以降、文字を選択して＜フォントの色＞ A をクリックすると、ほかの色を指定するまでこの色が反映されます。

StepUp

タブにない文字飾りを設定する

＜ホーム＞タブの＜フォント＞グループの右下の ↘ をクリックすると表示される＜フォント＞ダイアログボックスの＜フォント＞タブで、傍点や二重取り消し線などのタブに用意されていないものや、ほかの種類の下線などを設定することができます。

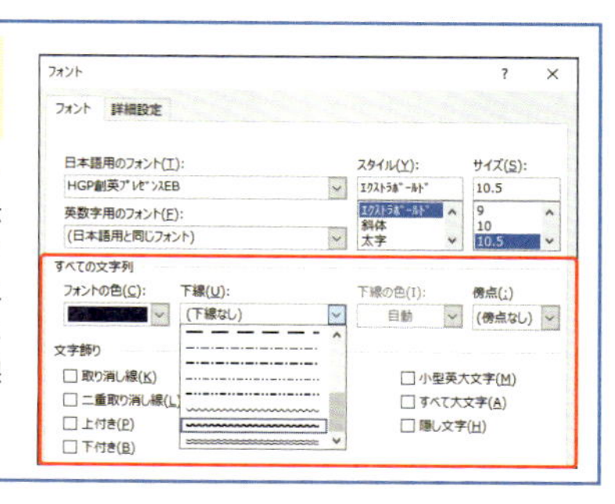

ワードアートを作成する

Wordには、デザイン効果を加えた文字をオブジェクトとして作成できるワードアート機能が用意されています。デザインの中から選択するだけで、効果的な文字を作成することができます。

1 ワードアートを挿入する

1 文字列を選択します。

将棋大会開催のご案内

世代を超えて愛されている将棋。
もっと将棋の輪を広めたい！という思い

2 <挿入>タブの<ワードアートの挿入>をクリックし、

3 デザインをクリックします。

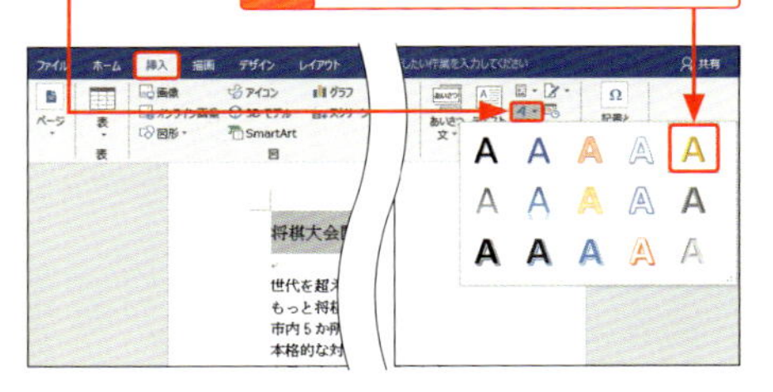

4 ワードアートが挿入されます。

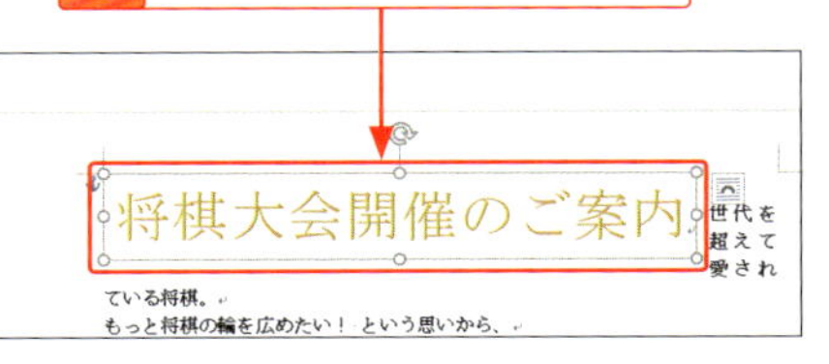

Keyword ワードアート

「ワードアート」とは、デザインされた文字を作成する機能、または、ワードアートの文字そのもののことです。ワードアートは図と同様に扱うことができます。

Hint あとから文字を入力する

文字を選択せずに、ワードアートを挿入してから、文字を入力することもできます。

2 ワードアートを移動する

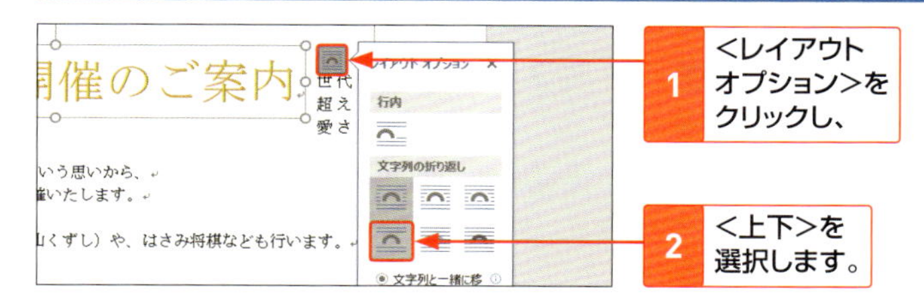

1 <レイアウトオプション>をクリックし、

2 <上下>を選択します。

3 枠線上にマウスポインターを合わせ、形が に変わった状態で、

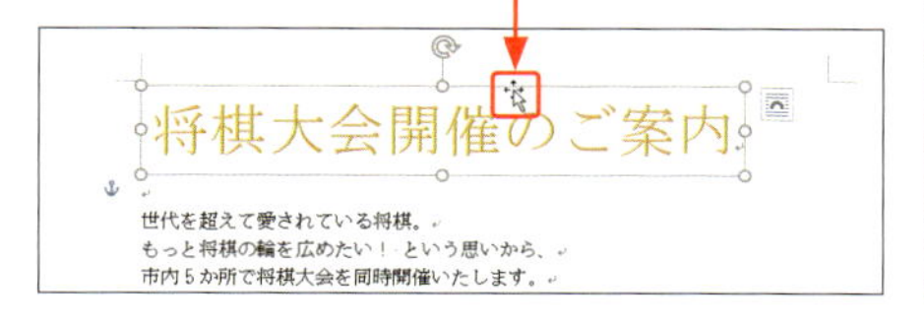

4 ドラッグすると、移動できます。

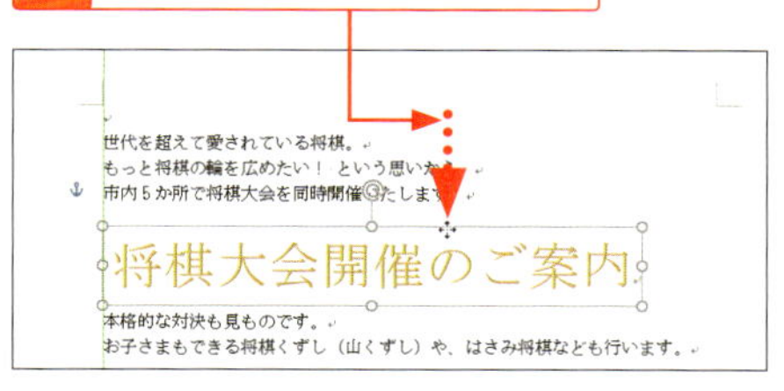

Hint

文字列の折り返し

ワードアートを移動するには、文字列の折り返し（P.126参照）を変更する必要があります。

Memo

ワードアートの編集

ワードアートは、通常の文字や図形と同様にフォントや色、サイズなどを変更できます。

StepUp

ワードアートに効果を付ける

<描画ツール>の<書式>タブにある<文字の効果> には、形状を変形したり、効果を付けたりする機能が用意されています。

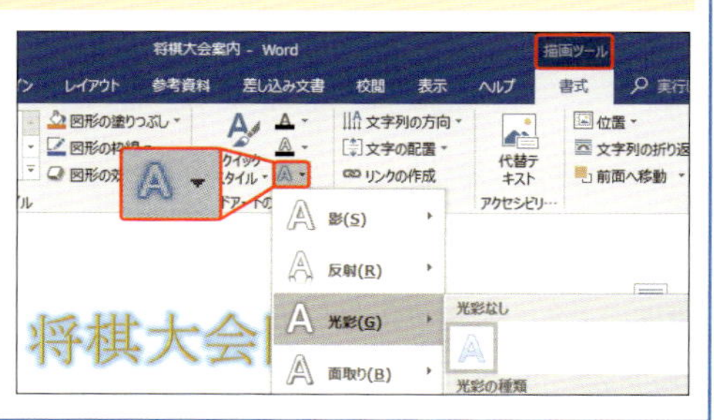

第3章 書式と文字の配置

タブや均等割り付けを設定する

箇条書きなどで、文字列の先頭や項目の文字幅が揃っていると見やすく、見栄えがよくなります。先頭文字を揃えたい場合は、タブを使うと便利です。また、均等割り付けで文字列の幅を揃えます。

1 タブを挿入する

水平ルーラーを表示しています（右ページのMemo参照）。

1 タブを挿入したい位置にカーソルを移動して、

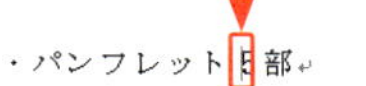

2 Tab を押すと、

3 タブが挿入されます。

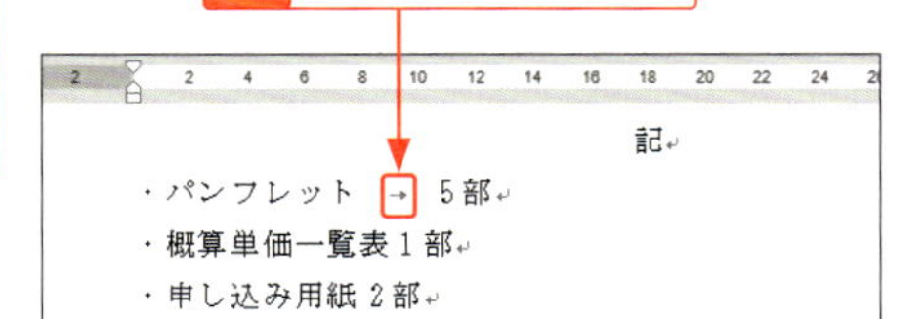

4 ほかの箇所もタブを挿入すると、文字列の先頭が揃います。

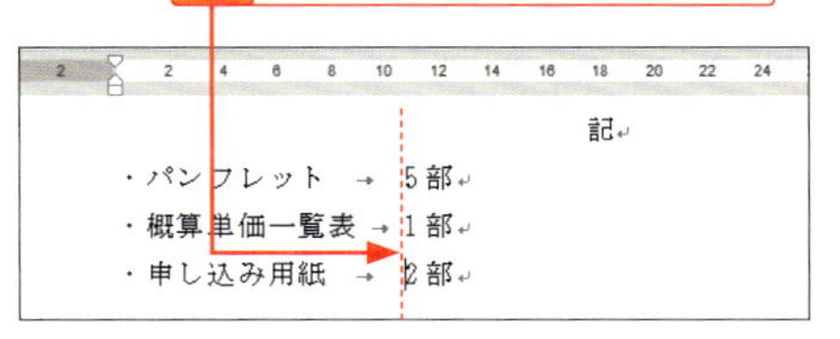

Keyword

タブ

「タブ」は特殊なスペース（空白）で、既定では4文字間隔で設定されます。左側の文字が4文字以上ある場合は、Tab を押すと8文字の位置に揃います。

Memo

タブ記号の表示

タブが挿入されると、編集記号のタブ記号➡が表示されます。編集記号の表示については、P.54を参照してください。

2 タブ位置を設定してからタブを挿入する

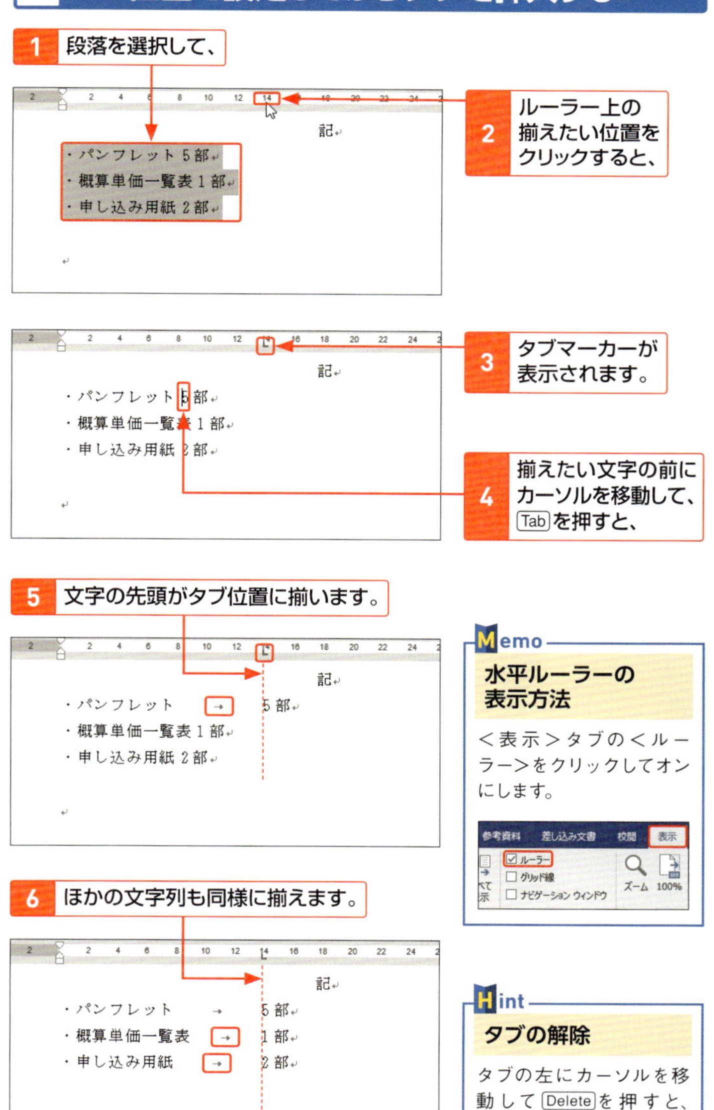

Memo 水平ルーラーの表示方法

＜表示＞タブの＜ルーラー＞をクリックしてオンにします。

Hint タブの解除

タブの左にカーソルを移動して Delete を押すと、タブが解除されます。

3 タブ位置を変更する

Hint

タブ位置を解除する

タブマーカー L をルーラーの外にドラッグすると、タブマーカーが消えます。また、<タブとリーダー>画面（下のStepUp参照）で、設定したタブをクリアしても、指定を解除できます。

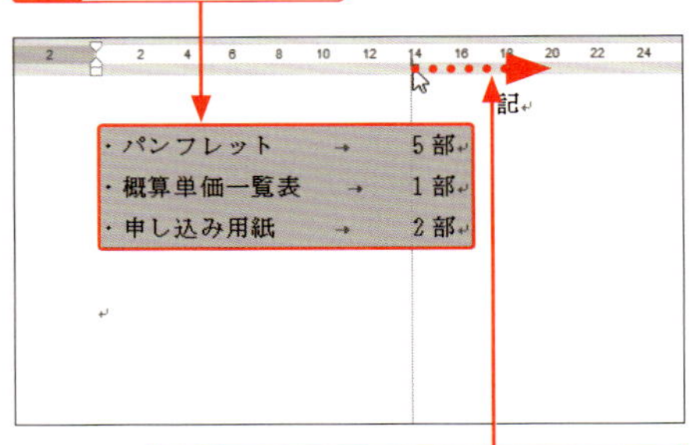

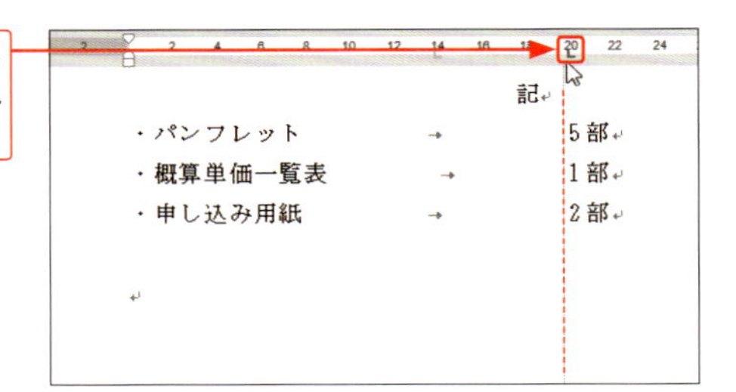

StepUp

タブの配置を数値で設定する

ルーラーをクリックすると、文字位置がずれる場合があります。タブの位置を詳細に設定するには、<タブとリーダー>画面を利用して、数値で指定するとよいでしょう。

<タブとリーダー>画面を表示するには、タブマーカーをダブルクリックするか、<ホーム>タブの<段落>グループの右下にある をクリックして表示される<段落>ダイアログボックスで<タブ設定>をクリックします。なお、タブの設定が異なる複数の段落を同時に選択した場合は、まとめて設定することはできません。

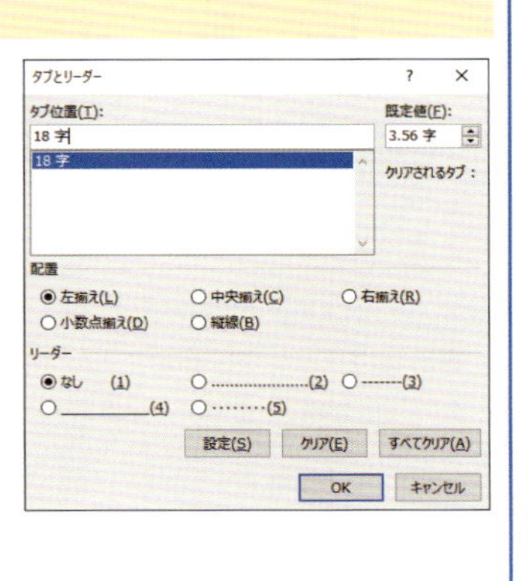

4 均等割り付けを設定する

1 文字列を選択して、

2 <ホーム>タブの<均等割り付け>をクリックします。

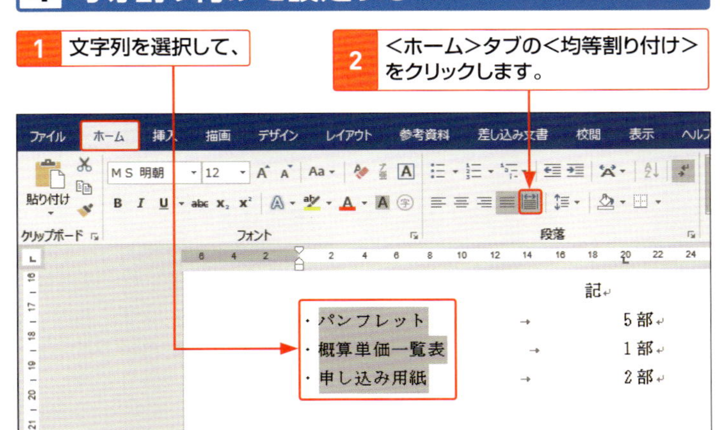

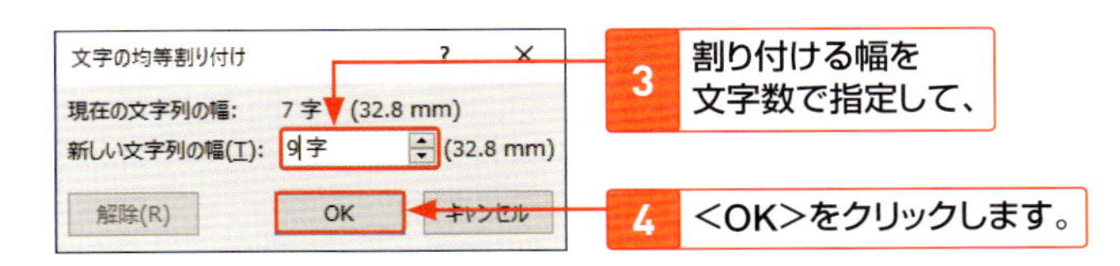

3 割り付ける幅を文字数で指定して、

4 <OK>をクリックします。

5 指定した幅に文字列の両端が揃えられます。

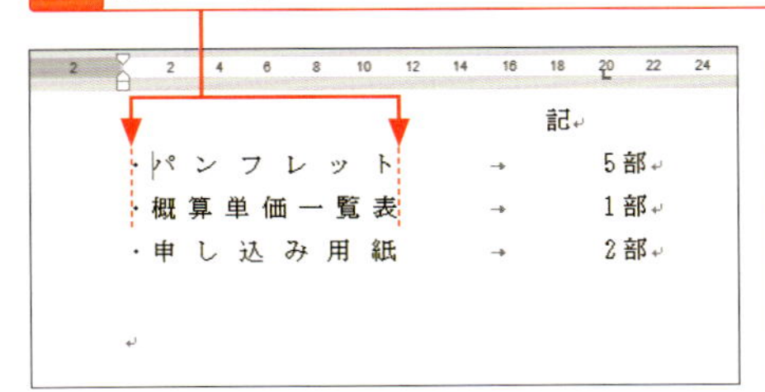

Memo 均等割り付けの解除

均等割り付けを設定した文字列を選択して、手順 3 で<解除>をクリックすると、設定が解除されます。

Memo 段落の均等割り付けの注意

段落を選択する場合に、段落記号 ↵ を含むと、正しい文字の均等割り付けができなくなります。そのため、文字列のみを選択します。また、段落を対象に均等割り付けを設定する場合は、段落にカーソルを移動して<ホーム>タブの<拡張書式> をクリックし、<文字の均等割り付け>をクリックして設定します。

インデントを設定する

段落を字下げするときは、インデントを設定します。インデントを利用すると、最初の行と2行目以降に別々の字下げを設定したり、段落全体をまとめて字下げしたりすることができます。

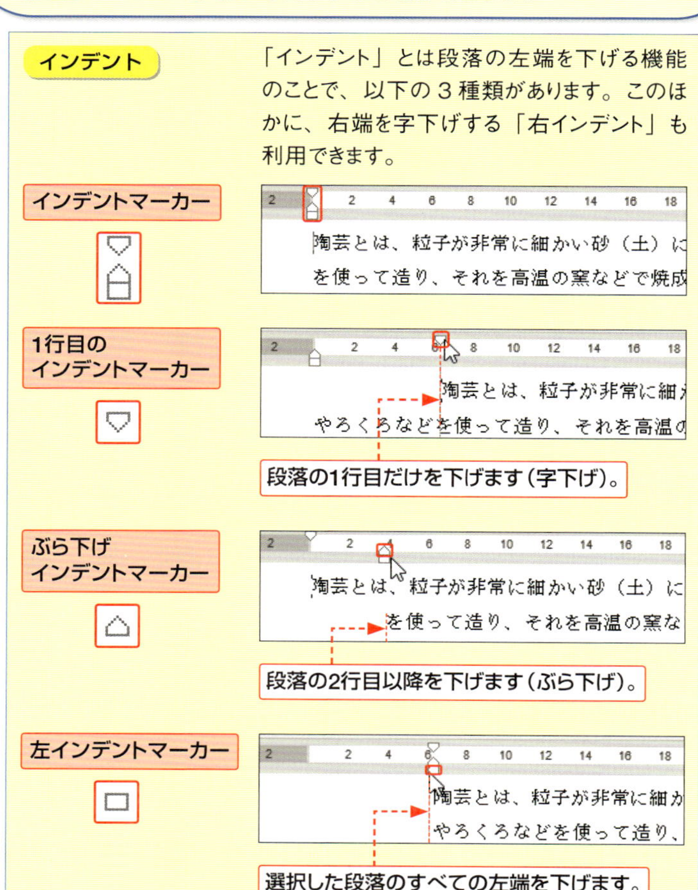

1 段落の1行目を下げる

1 段落の中にカーソルを移動して、

水平ルーラーを表示しています（P.99のMemo参照）。

2 ＜1行目のインデント＞マーカーをドラッグすると、

3 1行目の先頭が下がります。

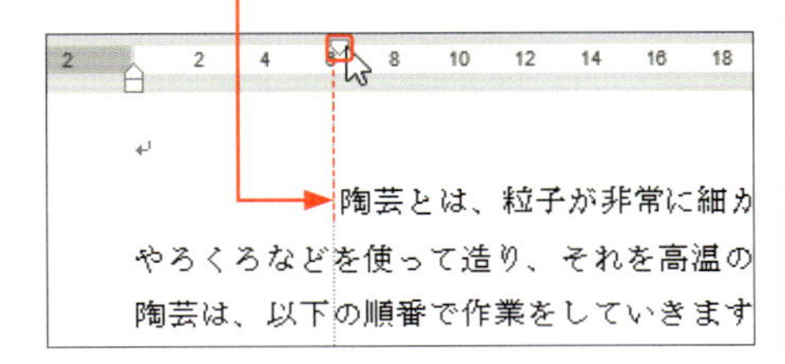

> **Memo**
> ### 1行目のインデントマーカー
> 段落の1行目のみ字下げしたい場合は、＜1行目のインデント＞マーカーをドラッグします。

> **Hint**
> ### 複数の段落の1行目を字下げする
> 複数の段落を選択して、手順 **2** を操作すると、各段落の1行目のみ同時に字下げができます。

> **StepUp**
> ### 文字数で字下げする
> ルーラー上をドラッグする方法は、おおよその位置になります。正確な文字数で字下げしたい場合は、＜ホーム＞タブの＜段落＞グループの右下にある をクリックして表示される＜段落＞ダイアログボックスで＜インデントと行間隔＞タブの＜インデント＞を利用します。

1 ＜最初の行＞を＜字下げ＞にして、

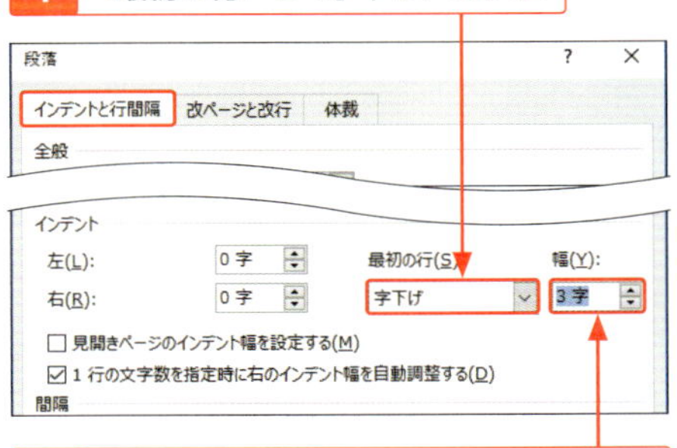

2 ＜幅＞に字下げしたい文字数を指定します。

段組みを設定する

Wordでは、文書全体、あるいは一部の範囲に**段組み**を設定することができます。さらに、**段幅や段の間隔**を変更したり、段間に**境界線**を入れて読みやすくすることも可能です。

1 文書全体に段組みを設定する

1 段組みにする範囲を選択して、

2 <レイアウト>タブの<段組み>をクリックし、

3 設定したい段数（ここでは<2段>）をクリックします。

4 指定した段数で段組みが設定されます。

作業は「荒練り」です。

セクション区切り（現在の位置から新しいセクション）

・荒練り

「荒練り」とは粘土の固さを均一にするもので、粘土の塊に両手で体重をかけて、前のほうに押し出し、伸びた部分を折り重ねて何度も練っていきます。

陶芸用の粘土は、通常ビニール袋などに入れて保存してあるので、蒸発した水分の影響で粘土の表面が湿っています。その湿って柔らかい部分と、中の少し固めの部分を練りながら硬さが均一になるようにします。

粘土の中に硬いダマが混ざっていると、作りにくいだけでなく、さらに窯で焼くときにヒビ割れなどの原因になる可能性もあるので、ここでしっかり練る必要があります。

Memo 段組みの設定

1行が長すぎて読みにくい場合など、段組みを利用すると便利です。最初に範囲を選択しなければ、文書すべてに段組みが設定されます。

2 段の幅を調整して段組みを設定する

1 左ページの手順**3**で<段組みの詳細設定>をクリックして、<段組み>ダイアログボックスを表示します。

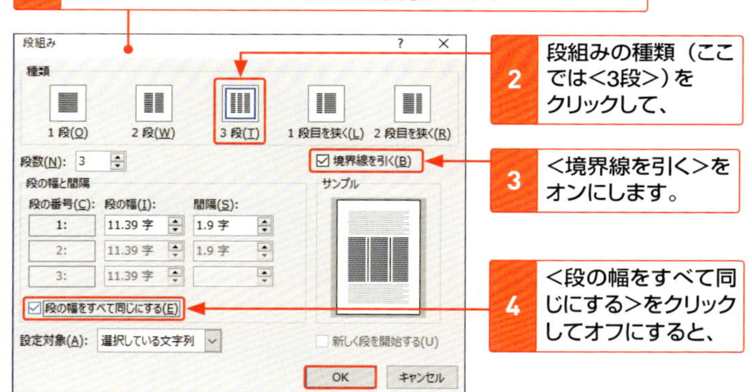

2 段組みの種類（ここでは<3段>）をクリックして、

3 <境界線を引く>をオンにします。

4 <段の幅をすべて同じにする>をクリックしてオフにすると、

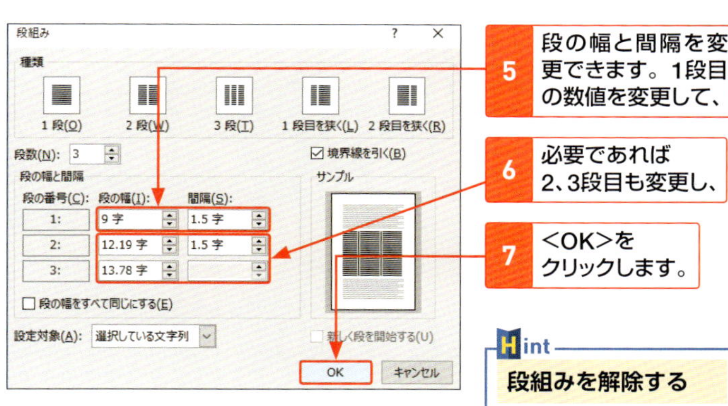

5 段の幅と間隔を変更できます。1段目の数値を変更して、

6 必要であれば2、3段目も変更し、

7 <OK>をクリックします。

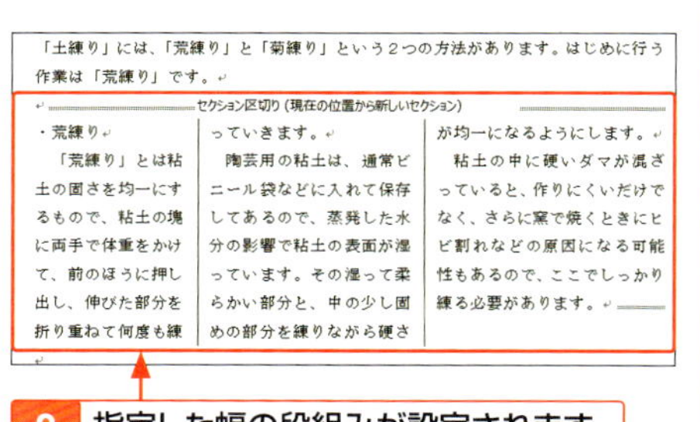

「土練り」には、「荒練り」と「菊練り」という２つの方法があります。はじめに行う作業は「荒練り」です。

セクション区切り（現在の位置から新しいセクション）

・荒練り

「荒練り」とは粘土の固さを均一にするもので、粘土の塊に両手で体重をかけて、前のほうに押し出し、伸びた部分を折り重ねて何度も練っていきます。

陶芸用の粘土は、通常ビニール袋などに入れて保存してあるので、蒸発した水分の影響で粘土の表面が湿っています。その湿って柔らかい部分と、中の少し固めの部分を練りながら硬さが均一になるようにします。

粘土の中に硬いダマが混ざっていると、作りにくいだけでなく、さらに窯で焼くときにヒビ割れなどの原因になる可能性もあるので、ここでしっかり練る必要があります。

8 指定した幅の段組みが設定されます。

Hint 段組みを解除する

設定直後なら、<元に戻す>をクリックすれば、段組みを解除できます（P.30参照）。あとから解除する場合は、段組みの段落を選択して、手順**3**で<1段>をクリックして1段にします。残ったセクション区切り（P.55参照）を選択し、Deleteを押して削除します。

行間隔を設定する

行の間隔を設定すると、1ページに収まる行数を増やしたり、見出しと本文の行間を調整して、文書を読みやすくすることができます。また、**段落の間隔**も変更できます。

1 段落の行間隔を広げる

1行の間隔を2倍に広げます。

1 段落内にカーソルを移動して、

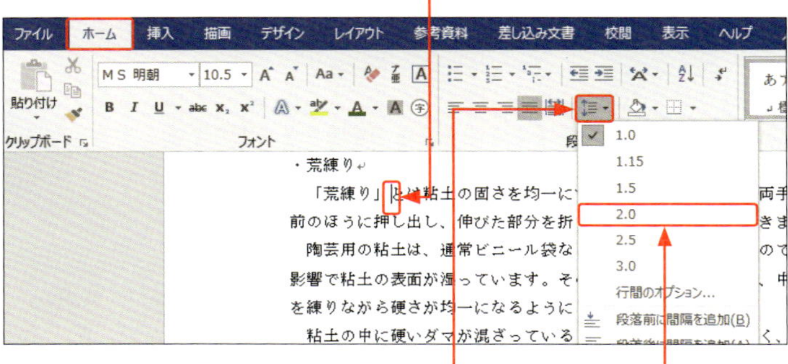

2 <ホーム>タブの<行と段落の間隔>をクリックし、

3 <2.0>をクリックします。

4 段落の行間が2倍になります。

・荒練り

「荒練り」とは粘土の固さを均一にするもので、粘土の塊に両手

前のほうに押し出し、伸びた部分を折り重ねて何度も練っていきま

陶芸用の粘土は、通常ビニール袋などに入れて保存してあるので、

影響で粘土の表面が湿っています。その湿って柔らかい部分と、中

Memo

段落の選択

段落を選択するには、その段落内にカーソルを移動します。複数の段落の場合は、段落をドラッグして選択します(P.58参照)。

Hint

行間をもとに戻す

行間をもとに戻すには、設定した段落を選択して、手順 3 で<1.0>をクリックします。

2 段落の前後の間隔を広げる

1 段落にカーソルを移動して、

2 ＜ホーム＞タブの＜行と段落の間隔＞をクリックし、

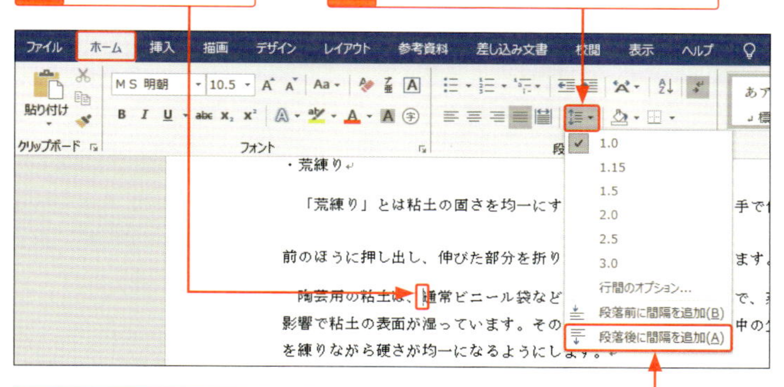

3 ＜段落後に間隔を追加＞をクリックします。

前のほうに押し出し、伸びた部分を折り重ねて何度も練っていきます。
陶芸用の粘土は、通常ビニール袋などに入れて保存してあるので、蒸発した水分の影響で粘土の表面が湿っています。その湿って柔らかい部分と、中の少し固めの部分を練りながら硬さが均一になるようにします。
粘土の中に硬いダマが混ざっていると、作りにくいだけでなく、さらに窯で焼くと

4 段落後に空きができます。

Memo

段落の間隔

手順 3 の＜段落前に間隔を追加＞（＜段落後に間隔を追加＞）では、段落の前（後）に12pt分の空きが挿入されます。

Hint

間隔を解除する

段落を選択して、同様の手順から＜段落前の間隔を削除＞あるいは＜段落後の間隔を削除＞を選択すると、設定が解除されます。

StepUp

＜段落＞ダイアログボックスで指定する

行間の設定や段落前後の空きは、＜段落＞ダイアログボックスの＜インデントと行間隔＞（P.103のStep Up参照）を利用すると、数値で指定できます。

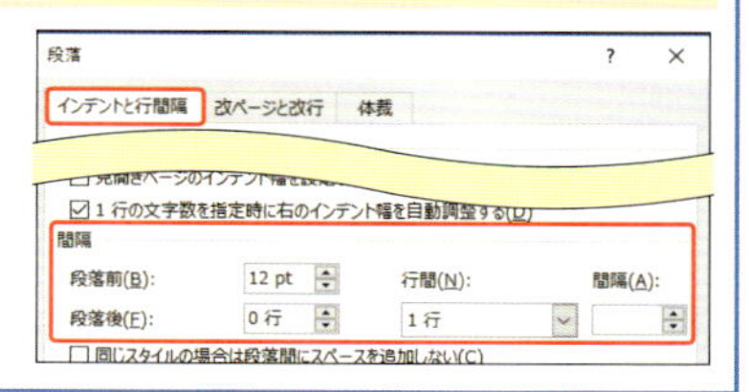

縦書きの文書を作成する

文書の初期設定は横書きですが、**縦書き**にもできます。すでに作成された文書を縦書きに変更したり、1つの文書の中で**縦書きと横書きを混在**させたりすることも可能です。

1 横書き文書を縦書き文書に変更する

> **Memo**
> **新規文書を縦書きにする**
> 新規文書で、右の手順を操作するか、<ページ設定>ダイアログボックス（P.84参照）で<縦書き>を指定すると、文書が縦書きになります。

1 <レイアウト>タブをクリックして、

2 <文字列の方向>をクリックし、

3 <縦書き>をクリックします。

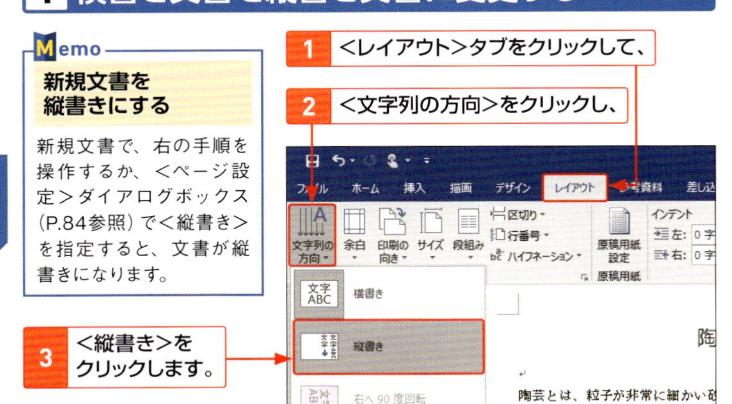

4 文書が縦書きに変更されます。

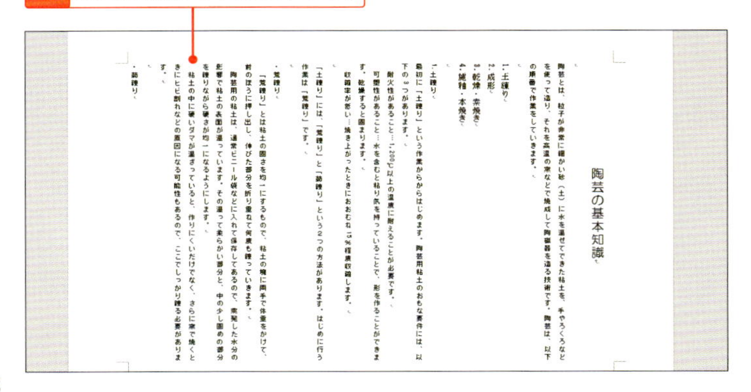
陶芸の基本知識

陶芸とは、粒子が非常に細かい砂（土）に水を混ぜてできた粘土を、手やろくろなどを使って造り、それを高温の窯などで焼成して陶磁器を造る技術です。陶芸は、以下の順番で作業をしていきます。

1. 土練り
2. 成形
3. 乾燥・素焼き
4. 施釉・本焼き

1. 土練り

最初に「土練り」という作業からからはじめます。陶芸用粘土のおもな要件には、以下の3つがあります。

耐火性があること…1,200℃以上の温度に耐えることが必要です。

可塑性があること…水を含むと粘り気を持っていることで、形を作ることができます。乾燥すると固まります。

収縮率が低い…焼き上がったときにおおむね15%程度収縮します。

「土練り」には、「荒練り」と「菊練り」という2つの方法があります。はじめに行う作業は「荒練り」です。

・荒練り

「荒練り」とは粘土の固さを均一にするもので、粘土の塊に両手で体重をかけて、前のほうに押し出し、伸びた部分を折り重ねて何度も練っていきます。

陶芸用の粘土は、通常ビニール袋などに入れて保存してあるので、蒸発した水分の影響で粘土の表面が湿っています。その湿って柔らかい部分と、中の少し固めの部分を練りながら硬さが均一になるようにします。

粘土の中に硬いダマが混ざっていると、作りにくいだけでなく、さらに窯で焼くときにヒビ割れなどの原因になる可能性もあるので、ここでしっかり練る必要があります。

・菊練り

2 縦書き文書の途中から横書きにする

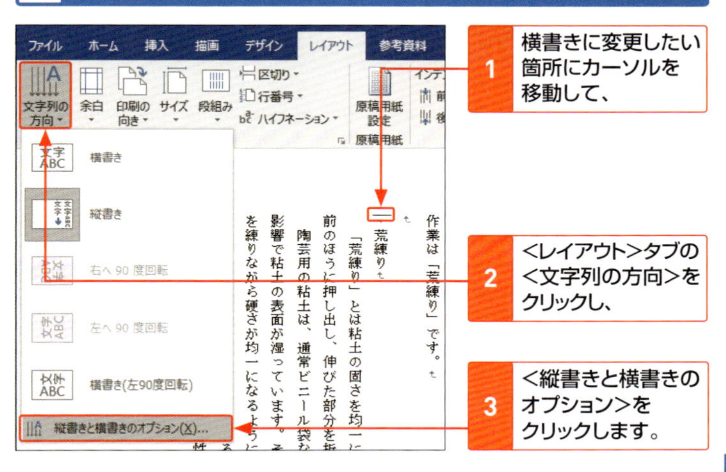

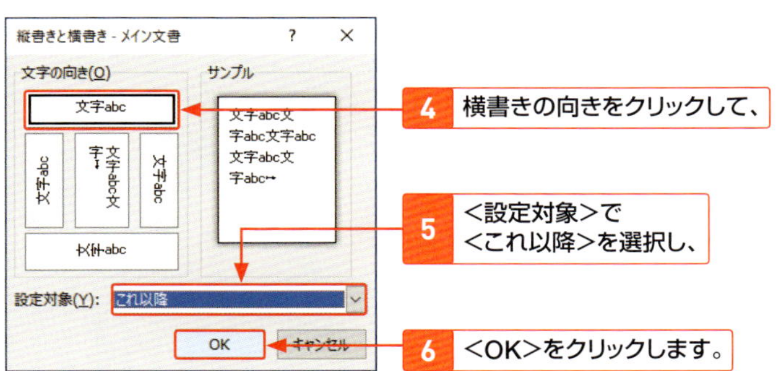

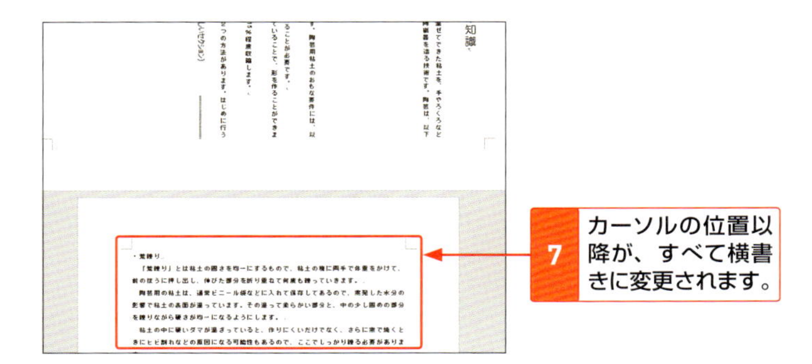

第3章 書式と文字の配置

箇条書きを入力する

Wordには、自動的に箇条書きを作成する入力オートフォーマット機能があり、先頭に行頭文字を入力した箇条書きの形式になります。また、文字列に対して箇条書きを設定することもできます。

1 箇条書きを作成する

1 「・」を入力して Enter を押し、

2 続けて Space を押します。

記

・

3 文字を入力して、最後に Enter を押すと、

<オートコレクトのオプション>が表示されます（P.112の下のHint参照）。

・弊社パンフレット□5部

4 次の行に「・」が自動的に入力されます。

・弊社パンフレット□5部
・概算単価一覧表□1部

5 文字を入力して、最後に Enter を押すと、

6 箇条書きが設定されるので、文字を入力します。

・弊社パンフレット□5部
・概算単価一覧表□1部
・申し込み用紙□2部

箇条書きの設定の終了方法はP.112を参照

Hint 行頭文字を付ける

先頭に入力する「・」を「行頭文字」といいます。●や■などでも同じように箇条書きが作成されます。なお、行頭文字の記号は変更することができます（P.113参照）。

2 あとから箇条書きに設定する

1 項目を入力した範囲を選択して、

2 <ホーム>タブの<箇条書き>をクリックすると、

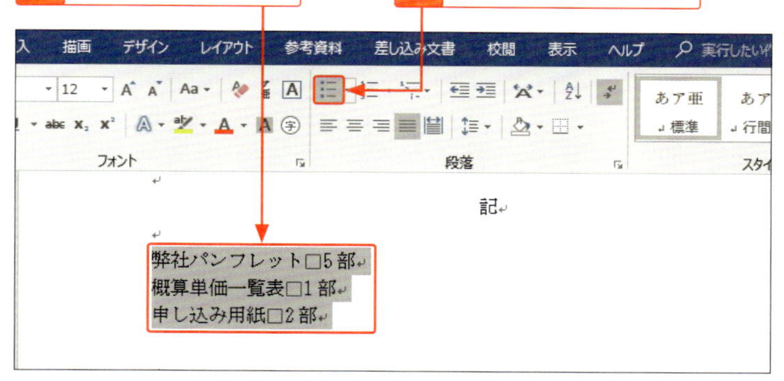

3 箇条書きが設定されます。

・弊社パンフレット□5部
・概算単価一覧表□1部
・申し込み用紙□2部

StepUp

箇条書きが設定されない場合

箇条書きは、入力オートフォーマット機能によって自動的に設定されるようになっています。設定されない場合は、この機能がオフになっていると考えられます。
<ファイル>タブの<オプション>をクリックして、<Wordのオプション>の<文章校正>で<オートコレクトのオプション>をクリックします。<オートコレクト>ダイアログボックスの<入力オートフォーマット>で<箇条書き（行頭文字）>をオンにします。

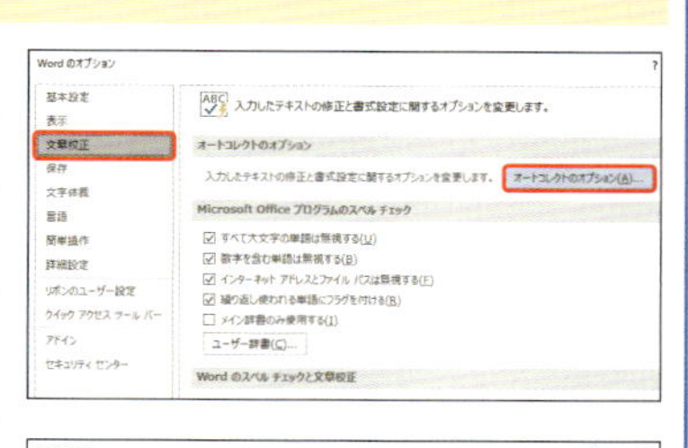

3 箇条書きの設定を終了する

Hint

箇条書きをまとめて解除する

箇条書きが設定されている段落をすべて選択して、<箇条書き>をクリックします。

1 箇条書きの最後の行でEnterを押します。

・→弊社パンフレット□5部
・→概算単価一覧表□1部
・→申し込み用紙□2部

2 箇条書きが解除され、通常の行になります。

・→弊社パンフレット□5部
・→概算単価一覧表□1部
・→申し込み用紙□2部

Hint

勝手に箇条書きにしたくない

「・」などの記号を入力すると、自動的に箇条書きになります。箇条書きにしたくない場合は、<オートコレクトのオプション>でこの機能をオフにすることができます（P.111のStepUp参照）。
その都度設定する場合は、右のように<オートコレクトのオプション>をクリックして、<箇条書きを自動的に作成しない>をクリックします。

1 マウスポインターを合わせます。

・→弊社パンフレット□5部
概算単価一覧表□1部
申し込み用紙□2部

2 メニューが表示されるので、

3 ここをクリックします。

・→弊社パンフレット□5部
元に戻す(U) - 箇条書きの自動設定
箇条書きを自動的に作成しない(S)
オートフォーマット オプションの設定(C)...

4 行頭文字の記号を変更する

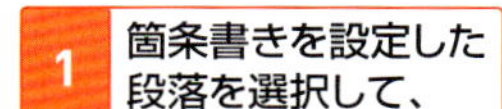

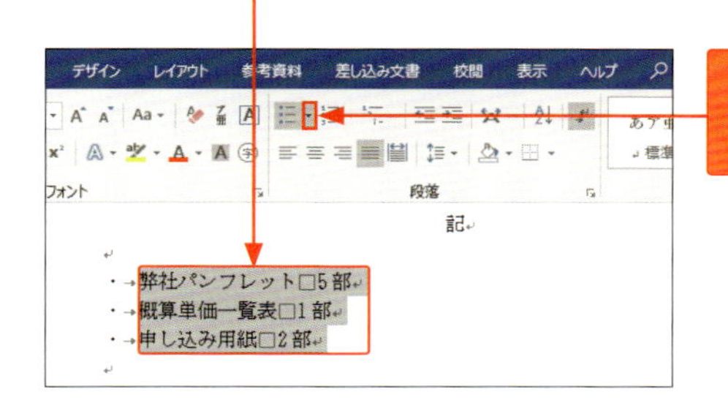

2 <ホーム>タブの<箇条書き>のここをクリックます。

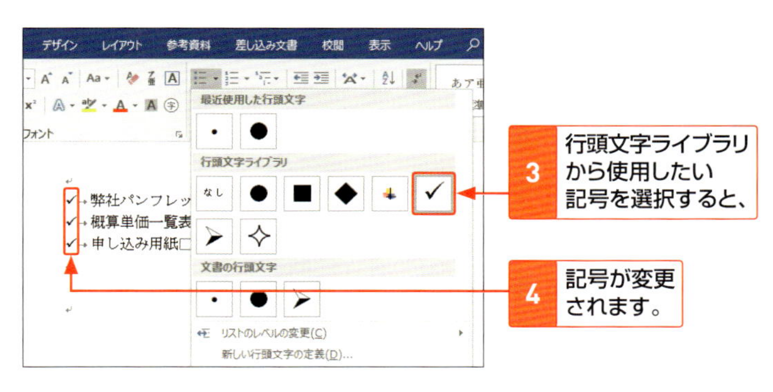

StepUp

新しい行頭文字を設定する

手順 3 のメニューで<新しい行頭文字の定義>をクリックして、表示される<新しい行頭文字の定義>画面で、新しい行頭文字を設定することができます。
<記号>をクリックすると、<記号と特殊文字>ダイアログボックス（P.71参照）が表示され、文字や記号を選択します。
<図>をクリックすると、<画像の挿入>画面が表示され、画像や図を検索して、挿入することができます。

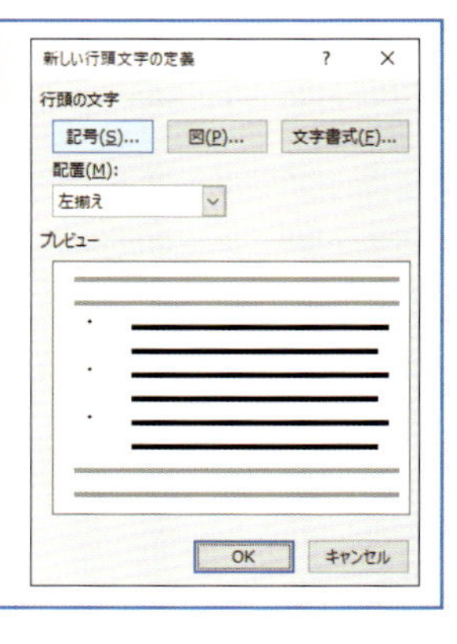

段落番号を設定する

段落番号を設定すると、段落の先頭に連続した番号を振ることができます。段落番号は、追加や削除を行っても自動で連続した番号に振り直されます。

1 段落に連続した番号を振る

1 段落をドラッグして選択し、

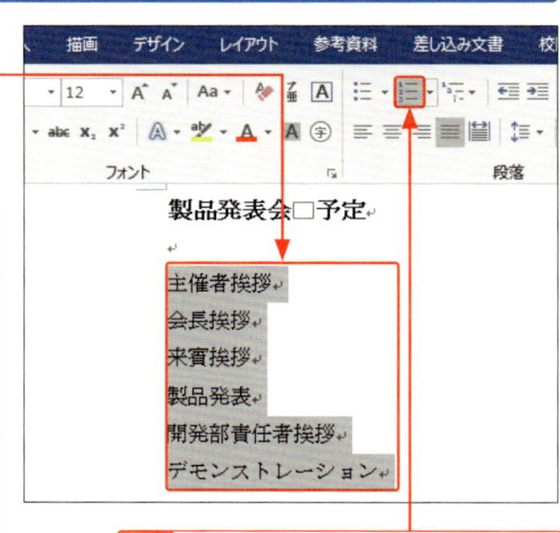

2 <ホーム>タブの<段落番号>をクリックします。

3 連続した番号が振られます。

製品発表会□予定

1. 主催者挨拶
2. 会長挨拶
3. 来賓挨拶
4. 製品発表
5. 開発部責任者挨拶
6. デモンストレーション

Keyword 段落番号

「段落番号」は、箇条書きで段落の先頭に付けられる「1.」「2.」などの数字のことです。番号の種類を変更（右ページ参照）した場合は、次回変更されるまで、その種類の番号が振られます。

Hint 段落番号を削除する

段落番号を削除する場合は、削除したいすべての段落を選択して、有効になっている<段落番号>をクリックします。または、段落番号をクリックして選択し、Delete または BackSpace を押すと、1つずつ削除できます。

2 段落番号の種類を変更する

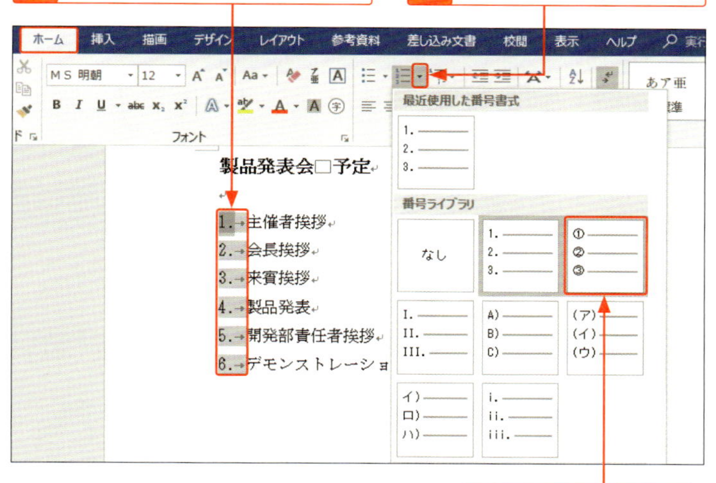

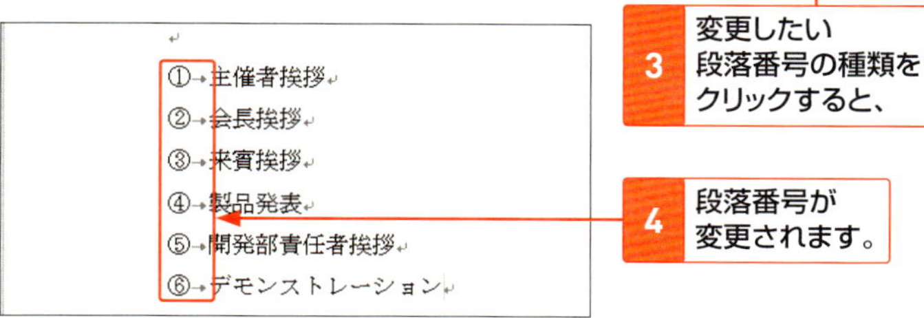

Hint 途中の段落番号を解除する

連続した段落番号の途中を通常の段落（行）にしたい場合は、前の段落末で Enter を押します。新しい段落番号の行が挿入されたら、再度 Enter を押すと、段落番号が解除されます。

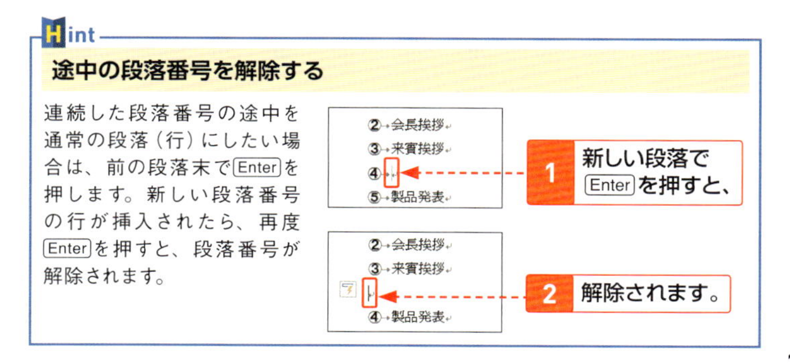

改ページ位置を設定する

ページが切り替わる位置を手動で変えたい場合は、改ページ位置を設定します。また、改ページ位置の自動修正機能を利用すると、指定した条件に従ってページを区切ることもできます。

1 改ページ位置を手動で設定する

Keyword

改ページ

文章を別のページに分けることを「改ページ」、その位置を「改ページ位置」といいます。

1 次のページに送りたい段落の先頭にカーソルを移動して、

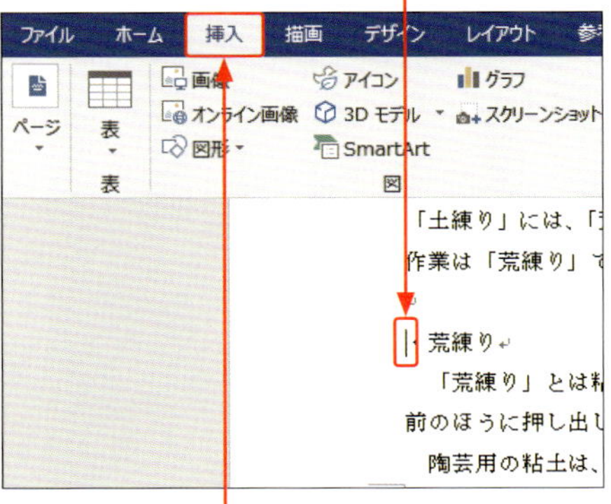

2 <挿入>タブをクリックします。

Hint

そのほかの設定方法

<レイアウト>タブの<区切り>のをクリックして、<改ページ>をクリックする方法もあります。

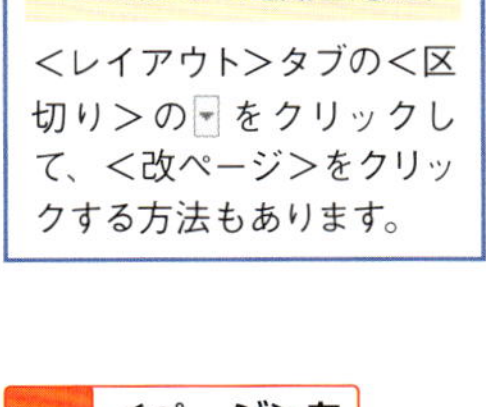

3 <ページ>をクリックし、

4 <ページ区切り>をクリックします。

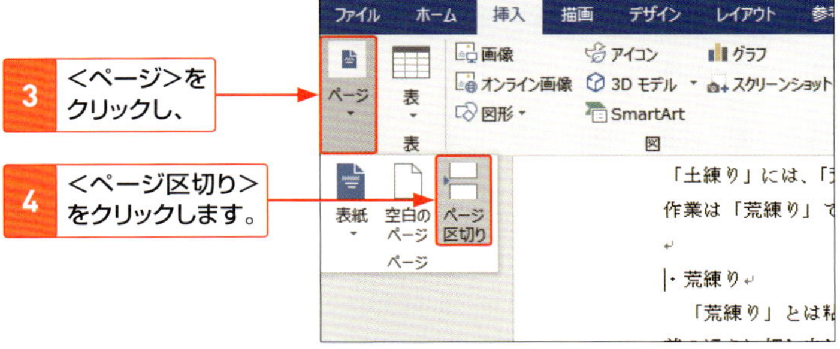

5 改ページが実行され、改ページの記号が表示されます（右のMemo参照）。

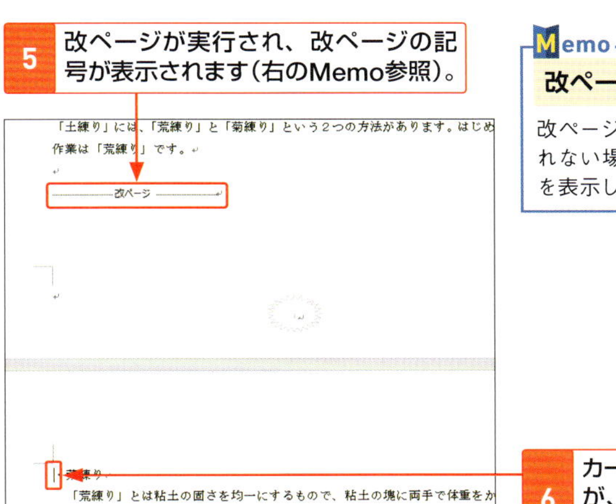

6 カーソル以降の段落が、次のページに送られます。

Memo

改ページの記号

改ページの記号が表示されない場合は、編集記号を表示します(P.54参照)。

2 改ページ位置の設定を解除する

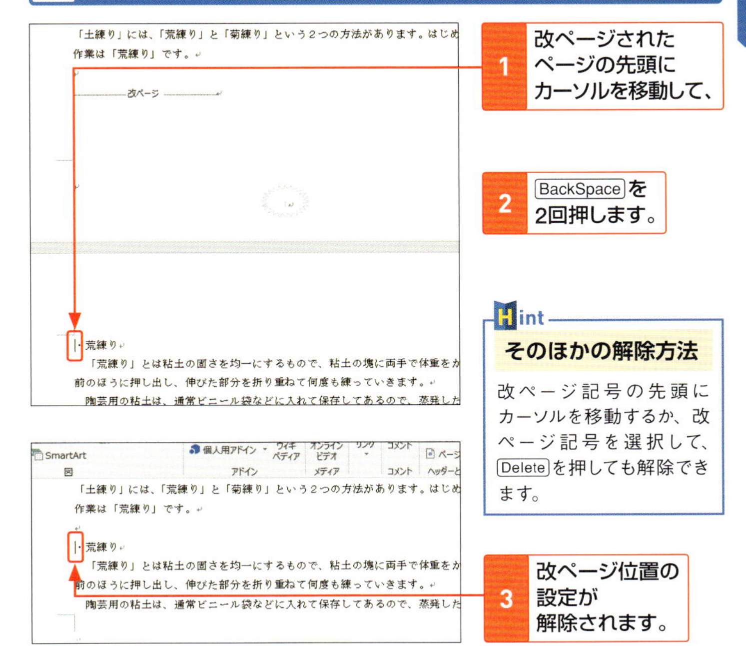

1 改ページされたページの先頭にカーソルを移動して、

2 BackSpace を2回押します。

3 改ページ位置の設定が解除されます。

Hint

そのほかの解除方法

改ページ記号の先頭にカーソルを移動するか、改ページ記号を選択して、Delete を押しても解除できます。

書式をコピーする

自分で個別に設定した書式を、ほかの文字列や段落にも適用したい場合に、**書式のコピー／貼り付け**機能を利用すれば、いちいち同じ設定をしなくてもすみます。コピーは連続して行うこともできます。

1 書式をほかの文字列に設定する

1 書式を設定した文字列を選択して、

2 ＜ホーム＞タブの＜書式のコピー／貼り付け＞をクリックします。

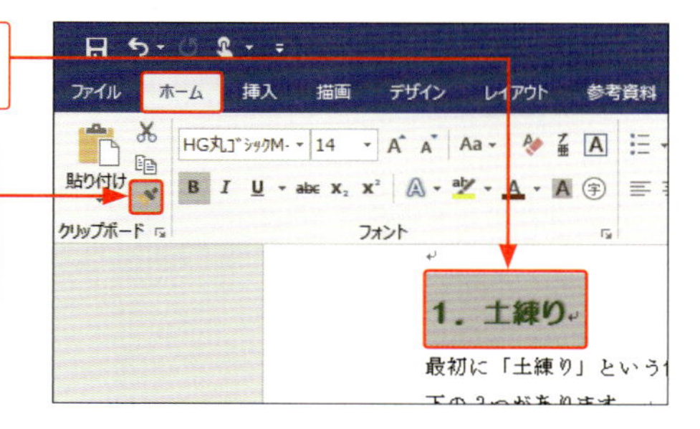

3 マウスポインターの形が の状態で設定したい文字列をドラッグすると、

2.陶芸作品の作り方「成形」
ここでは、作品の作り方を紹介します。いずれ
抜けて縮むため、少し大きめに作ることがポイ
・手びねり

4 書式がコピーされます。

2.陶芸作品の作り方「成形」
ここでは、作品の作り方を紹介します。いずれ
抜けて縮むため、少し大きめに作ることがポイ
・手びねり

Keyword 書式のコピー／貼り付け

「書式のコピー／貼り付け」は、文字列に設定されている書式だけを別の文字列に設定する機能です。

Hint 書式を解除する

書式を設定した文字列を選択して、＜ホーム＞タブの＜すべての書式をクリア＞ をクリックすると、書式が解除されます。

2 書式を連続してほかの文字列に適用する

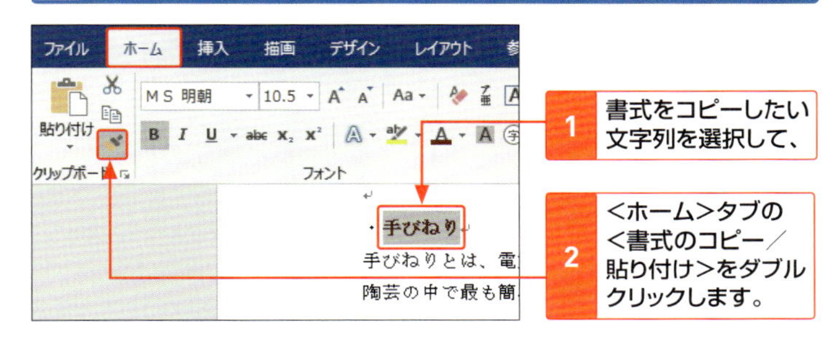

1 書式をコピーしたい文字列を選択して、

2 <ホーム>タブの<書式のコピー／貼り付け>をダブルクリックします。

・タタラ作り
タタラとは板状の粘土のことで、そのタタラをさ
ラ作りです。板状にした粘土を部品ごとに切り、
す。
・ろくろ挽き

3 マウスポインターの形が の状態で文字列をドラッグすると、

4 書式がコピーされます。

5 続けて文字列をドラッグすると、

6 書式のコピーを解除するまで、書式を連続してコピーできます。

Hint

書式のコピーを終了する

コピーを終了したい場合は、Escを押すか、<ホーム>タブの<書式のコピー／貼り付け>をクリックします。

ページ番号や文書のタイトルを挿入する

ページの上下の余白部分には、本文とは別に日付やタイトル、ページ番号などを挿入することができます。上の部分をヘッダー、下の部分をフッターといい、配置しやすいデザインも用意されています。

1 フッターにページ番号を挿入する

1 <挿入>タブをクリックして、

2 <ページ番号>をクリックします。

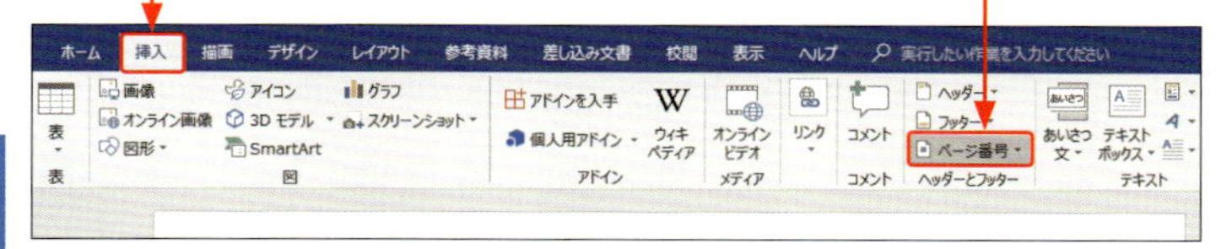

3 ページ番号の挿入位置を選択して（ここでは<ページの下部>）、

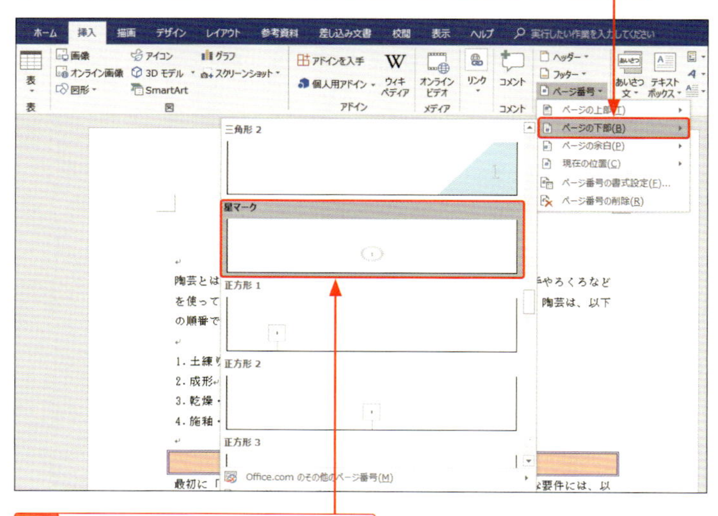

4 目的のデザインをクリックします。

5 ページ番号が挿入されます。

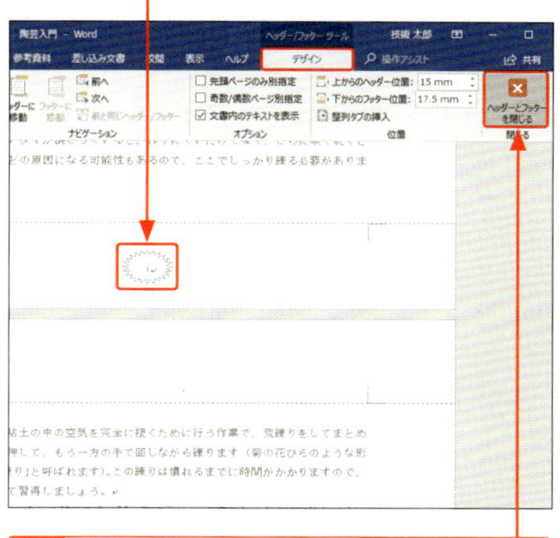

6 ここをクリックして、編集画面に戻ります。

Hint ページ番号の削除

左ページの手順**3**で＜ページ番号の削除＞をクリックすると、ページ番号が削除されます。

StepUp 先頭ページにページ番号を付けない場合

＜ヘッダー／フッターツール＞の＜デザイン＞タブにある＜先頭ページのみ別指定＞をクリックしてオンにすると、先頭ページが別指定になります。

Memo ページ番号とヘッダー／フッター

ページ番号はヘッダー、フッターのどちらにも挿入できます。左ページの手順**2**で＜フッター＞または＜ヘッダー＞をクリックして、ページ番号のデザインを選びます。

2 ヘッダーにタイトルを挿入する

1 ＜挿入＞タブの＜ヘッダー＞をクリックして、

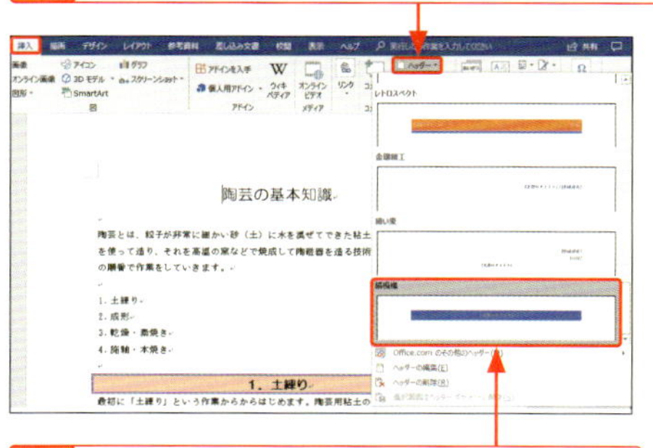

2 タイトルの入ったデザインをクリックします。

Hint ヘッダー／フッターの削除

＜挿入＞タブまたは＜ヘッダー／フッターツール＞の＜デザイン＞タブにある＜ヘッダー＞、＜フッター＞をクリックして、＜～の削除＞をクリックすると、ヘッダー／フッターが削除されます。

3 ヘッダーが挿入されます。

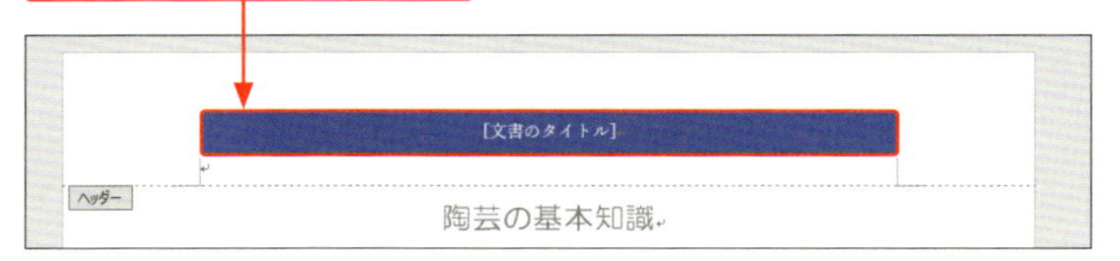

タイトル名を入力します。

4 ここをクリックすると、本文の編集画面に戻ります。

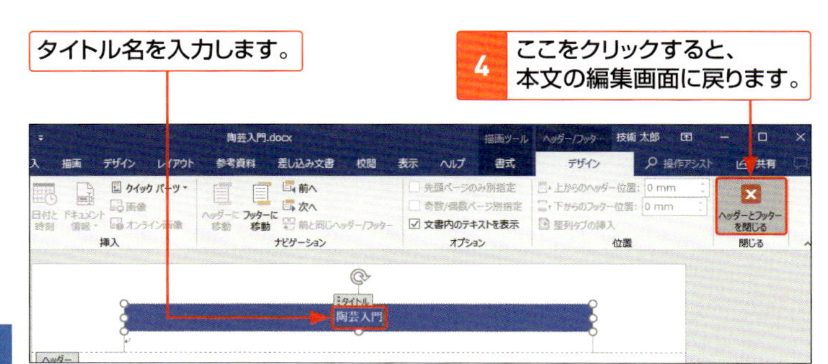

Hint

ヘッダー／フッターのデザイン

ヘッダー／フッターのデザインは、左右ページ用や日付などがセットになったものもあります。デザインが不要な場合は、編集画面で上下の余白をダブルクリックすると、ヘッダー／フッター欄が表示されるので、自由に入力することができます。

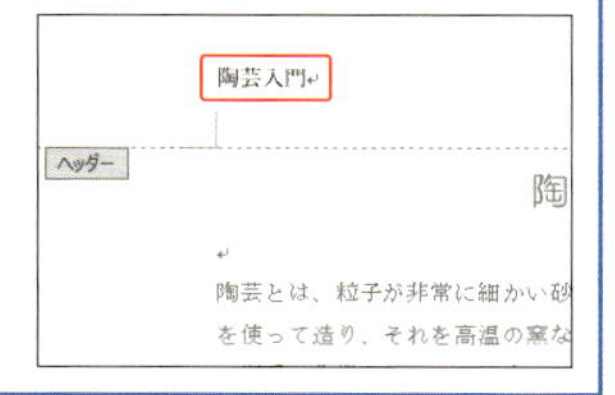

StepUp

日付を入力する

デザインに「日付」がある場合は、<日付>をクリックして右側の▼クリックするとカレンダーが表示されます。日付をクリックするだけで、かんたんに挿入できます。

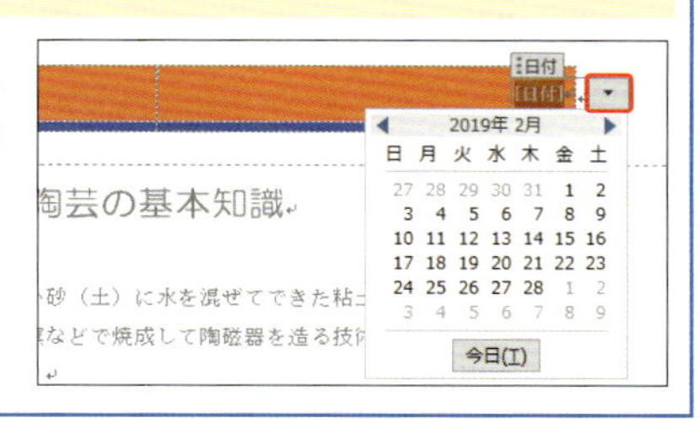

第4章

画像・図形の利用と表作成

イラストを挿入する

文書内にイラストを挿入する場合、オンライン画像を利用して、インターネット上でイラストを探す方法があります。このとき、パソコンをインターネットに接続しておく必要があります。

1 イラストを検索して挿入する

Memo

イラストの検索

インターネットでイラストや画像を探すには、<オンライン画像>を利用します。

1 イラストを挿入したい位置にカーソルを移動して、

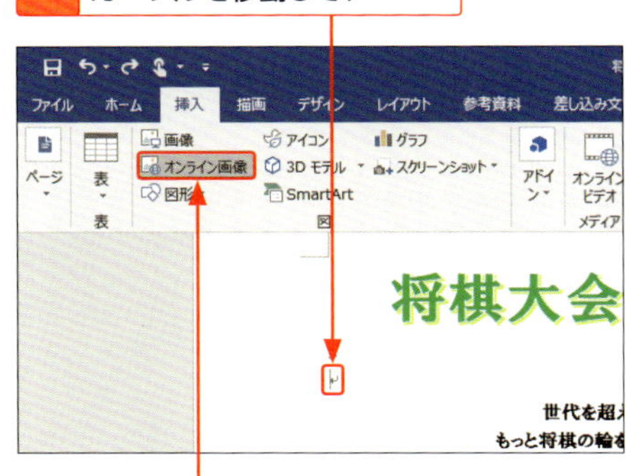

2 <挿入>タブの<オンライン画像>をクリックします。

3 キーワードを入力して、Enterを押します。

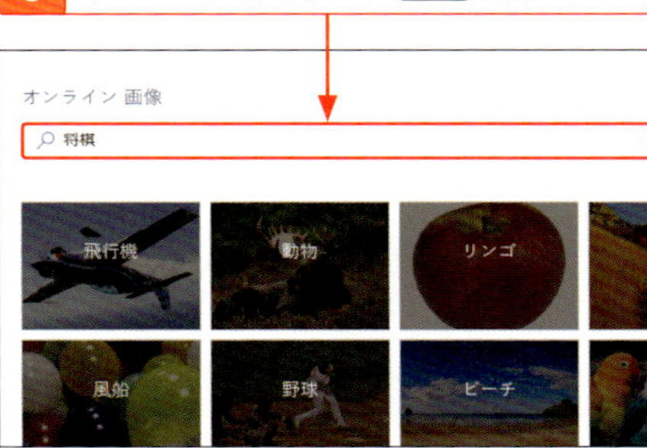

Hint

カテゴリを利用する

手順3でキーワードを入力せずに、各カテゴリをクリックしても検索できます。

4 <フィルター>をクリックして、<クリップアート>をクリックします。

5 目的のイラストをクリックして、

6 <挿入>をクリックします。

7 イラストが挿入されます。

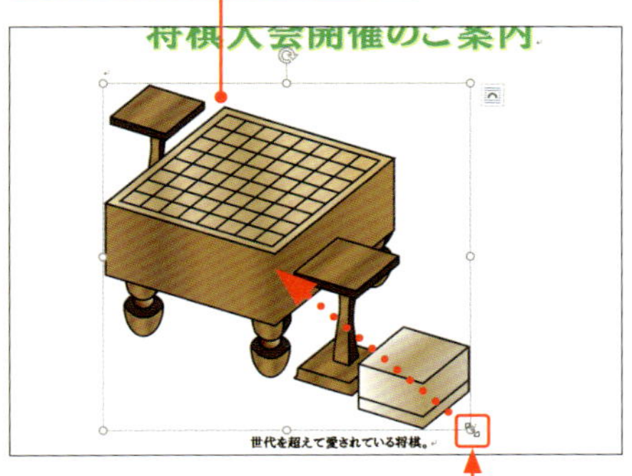

8 ハンドルにマウスポインターを合わせせ、⤡の形に変わった状態でドラッグすると、

9 サイズを変更できます。

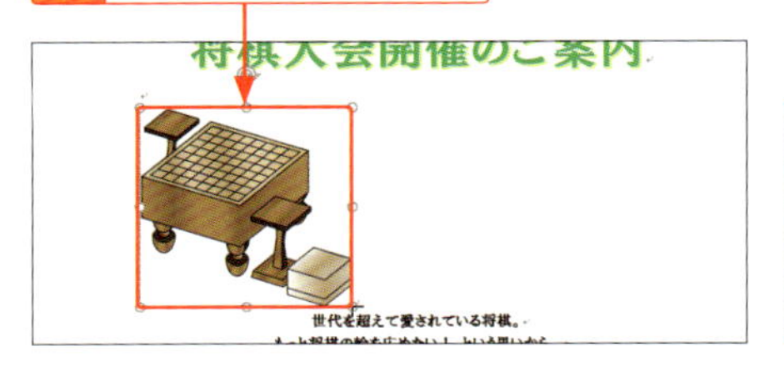

Memo

クリップアートのみにする

検索索結果には写真も含まれているので、フィルターでクリップアート（イラスト）を指定して検索を絞り込みます。

Hint

ライセンスの注意

インターネット上に公開されているイラストを利用する場合は、著作権に注意が必要です。選択したイラストの右下の<詳細とその他の操作>…をクリックするとリンクが表示されます。出典元で著作権を確認し、自由に使ってよいものを選びましょう。

Memo

イラストの削除

イラストをクリックして Delete を押すと、イラストを削除できます。

文章内にイラストを配置する

挿入したイラストは、自由に移動したり、文章をイラストの周りに配置したりできるように**文字列の折り返し**を指定します。イラストの近くに表示される**レイアウトオプション**を利用します。

1 文字列の折り返しを設定する

Hint

そのほかの指定方法

<書式>タブの<文字列の折り返し>をクリックして、折り返しの種類を選択しても指定できます。

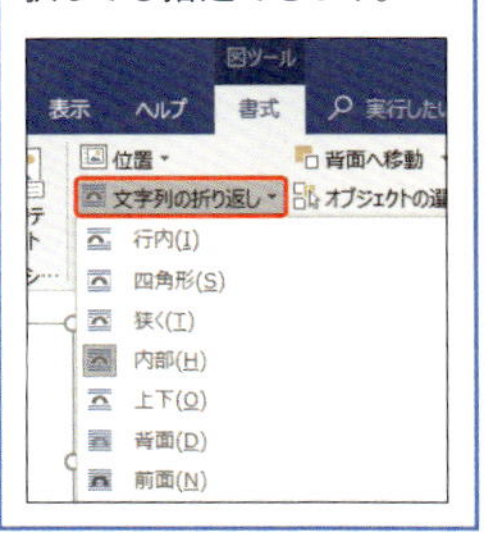

1 イラストをクリックして選択します。

2 <レイアウトオプション>をクリックして、

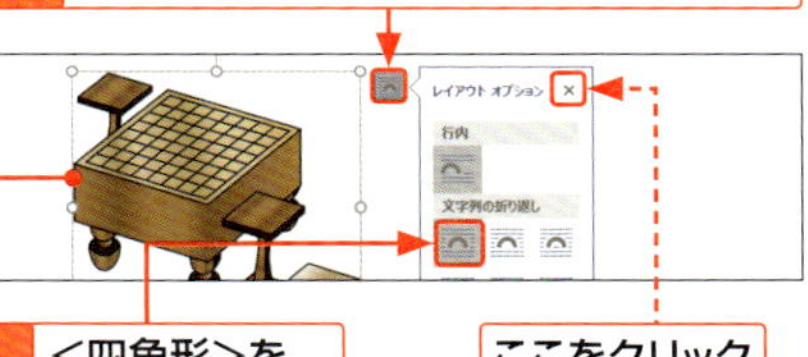

3 <四角形>をクリックします。

ここをクリックして閉じます。

4 イラストの周りに文章が配置されます。

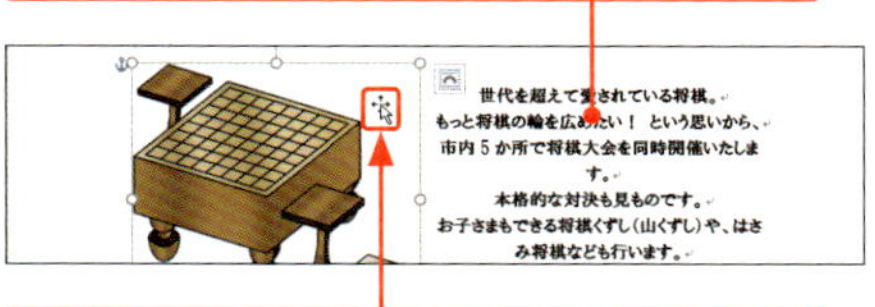

5 イラストにマウスポインターを合わせ、形が に変わったことを確認します。

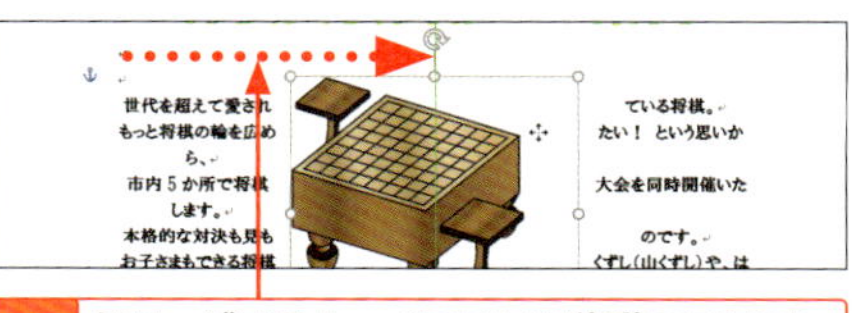

6 ドラッグすると、イラストを移動できます。

Keyword

文字列の折り返し

イラストを挿入した場合、文書内に固定されて配置されます。移動したり、オブジェクトの周りに文章を配置させたりする場合は、<文字列の折り返し>を<行内>以外に設定する必要があります。

StepUp

文字列の折り返しの種類

挿入したイラストやテキストボックス、図、画像などのオブジェクトを、文章内でどのように配置するかを設定することができます。これを「文字列の折り返し」といい、オブジェクトを選択すると表示される<レイアウトオプション>、または<図ツール>の<書式>タブで<文字列の折り返し>から設定します。

行内

イラスト全体が1つの文字として文章中に挿入されます。

四角形

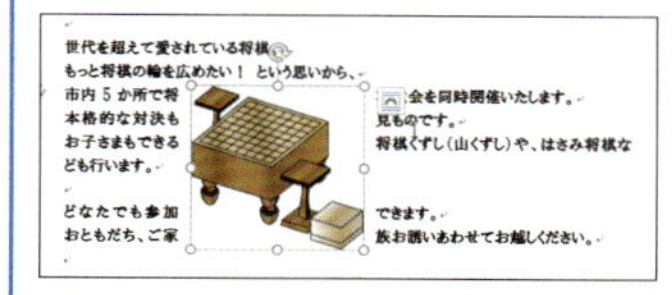

イラストの周囲に、四角形の枠に沿って文字列が折り返されます。

狭く

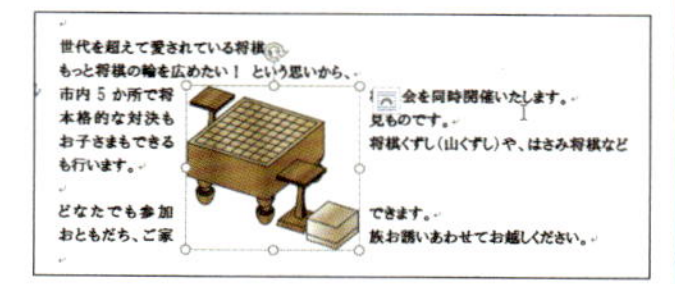

イラストの枠に沿って文字列が折り返されます。

内部

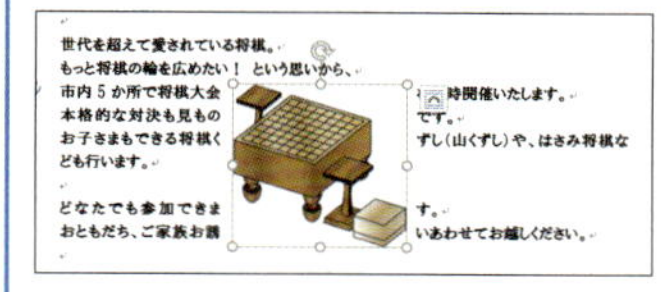

イラストの中の透明な部分にも文字列が配置されます。

上下

文字列がイラストの上下に配置されます。

背面

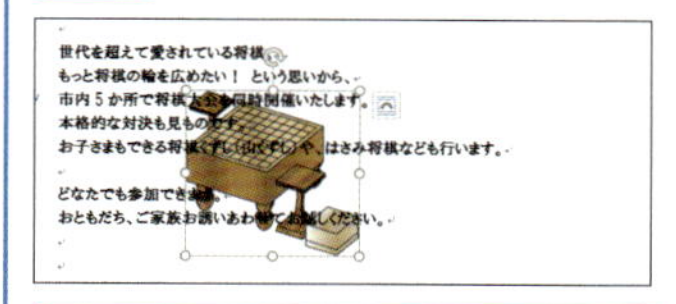

イラストを文字列の背面に配置します。文字列は折り返されません。

前面

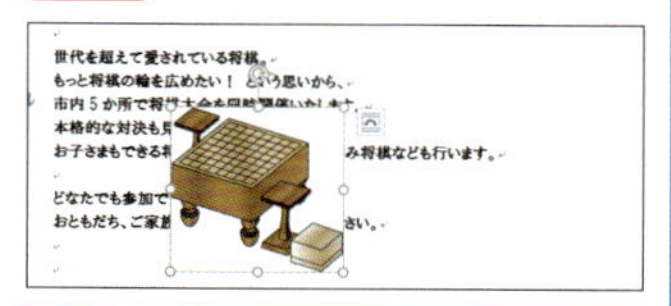

イラストを文字列の前面に配置します。文字列は折り返されません。

画像（写真）を挿入する

Wordでは、文書に画像（写真）を挿入することができます。自分で撮った写真や入手した画像データは、パソコン内に保存してから利用するとよいでしょう。

1 文書に画像を挿入する

Memo
画像の保存先
利用する画像は、パソコン内のわかりやすい場所に保存しておくと、挿入する場合に便利です。

1 <挿入>タブをクリックして、

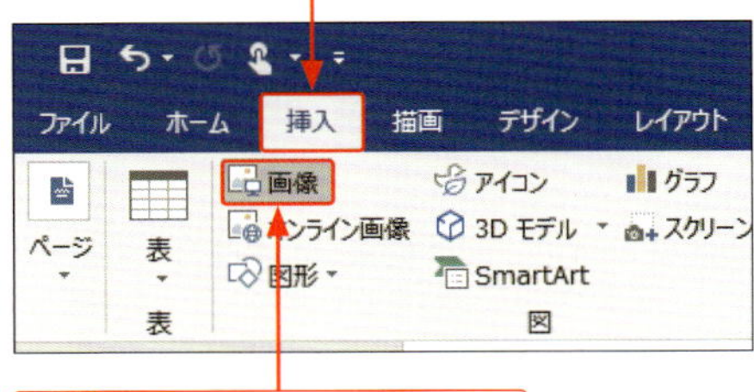

2 <画像>をクリックします。

3 挿入したい画像ファイルをクリックして、

4 <挿入>をクリックします。

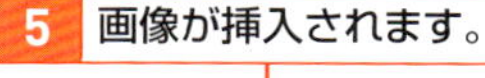

5 画像が挿入されます。

6 ハンドルにマウスポインターを合わせ、⤡の形に変わった状態でドラッグして、サイズを調整します。

> **Memo**
>
> **挿入した画像（写真）のサイズ**
>
> 写真によっては大きなサイズで挿入される場合があります。ここでは、操作しやすいように、サイズを調整しています。

7 文字列の折り返し（P.126参照）を設定して、文書内に配置します。

2 挿入した画像を削除する

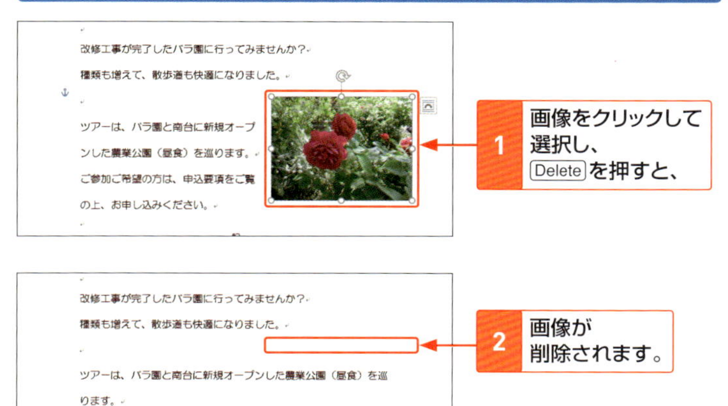

1 画像をクリックして選択し、Delete を押すと、

2 画像が削除されます。

画像（写真）に効果やスタイルを設定する

挿入した画像は、額縁のような枠や周りをぼかすなどのスタイルを設定することができます。また、パステル調などのアート効果を付けたり、画像の背景を削除したりすることもできます。

1 画像にスタイルを設定する

1 画像をクリックして選択します。

2 <図ツール>の<書式>タブで<図のスタイル>の<その他>をクリックします。

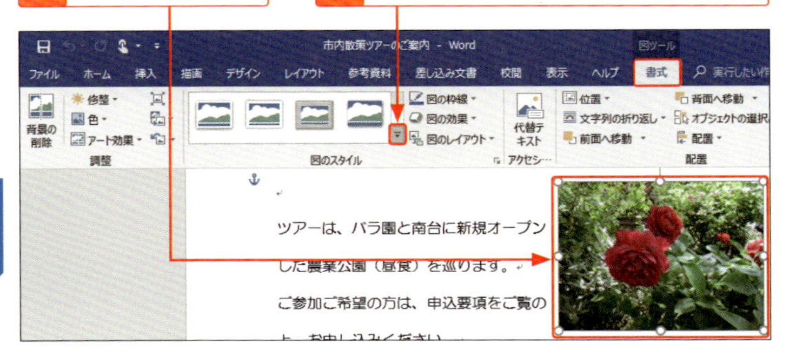

3 スタイルにマウスポインターを近付けると、プレビュー表示されます。

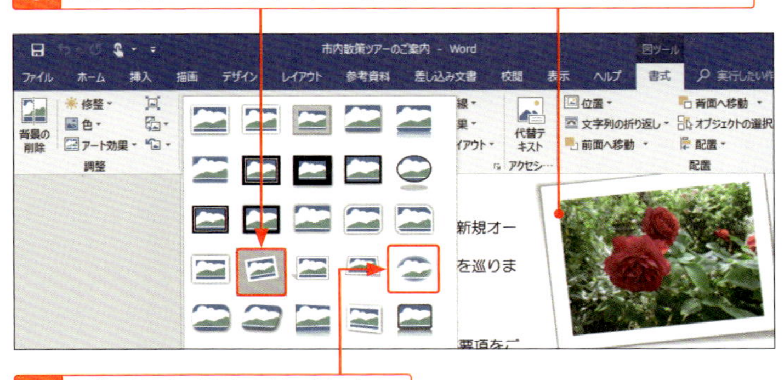

4 目的のスタイルをクリックします。

5 スタイルが設定されます。

Hint
スタイルの解除

設定したスタイルを解除したい場合は、画像を選択して、<図ツール>の<書式>タブで<図のリセット>をクリックします。

StepUp
画像にアート効果を設定する

Wordには、画像にアート効果を施す機能が用意されています。画像を選択して、<図ツール>の<書式>タブで<アート効果>をクリックし、目的の効果をクリックします。効果を解除するには、<アート効果>をクリックして左上の<なし>を選択するか、<図のリセット>をクリックします。

2 画像の明るさを修整する

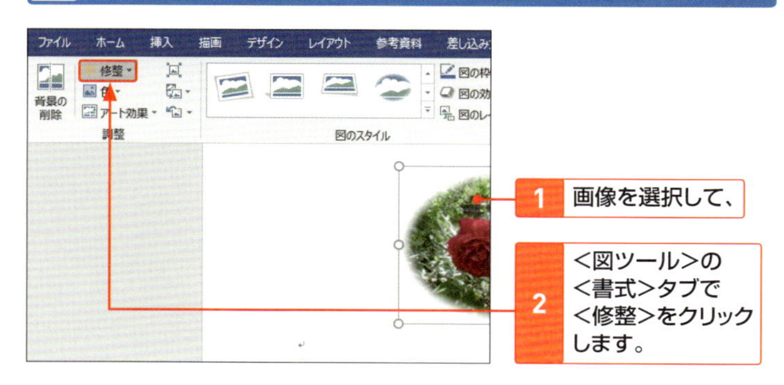

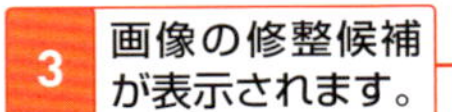

3 画像の修整候補が表示されます。

Memo

明るさの修整

写真を印刷すると暗くなる場合、あるいは白くなる場合は、<明るさ／コントラスト>から選んで、画像の修整を行うとよいでしょう。

4 <明るさ／コントラスト>から明るさのちょうどよいものをクリックします。

3 画像の背景を削除する

Memo

背景の削除

Wordには、画像の背景を削除する機能が用意されています。不要な背景を消したいときに利用しましょう。ただし、写真によっては背景を認識できない場合があります。

1 画像をクリックして選択し、

2 <図ツール>の<書式>タブで<背景の削除>をクリックします。

3 背景が自動的に認識されます。

4 <変更を保持>をクリックすると、

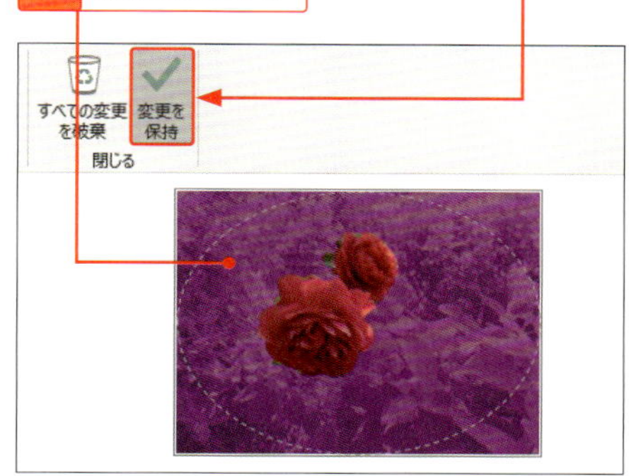

5 画像の背景が削除されます。

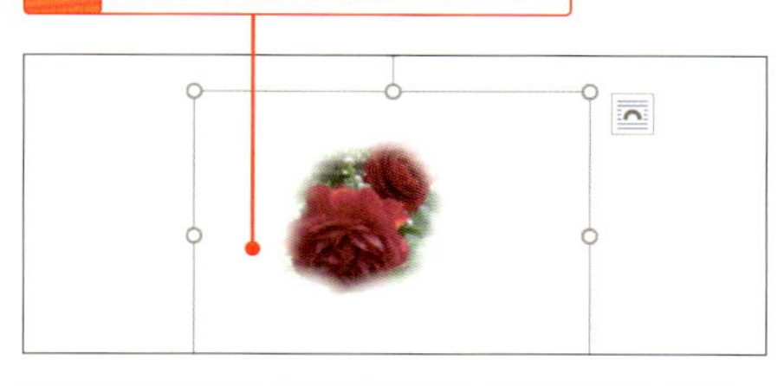

6 背景に過不足がある場合はさらに修正します（下のStepUp参照）。

Memo

背景の削除

Wordには、画像の背景を削除する機能が用意されています。不要な背景を消したいときに利用します。ただし、写真によっては背景を認識できない場合があります。

Hint

背景の削除を取り消す

<背景の削除>タブの<すべての変更を破棄>をクリックします。<変更を保持>をクリックしたあとでも取り消すことができます。

StepUp

削除部分を修正する

削除したい部分が残っていたら、<図ツール>の<背景の削除>タブで<削除する領域としてマーク>をクリックまたはドラッグして、その部分をクリックまたはドラッグします。反対に、削除したくない部分が削除の対象範囲に含まれていたら、<背景の削除>タブの<保持する領域としてマーク>をクリックして、その部分をクリックまたはドラッグします。

<変更を保持>をクリック後に修正する場合は、再度手順1、2を操作して、<背景の削除>タブを表示します。修正は何度でもやり直すことができます。

かんたんな図形を描く

四角形や直線などの単純な図形は、<挿入>タブの<図形>から選んでドラッグするだけで、かんたんに描くことができます。描いた図形のサイズは、あとから調整することもできます。

1 四角形を描く

1 <挿入>タブをクリックして、

2 <図形>をクリックし、

3 <正方形／長方形>をクリックします。

4 マウスポインターが＋になった状態で、作成したいサイズをドラッグします。

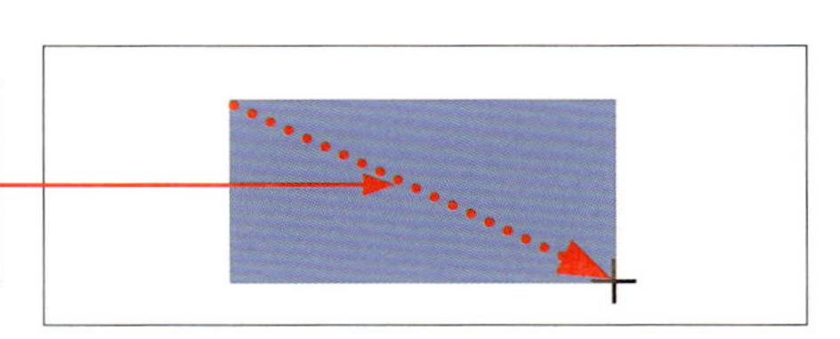

5 四角形が描かれます。

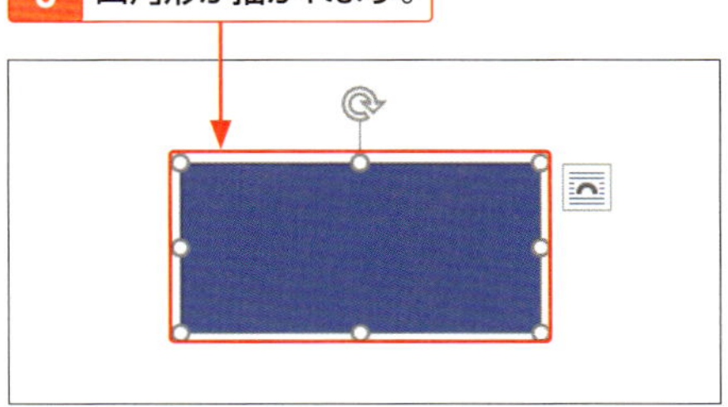

Hint 正方形を描く

手順4で、Shiftを押しながらドラッグすると、正方形になります。また、手順4でドラッグせずに、クリックするだけで正方形を作成できます。

2 図形のサイズを調整する

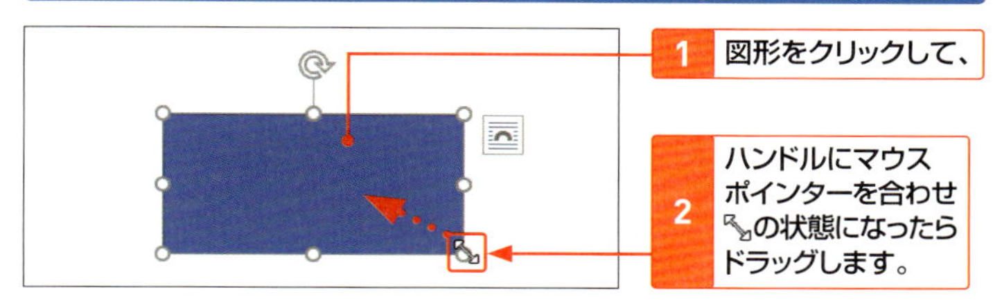

3 図形のサイズが変更できます。

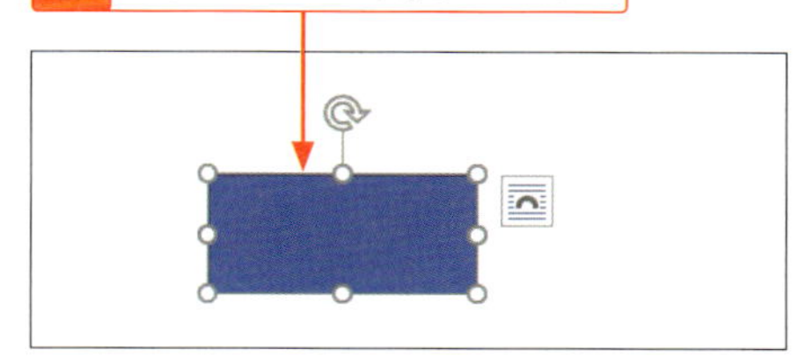

Hint

縦横比を維持する

手順 2 でShiftを押しながらドラッグすると、もとの図形の縦横比を維持してサイズを変更できます。

Hint

サイズを数値で指定する

部屋のレイアウト図など縮小サイズで作成する場合、正確な数値でサイズを指定する必要があります。図形をクリックして、＜図ツール＞の＜書式＞タブで＜サイズ＞の＜高さ＞と＜幅＞ボックスに数値を入力します。

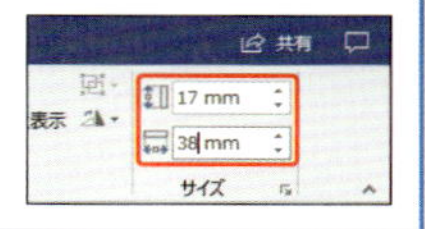

StepUp

図形を回転する

図形を選択して回転ハンドルが表示される種類は、回転させることができます。回転ハンドルにマウスポインターを合わせてになったら、ドラッグすると、図形が回転します。
また、図形を選択して、＜図ツール＞の＜書式＞タブで＜オブジェクトの回転＞をクリックし、回転の種類を選択しても回転できます。＜その他の回転オプション＞をクリックすると、回転角度を指定することができます。

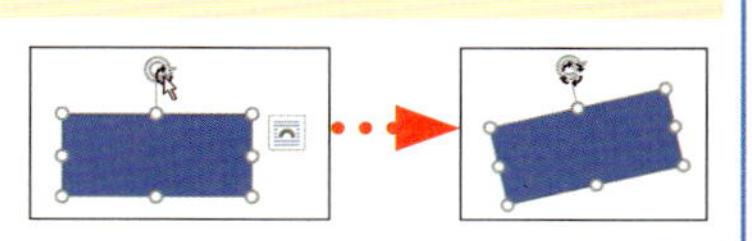

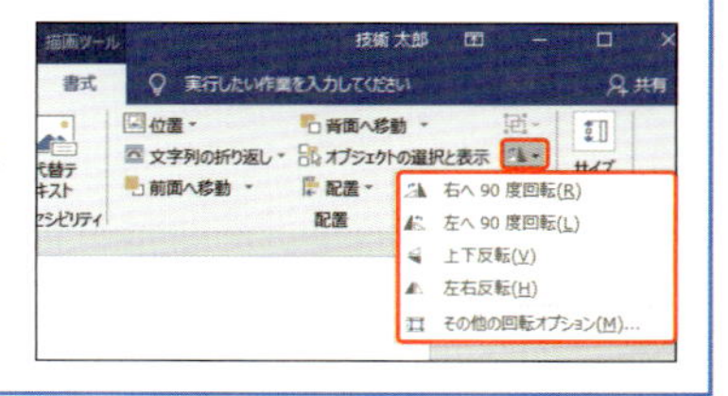

3 直線を引く

1 <挿入>タブの<図形>をクリックして、

2 <直線>をクリックします。

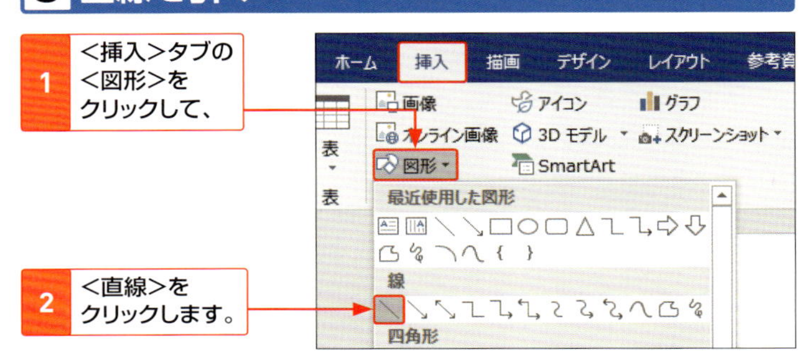

Hint

水平に直線を引く

手順3で[Shift]を押しながらドラッグすると、線を水平に引くことができます。

3 マウスポインターの形が+になった状態で横にドラッグすると、

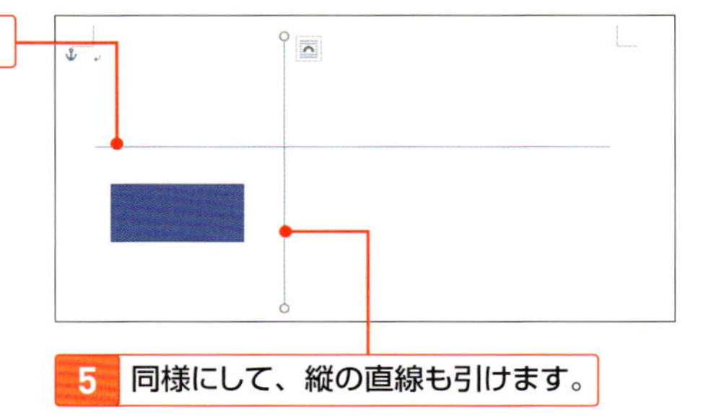

4 直線が引かれます。

5 同様にして、縦の直線も引けます。

StepUp

<図形>コマンド

図を選択している場合は、<描画ツール>の<書式>タブにある<図形>をクリックしても新しい図形を選択できます。

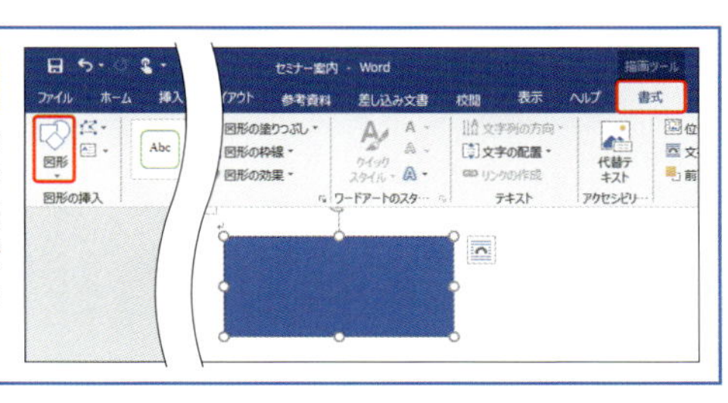

4 吹き出しを描く

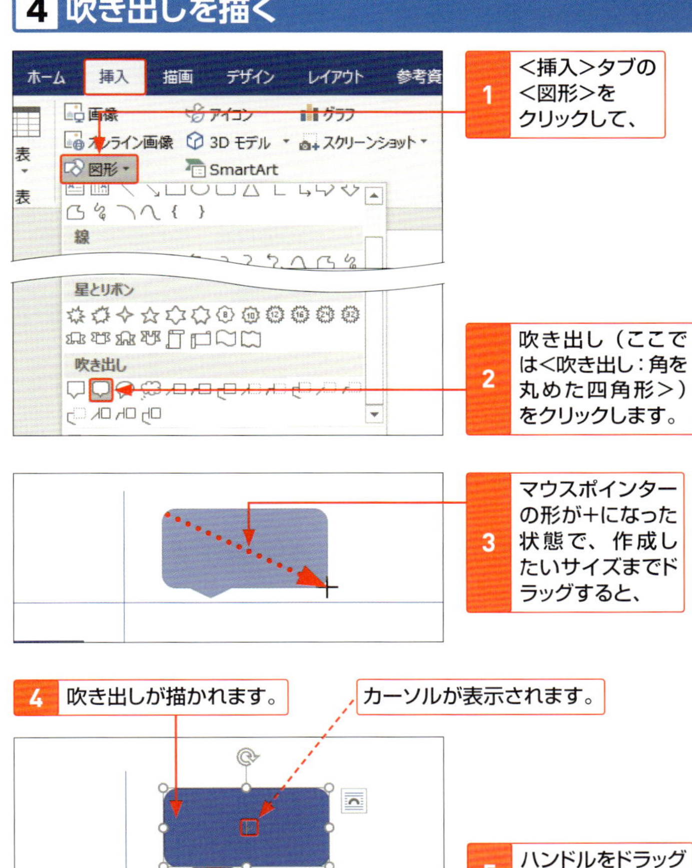

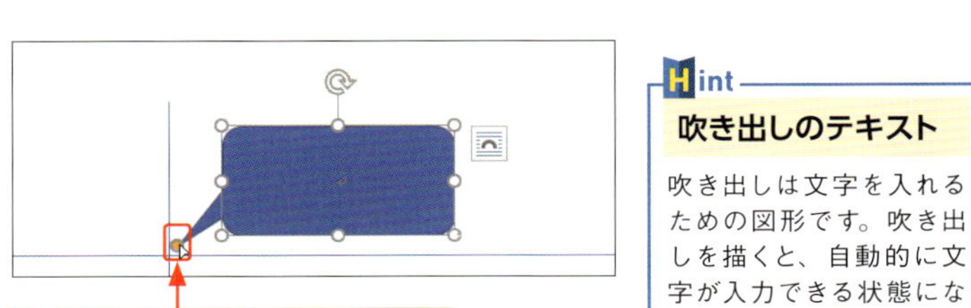

Hint

吹き出しのテキスト

吹き出しは文字を入れるための図形です。吹き出しを描くと、自動的に文字が入力できる状態になります。

図形の色や太さを変更する

図形の塗りつぶしの色を変更するには、<描画ツール>の<書式>タブで<図形の塗りつぶし>から選択します。図形の枠線の太さや色を変更するには、<書式>タブの<図形の枠線>から選択します。

1 図形の塗りつぶしの色を変更する

Memo

枠線の変更

図形は、図の中と枠線にそれぞれ別の色が設定されています。色を変更するには、図の中だけでなく、枠線も変更する必要があります（右ページ参照）。また、枠線が不要な場合は、<図形の枠線>の右側をクリックして、<枠線なし>をクリックします。

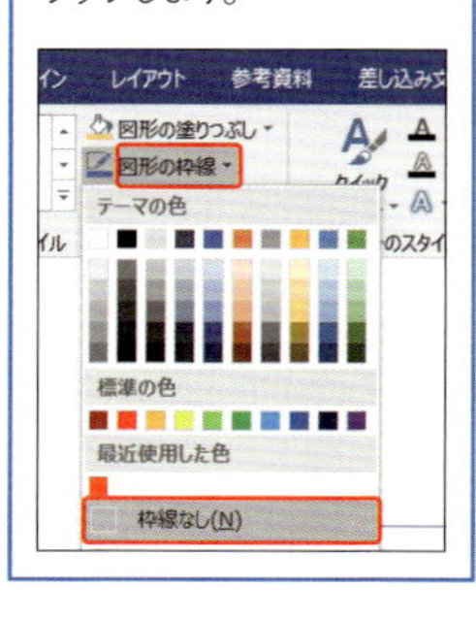

1 図形をクリックして選択します。

2 <描画ツール>の<書式>タブで<図形の塗りつぶし>の右側をクリックして、

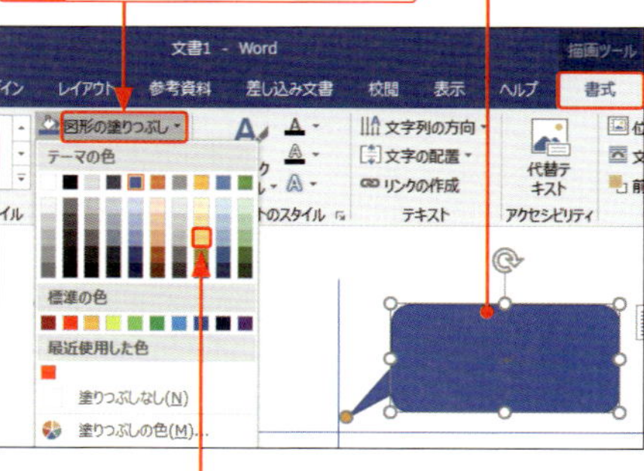

3 目的の色をクリックします。

4 塗りつぶしの色が変更されます。

5 枠線を消します（左のMemo参照）。

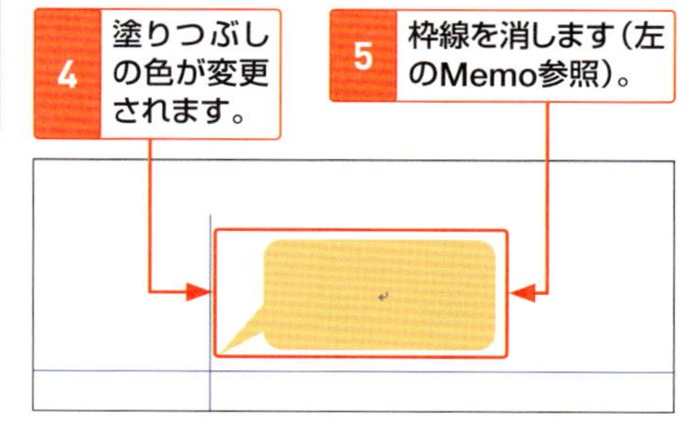

2 線の太さと色を変更する

1 図形をクリックして選択します。

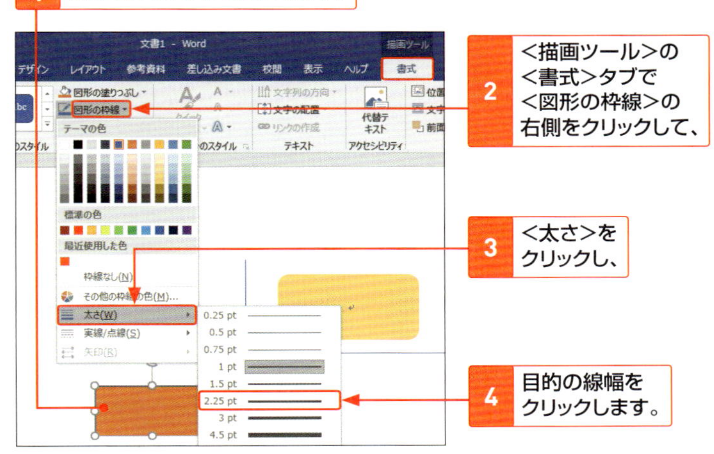

2 ＜描画ツール＞の＜書式＞タブで＜図形の枠線＞の右側をクリックして、

3 ＜太さ＞をクリックし、

4 目的の線幅をクリックします。

5 枠線の太さが変わります。

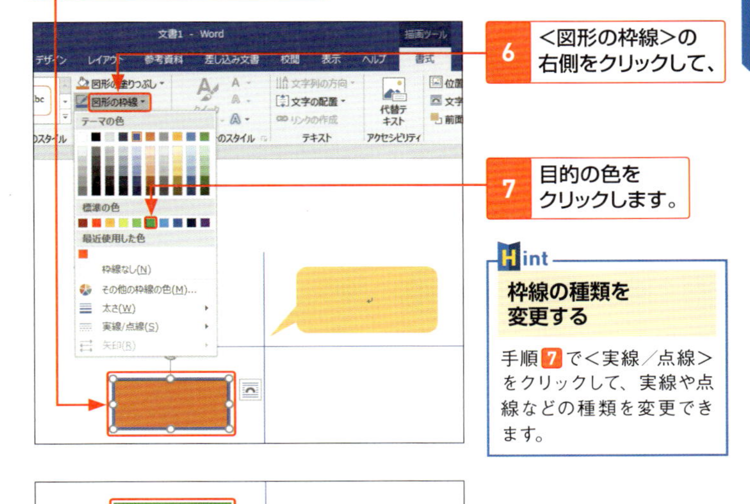

6 ＜図形の枠線＞の右側をクリックして、

7 目的の色をクリックします。

8 枠線の色が変更されます。

Hint

枠線の種類を変更する

手順 7 で＜実線／点線＞をクリックして、実線や点線などの種類を変更できます。

第4章 画像・図形の利用と表作成

表を作成する

表のデータ数がわかっているときには、**行と列の数を指定**して、**表の枠組みを作成**してからデータを入力します。また、ドラッグして罫線を1本ずつ引いて作成することもできます。

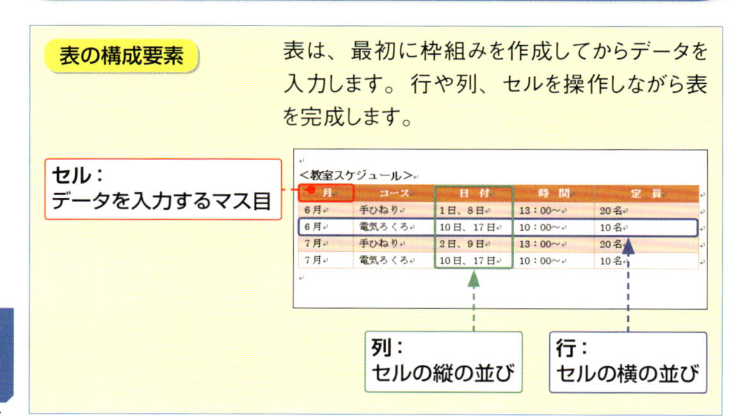

月	コース	日 付	時 間	定 員
6月	手ひねり	1日、8日	13：00〜	20名
6月	電気ろくろ	10日、17日	10：00〜	10名
7月	手ひねり	2日、9日	13：00〜	20名
7月	電気ろくろ	10日、17日	10：00〜	10名

1 行と列の数を指定して表を作成する

1 表を作成する位置にカーソルを移動して、

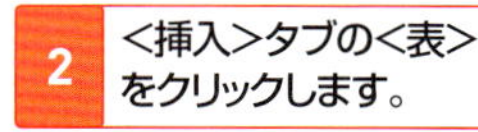

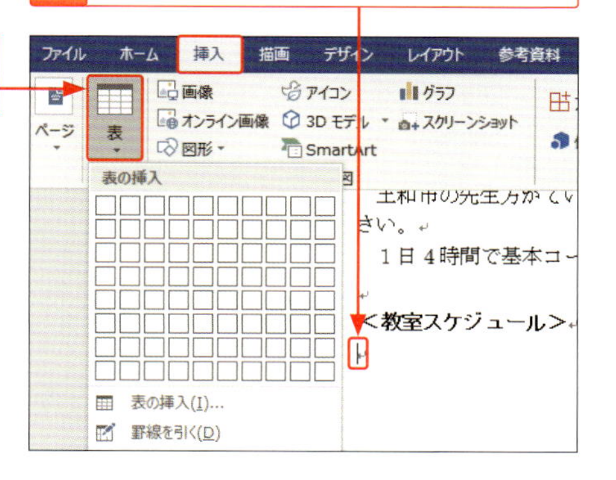

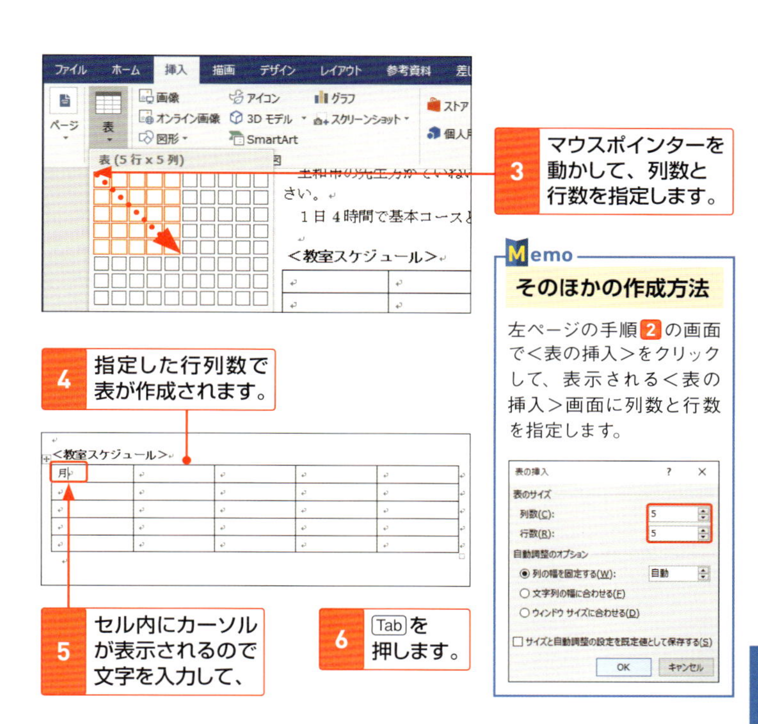

Memo

そのほかの作成方法

左ページの手順 2 の画面で＜表の挿入＞をクリックして、表示される＜表の挿入＞画面に列数と行数を指定します。

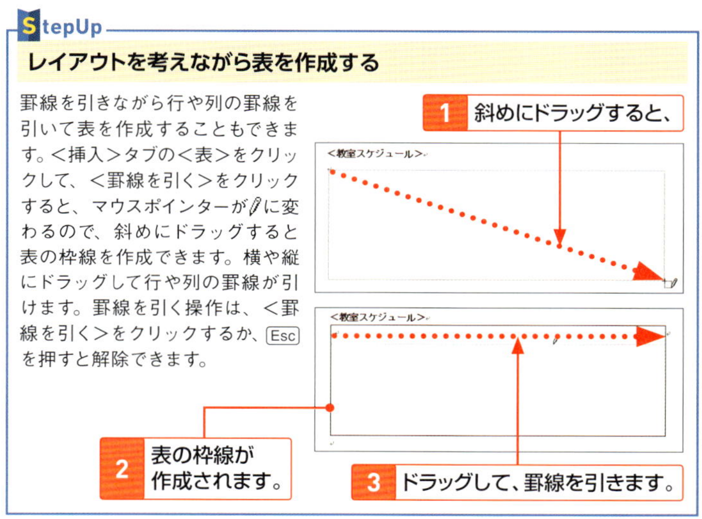

StepUp

レイアウトを考えながら表を作成する

罫線を引きながら行や列の罫線を引いて表を作成することもできます。＜挿入＞タブの＜表＞をクリックして、＜罫線を引く＞をクリックすると、マウスポインターが✎に変わるので、斜めにドラッグすると表の枠線を作成できます。横や縦にドラッグして行や列の罫線が引けます。罫線を引く操作は、＜罫線を引く＞をクリックするか、Esc を押すと解除できます。

7 右のセルにカーソルが移動します。

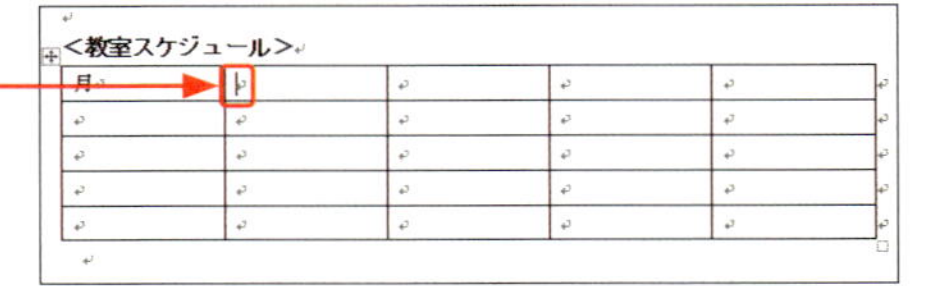

Hint セル間の移動方法

セル間は、Tab で右のセルへ、Shift ＋ Tab で左のセルへ移動します。目的のセル内をクリックして入力してもかまいません。

8 表のデータをすべて入力します。

<教室スケジュール>

月	コース	日□付	時□間	定□員
6 月	手ひねり	1 日、8 日	13：00～	20 名
6 月	電気ろくろ	10 日、17 日	10：00～	10 名
7 月	手ひねり	2 日、9 日	13：00～	20 名
7 月	電気ろくろ	10 日、17 日	10：00～	10 名

2 罫線を削除する

1 表を選択して、<表ツール>の<レイアウト>タブをクリックし、

2 <罫線の削除>をクリックして、

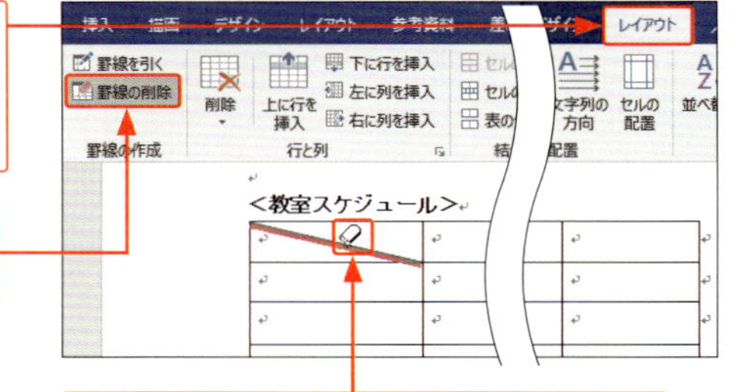

3 マウスポインターの形が に変わった状態で、罫線の上をクリックします。

4 罫線が削除されます。

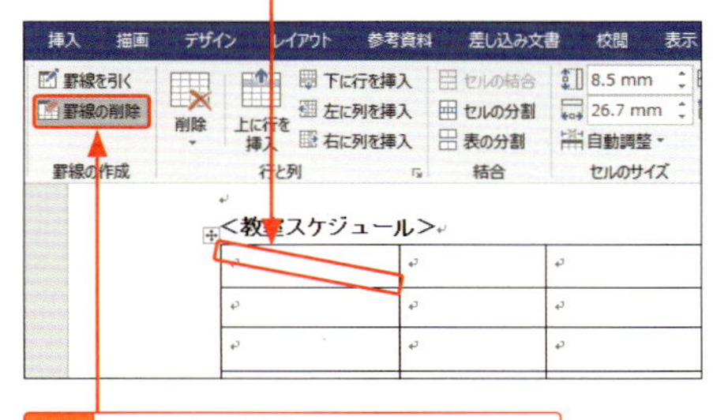

5 <罫線の削除>をクリックして、削除操作を解除します。

Hint 一時的に削除操作にする

マウスポインターが のときに Shift を押すと、一時的に に変わり、罫線を削除できます。

第1章

Excel 2019の基本操作

Excelとは?

Excelは、四則演算や関数計算、グラフ作成、データベースとしての活用など、さまざまな機能を持つ表計算ソフトです。表などに書式を設定して、見栄えのする文書を作成することもできます。

1 表計算ソフトとは?

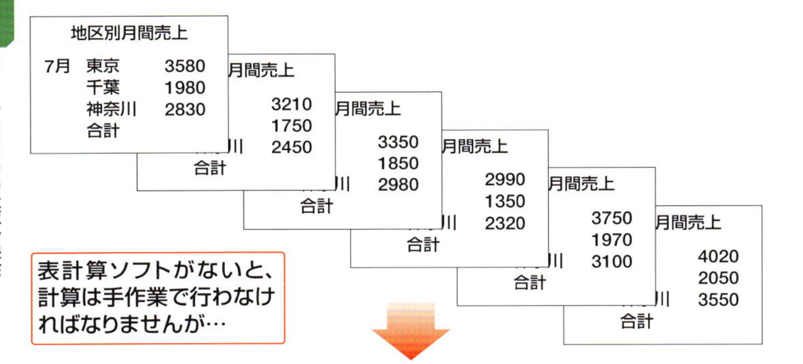

表計算ソフトを使うと、膨大なデータの集計をかんたんに行うことができます。データをあとから変更しても、自動的に再計算されます。

P16

	A	B	C	D	E
1	下半期地区別月間売上				
2		東京	千葉	神奈川	合計
3	7月	3,580	1,980	2,830	8,390
4	8月	3,210	1,750	2,450	7,410
5	9月	3,350	1,850	2,980	8,180
6	10月	2,990	1,350	2,320	6,660
7	11月	3,750	1,970	3,100	8,820
8	12月	4,020	2,050	3,550	9,620
9	合計	20,900	10,950	17,230	49,080
10	月平均	3,483	1,825	2,872	8,180
11	売上目標	20,000	10,000	18,000	48,000
12	差額	900	950	-770	1,080
13	達成率	104.50%	109.50%	95.72%	102.25%
14					

Keyword

表計算ソフト

表計算ソフトは、表のもとになるマス目(セル)に数値や数式を入力して、データの集計や分析をしたり、表形式の書類を作成したりするためのアプリです。

2 Excelではこんなことができる！

ワークシートにデータを入力して、Excelの機能を利用すると…

このような報告書もかんたんに作ることができます。

面倒な計算がかんたんにできます。

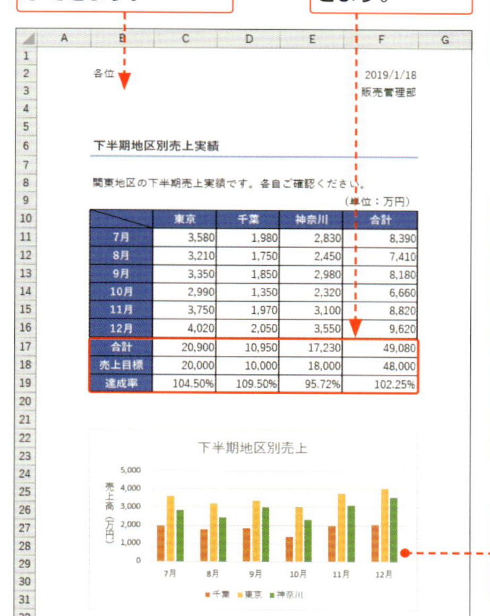

各位

2019/1/18
販売管理部

下半期地区別売上実績

関東地区の下半期売上実績です。各自ご確認ください。

（単位：万円）

	東京	千葉	神奈川	合計
7月	3,580	1,980	2,830	8,390
8月	3,210	1,750	2,450	7,410
9月	3,350	1,850	2,980	8,180
10月	2,990	1,350	2,320	6,660
11月	3,750	1,970	3,100	8,820
12月	4,020	2,050	3,550	9,620
合計	20,900	10,950	17,230	49,080
売上目標	20,000	10,000	18,000	48,000
達成率	104.50%	109.50%	95.72%	102.25%

表の数値からグラフを作成して、データを視覚化できます。

Memo 数式や関数の利用

数式や関数を使うと、複雑で面倒な計算や各種作業をかんたんに行うことができます（Excelの部 第3章参照）。

Memo グラフの作成

表のデータをもとに、さまざまなグラフを作成することができます。もとになったデータが変更されると、グラフの内容も自動的に変更されます（Excelの部 第6章参照）。

大量のデータを効率よく管理できます。

	名前	所属部署	入社日	形態	郵便番号	都道府県	市区町村
2	松木 結愛	営業部	2018/4/5	社員	274-0825	千葉県	船橋市中野木本町x-x
3	神木 実子	商品部	2016/12/1	社員	101-0051	東京都	千代田区神田神保町x
4	河原田 安芸	営業部	2014/4/2	社員	247-0072	神奈川県	鎌倉市岡本xx
5	渡部 了輔	経理部	2013/4/1	社員	273-0132	千葉県	鎌ケ谷市粟野x-x
6	芝田 高志	商品企画部	2012/4/1	社員	259-1217	神奈川県	平塚市長持xx
7	宝田 卓也	商品部	2011/5/5	社員	160-0008	東京都	新宿区三栄町x-x
8	宇多 純一	商品部	2010/4/2	社員	134-0088	東京都	江戸川区西葛西xx-x
9	飛田 秋生	総務部	2010/4/2	社員	156-0045	東京都	世田谷区桜上水xx
10	仲井 圭	商品部	2008/12/1	社員	167-0053	東京都	杉並区西荻窪x-x
11	秋月 寛人	商品企画部	2007/9/9	社員	130-0026	東京都	墨田区両国x-x
12	佐島 峻弥	経理部	2006/4/2	社員	274-0825	千葉県	船橋市前原南x-x
13	宮田 穂希	商品企画部	2006/4/2	社員	166-0013	東京都	杉並区堀の内x-x
14	近松 新一	人事部	2005/5/10	社員	162-0811	東京都	新宿区水道町x-x-x
15	佐久間 葉	総務部	2005/4/2	社員	180-0000	東京都	武蔵野市吉祥寺西町x
16	来原 聖人	営業部	2003/4/2	社員	252-0318	神奈川県	相模原市鶴間x-x
17	堀田 真琴	営業部	2003/4/2	社員	224-0025	神奈川県	横浜市都筑xx

Memo データベースとしての活用

表の中から条件に合うものを抽出したり、並べ替えたり、項目別にデータを集計したりするためのデータベース機能が利用できます（Excelの部 第5章参照）。

Excel 2019を起動する／終了する

Excel 2019を起動するには、Windows 10の<スタート>をクリックして、<Excel>をクリックします。Excelを終了するには、<閉じる>をクリックします。

1 Excel 2019を起動してブックを開く

Windows 10を起動しておきます。

1 <スタート>をクリックして、

Memo

Excel 2019の動作環境

Excel 2019は、Windows 10のみに対応しています。Windows 8.1やWindows 7では利用できません。

2 <Excel>をクリックすると、

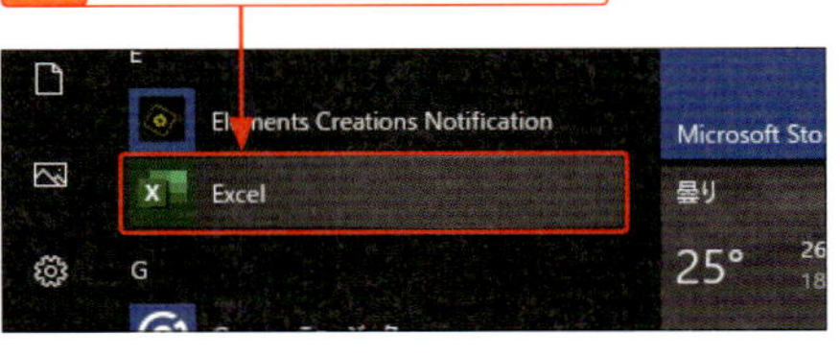

3 Excel 2019が起動して、スタート画面が開きます。

4 <空白のブック>をクリックすると、

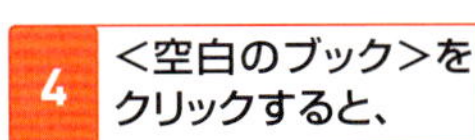

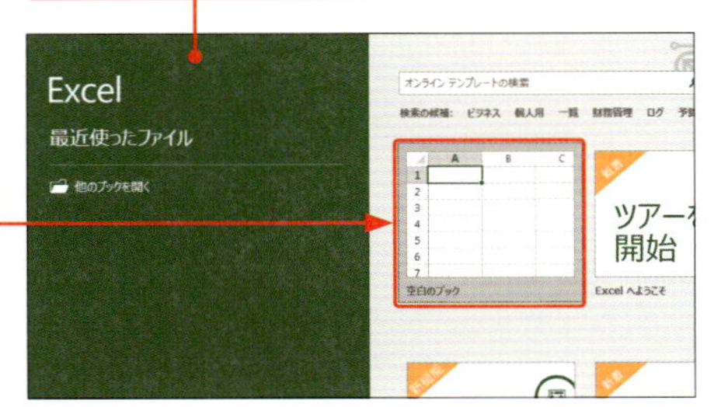

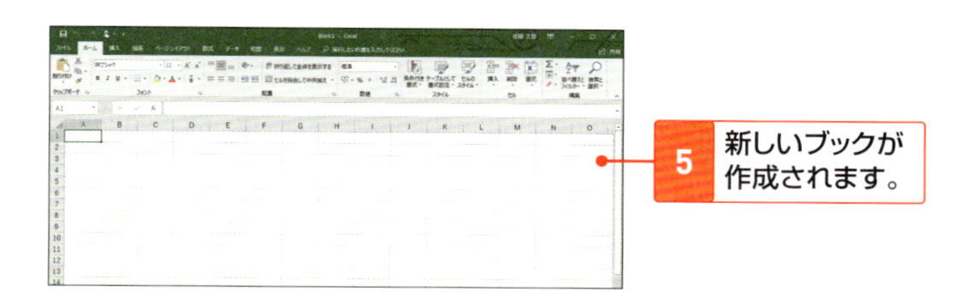

5 新しいブックが作成されます。

2 Excel 2019を終了する

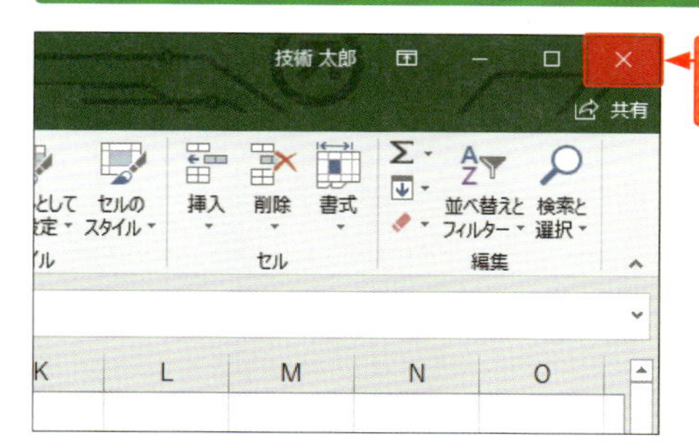

1 <閉じる>をクリックすると、

2 Excel 2019が終了して、デスクトップ画面が表示されます。

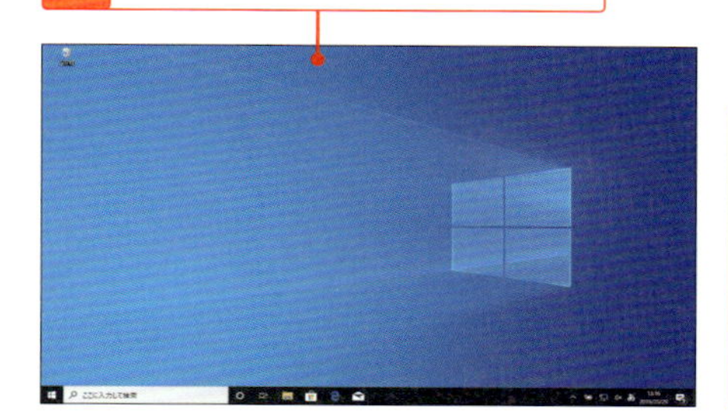

Memo

複数のブックを開いている場合

複数のブックを開いている場合は、クリックしたウィンドウのブックだけが閉じます。

Memo

ブックを保存していない場合

ブックの作成や編集をしていた場合、保存しないで終了しようとすると、確認のメッセージが表示されます。必要に応じて保存の操作を行ってください。

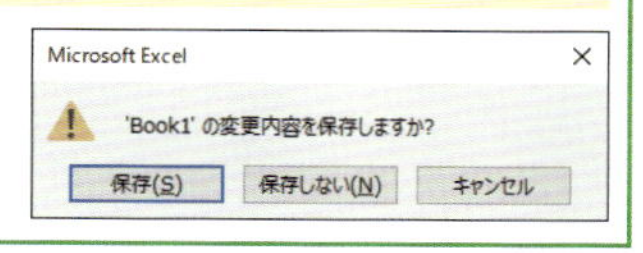

新しいブックを作成する

新しいブックを作成するには、<ファイル>タブの<新規>から<空白のブック>をクリックします。あらかじめ書式などが設定されているテンプレートから作成することもできます。

1 ブックを新規作成する

P.146の方法でExcelを起動して、<空白のブック>をクリックすると、「Book1」というブックが作成されます。

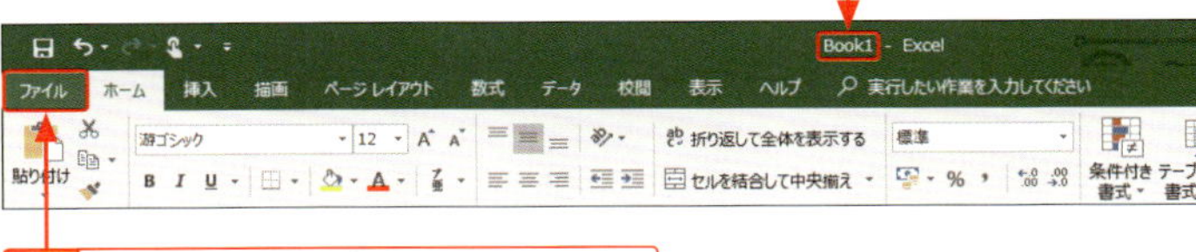

1 <ファイル>タブをクリックします。

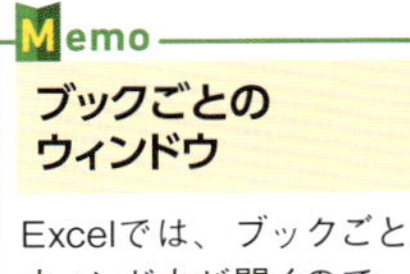

Memo

ブックごとのウィンドウ

Excelでは、ブックごとにウィンドウが開くので、複数のブックを同時に開いて作業がしやすくなっています。

2 <新規>をクリックして、

3 <空白のブック>をクリックすると、

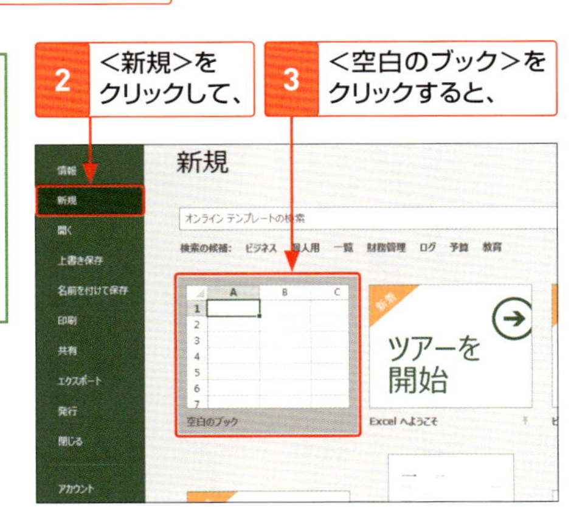

4 「Book2」という名前の2つ目のブックが作成されます。

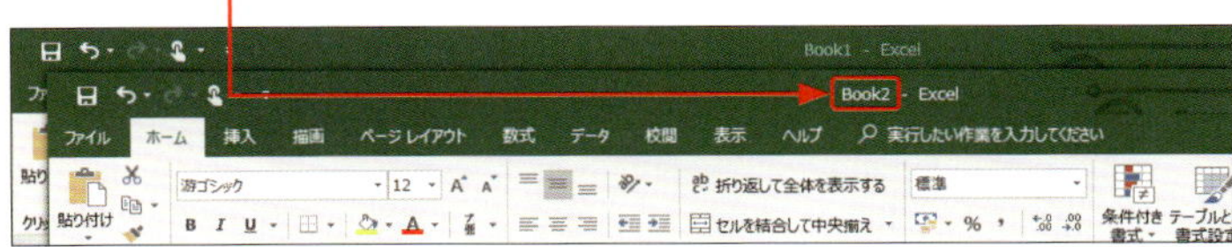

Memo Backstageビュー

＜ファイル＞タブをクリックすると、「Backstageビュー」と呼ばれる画面が表示されます。Backstageビューには、新規、開く、保存、印刷、閉じるなどのファイルに関する機能や、Excelの操作に関するさまざまなオプションが設定できる機能が搭載されています。

ここでは＜情報＞を表示しています。

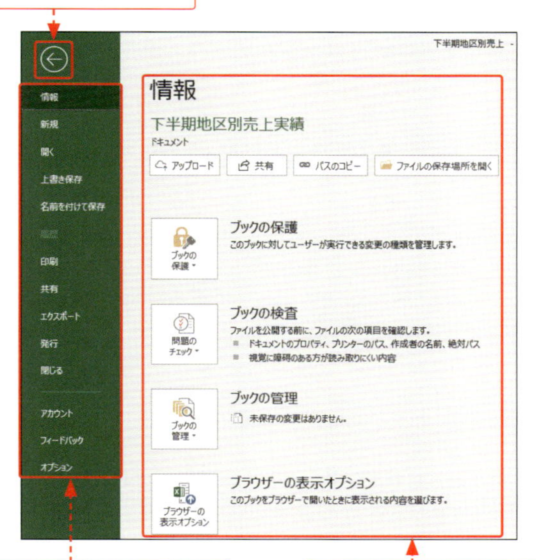

StepUp テンプレートを利用してブックを作成する

左ページの手順2で表示される＜新規＞画面には、Excelで利用できるさまざまなテンプレートも用意されています。「テンプレート」とは、ブックを作成する際にひな形となるファイルのことです。＜新規＞画面に利用したいテンプレートが見つからない場合は、＜オンラインテンプレートの検索＞ボックスにキーワードを入力したり、＜検索の候補＞から探すこともできます。

Excelの画面構成とブックの構成

Excel 2019の画面は、機能を実行するためのタブと、各タブにあるコマンド、表やグラフなどを作成するためのワークシートから構成されています。ここでしっかり確認しておきましょう。

1 基本的な画面構成

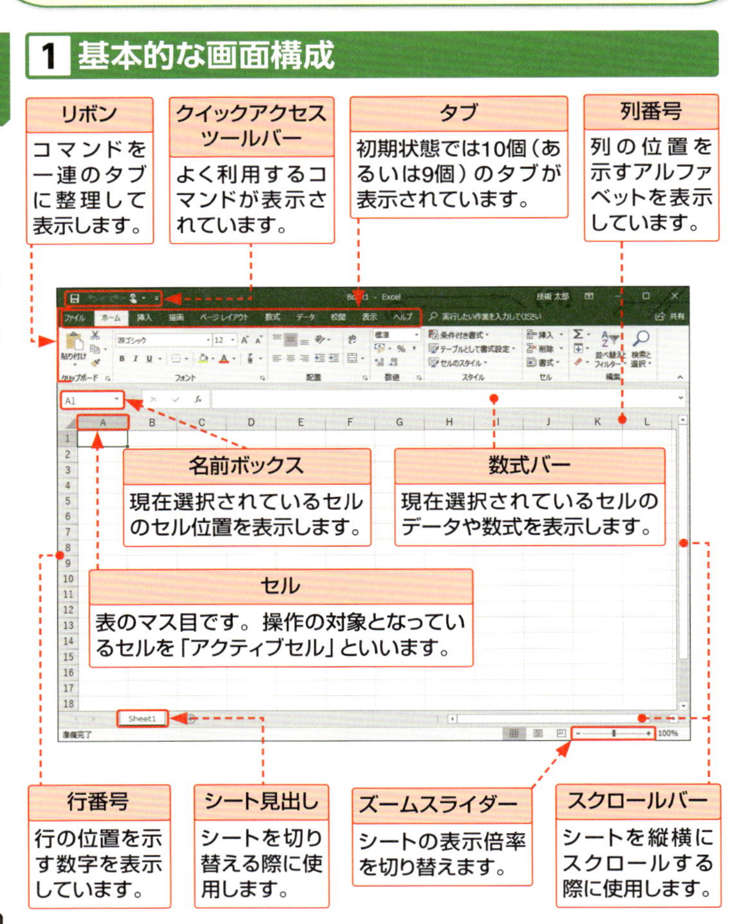

2 ブック・ワークシート・セル

「ブック」(=ファイル)は、1つまたは複数の「ワークシート」から構成されています。

ブック

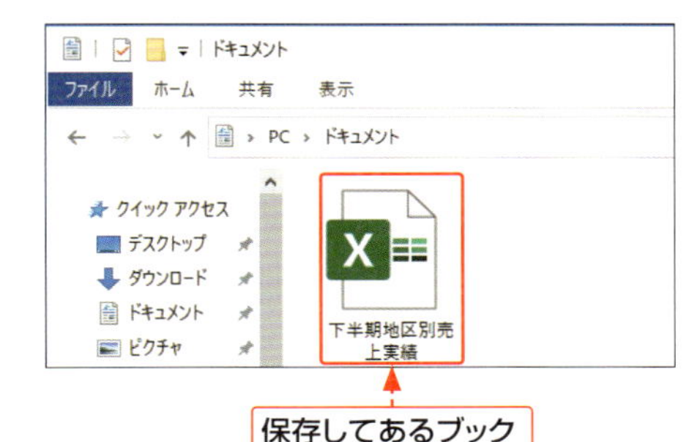

保存してあるブック

> **Keyword**
> **ブック**
> 「ブック」とは、Excelで作成したファイルのことです。ブックは、1つあるいは複数のワークシートから構成されます。

> **Keyword**
> **セル**
> 「セル」とは、ワークシートを構成するひとつひとつのマス目のことです。ワークシートは、複数のセルから構成されています。

ワークシート

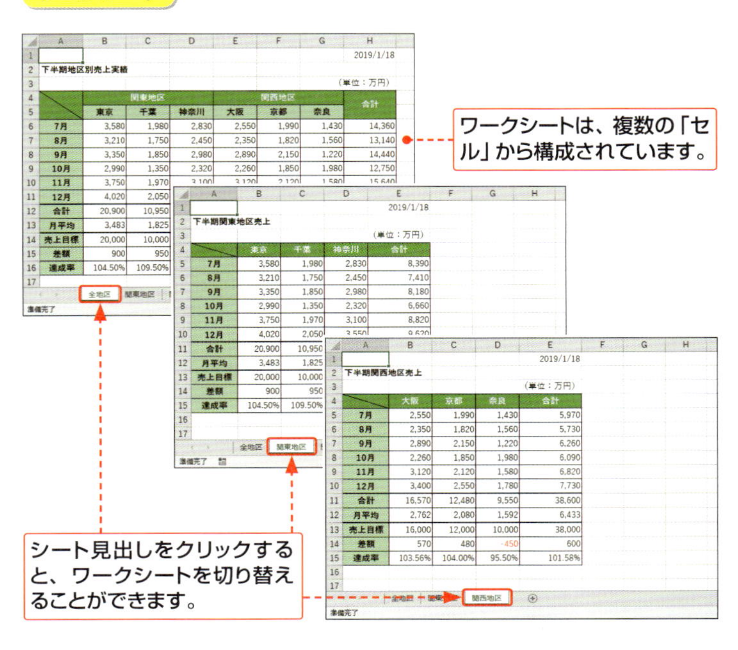

2019/1/18
下半期地区別売上実績
(単位:万円)

	関東地区			関西地区			合計
	東京	千葉	神奈川	大阪	京都	奈良	
7月	3,580	1,980	2,830	2,550	1,990	1,430	14,360
8月	3,210	1,750	2,450	2,350	1,820	1,560	13,140
9月	3,350	1,850	2,980	2,890	2,150	1,220	14,440
10月	2,990	1,350	2,320	2,260	1,850	1,980	12,750
11月	3,750	1,970	3,100	3,120	2,120	1,580	15,640
12月	4,020	2,050					
合計	20,900	10,950					
月平均	3,483	1,825					
売上目標	20,000	10,000					
差額	900	950					
達成率	104.50%	109.50%					

全地区　関東地区

2019/1/18
下半期関東地区売上
(単位:万円)

	東京	千葉	神奈川	合計
7月	3,580	1,980	2,830	8,390
8月	3,210	1,750	2,450	7,410
9月	3,350	1,850	2,980	8,180
10月	2,990	1,350	2,320	6,660
11月	3,750	1,970	3,100	8,820
12月	4,020	2,050	3,550	9,620
合計	20,900	10,950		
月平均	3,483	1,825		
売上目標	20,000	10,000		
差額	900	950		
達成率	104.50%	109.50%		

全地区　関東地区

2019/1/18
下半期関西地区売上
(単位:万円)

	大阪	京都	奈良	合計
7月	2,550	1,990	1,430	5,970
8月	2,350	1,820	1,560	5,730
9月	2,890	2,150	1,220	6,260
10月	2,260	1,850	1,980	6,090
11月	3,120	2,120	1,580	6,820
12月	3,400	2,550	1,780	7,730
合計	16,570	12,480	9,550	38,600
月平均	2,762	2,080	1,592	6,433
売上目標	16,000	12,000	10,000	38,000
差額	570	480	-450	600
達成率	103.56%	104.00%	95.50%	101.58%

全地区　関東地区　関西地区

ワークシートは、複数の「セル」から構成されています。

シート見出しをクリックすると、ワークシートを切り替えることができます。

表示倍率を変更する

表の文字が小さすぎて読みにくい場合や、表が大きすぎて全体が把握できない場合は、**ワークシートを拡大や縮小**して見やすくすることができます。初期の状態では100%に設定されています。

1 ワークシートを拡大／縮小表示する

初期の状態では、表示倍率は100%に設定されています。

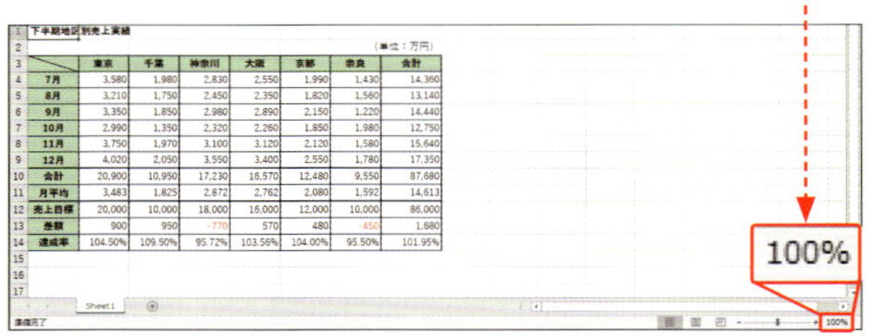

下半期地区別売上実績

（単位：万円）

	東京	千葉	神奈川	大阪	京都	奈良	合計
7月	3,580	1,980	2,830	2,550	1,990	1,430	14,360
8月	3,210	1,750	2,450	2,350	1,820	1,560	13,140
9月	3,350	1,850	2,980	2,890	2,150	1,220	14,440
10月	2,990	1,350	2,320	2,260	1,850	1,980	12,750
11月	3,750	1,970	3,100	3,120	2,120	1,580	15,640
12月	4,020	2,050	3,550	3,400	2,550	1,780	17,350
合計	20,900	10,950	17,230	16,570	12,480	9,550	87,680
月平均	3,483	1,825	2,872	2,762	2,080	1,592	14,613
売上目標	20,000	10,000	18,000	16,000	12,000	10,000	86,000
差額	900	950	-770	570	480	-450	1,680
達成率	104.50%	109.50%	95.72%	103.56%	104.00%	95.50%	101.95%

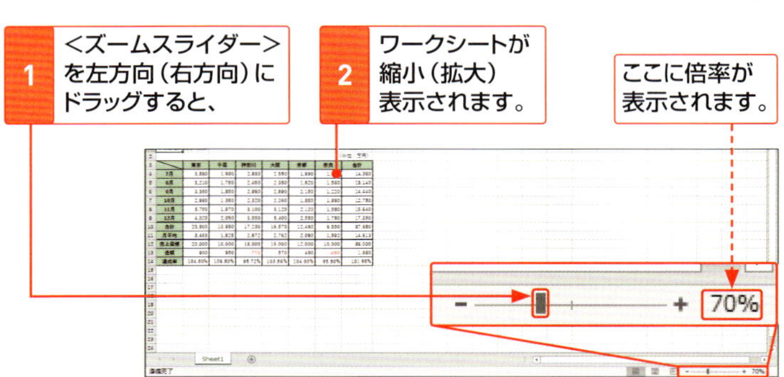

Hint 標準の表示倍率に戻すには?

ワークシートの表示倍率を標準に戻すには、<表示>タブの<100%>をクリックします。

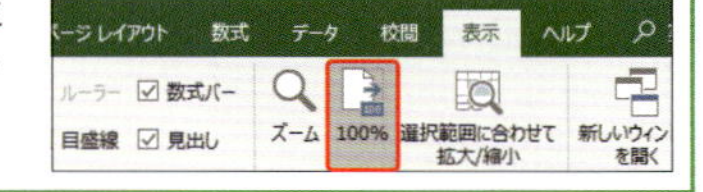

2 選択したセル範囲をウィンドウ全体に表示する

1 拡大表示したいセル範囲を選択して、

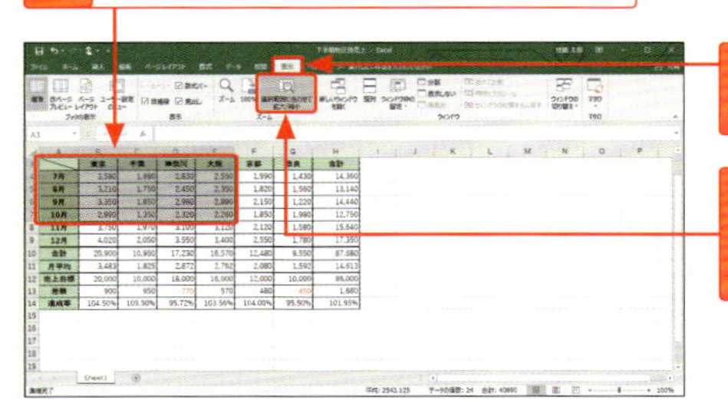

2 ＜表示＞タブをクリックします。

3 ＜選択範囲に合わせて拡大／縮小＞をクリックすると、

4 選択したセル範囲が、ウィンドウ全体に表示されます。

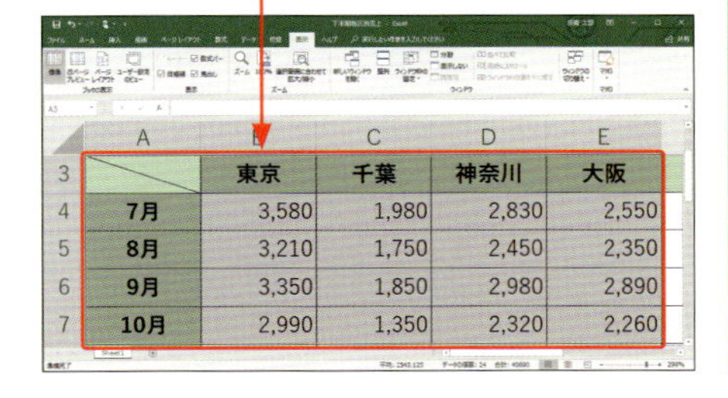

Memo 表示倍率は印刷に反映されない

表示倍率は印刷には反映されません。ワークシートを拡大／縮小して印刷したい場合は、P.187のStepUpを参照してください。

StepUp ＜ズーム＞ダイアログボックスの利用

ワークシートの表示倍率は、＜表示＞タブの＜ズーム＞をクリックすると表示される＜ズーム＞ダイアログボックスを利用して変更することもできます。

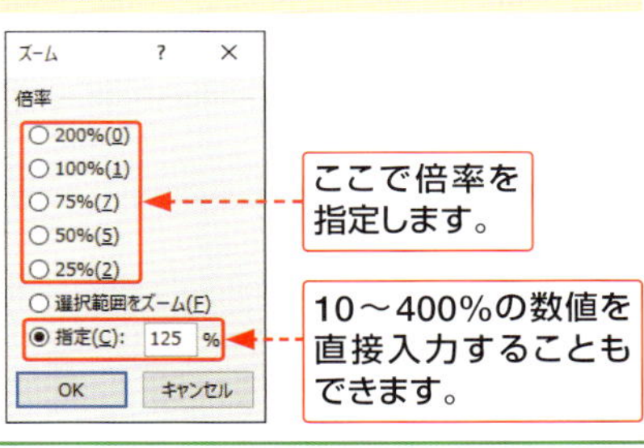

ブックを保存する

ブックの保存には、新規に作成したブックや編集したブックに名前を付けて保存する名前を付けて保存と、ブック名を変更せずに内容を更新する上書き保存とがあります。

1 ブックに名前を付けて保存する

1 <ファイル>タブをクリックして、

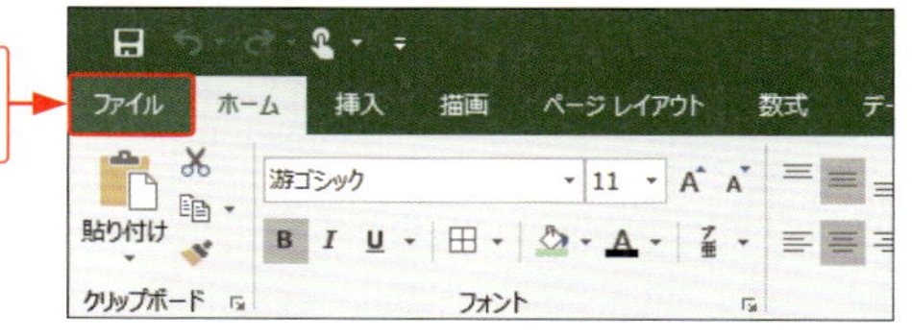

2 <名前を付けて保存>をクリックします。

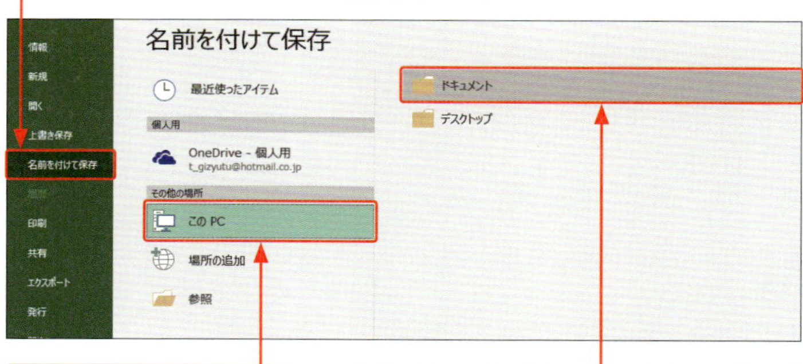

3 <このPC>をクリックして、

4 <ドキュメント>をクリックします。

Memo

保存場所を指定する

ブックに名前を付けて保存するには、保存場所を先に指定します。パソコンに保存する場合は、<このPC>をクリックします。OneDrive（インターネット上の保存場所）に保存する場合は、<OneDrive-個人用>をクリックします。また、<参照>をクリックして、保存場所を指定することもできます。

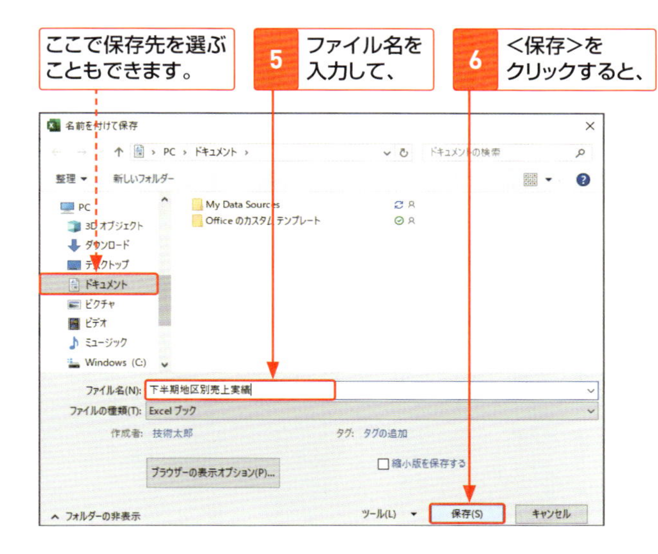

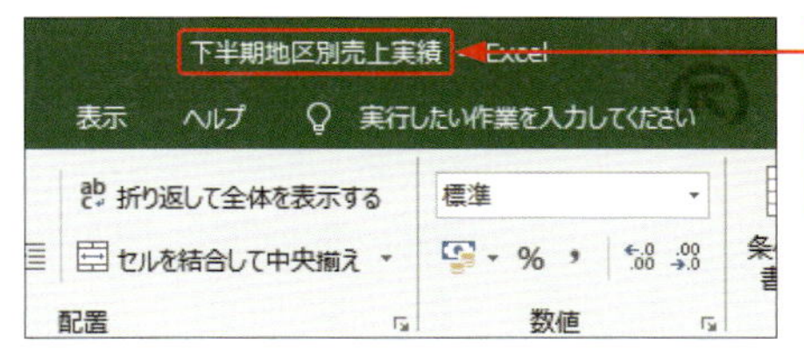

7 ブックが保存され、タイトルバーにファイル名が表示されます。

2 ブックを上書き保存する

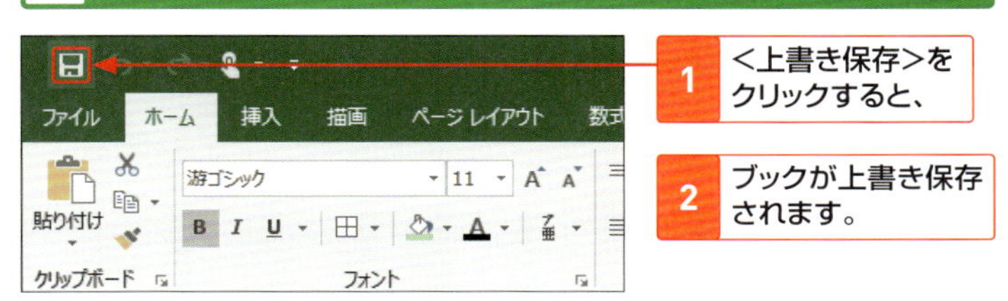

Memo

上書き保存を行うそのほかの方法

上書き保存は、＜ファイル＞タブをクリックして、＜上書き保存＞をクリックしても行うことができます。

保存したブックを閉じる／開く

作業が終了してブックを保存したら、ブック（ファイル）を閉じます。また、保存してあるブックを開くには、<ファイルを開く>ダイアログボックスを利用します。

1 保存したブックを閉じる

1 <ファイル>タブをクリックして、

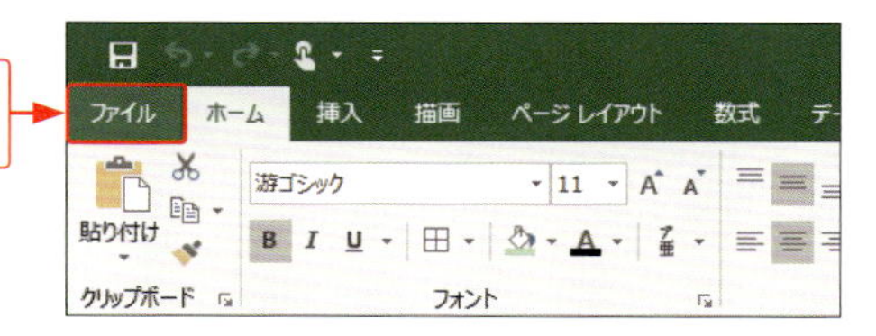

2 <閉じる>をクリックすると、

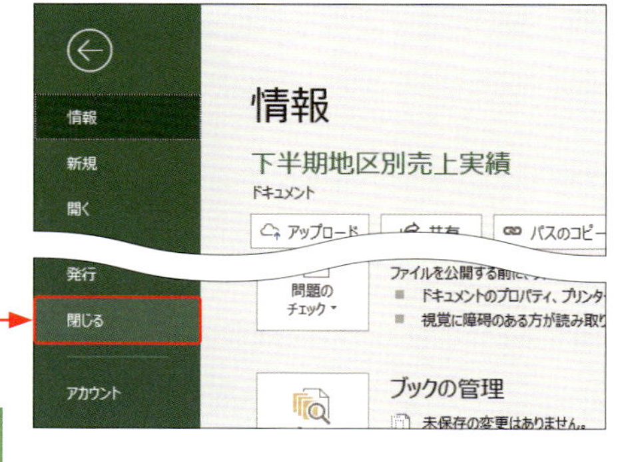

3 作業中のブックが閉じます。

Hint

複数のブックが開いている場合

複数のブックを開いている場合は、右の操作を行うと、現在作業中のブックだけが閉じます。

2 保存したブックを開く

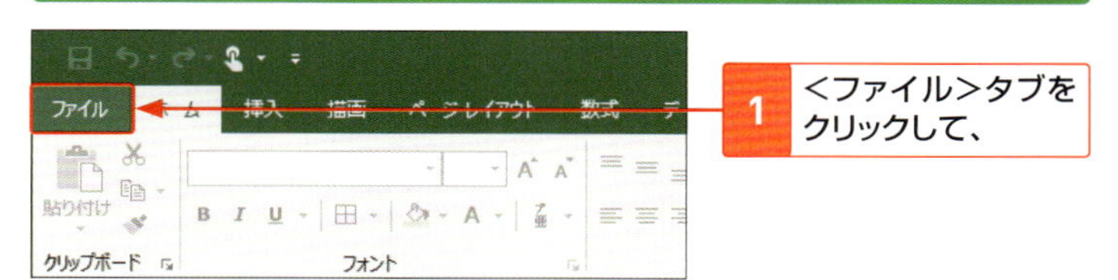

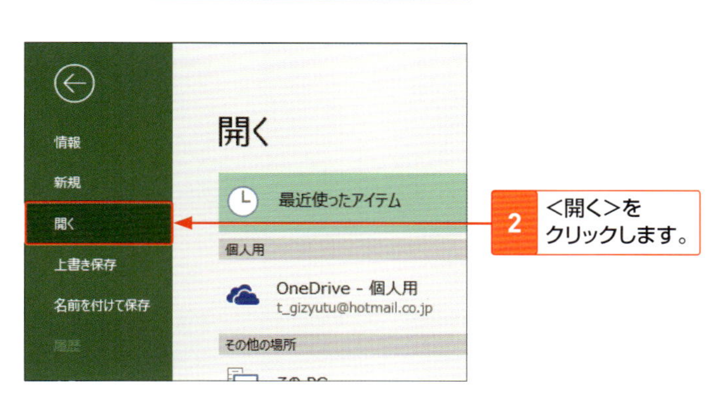

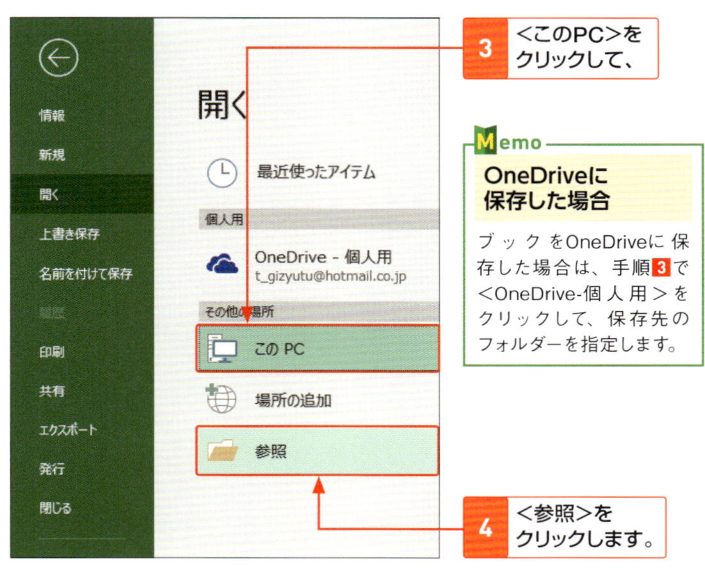

Memo

OneDriveに保存した場合

ブックをOneDriveに保存した場合は、手順3で<OneDrive-個人用>をクリックして、保存先のフォルダーを指定します。

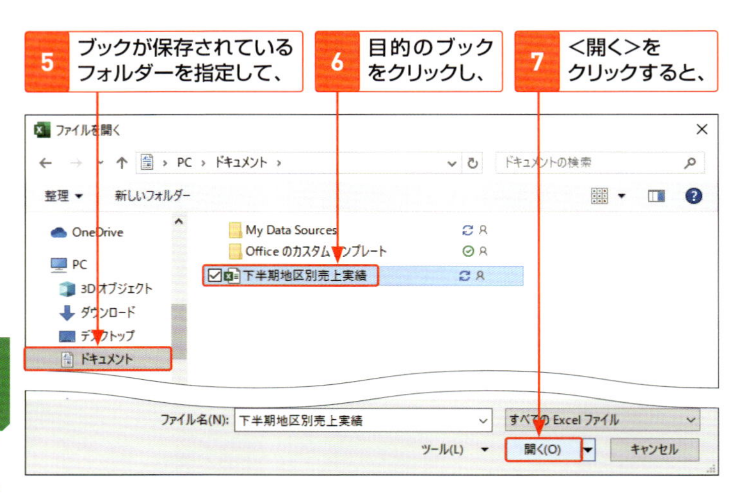

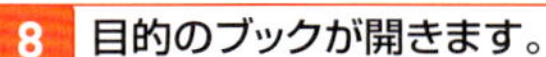

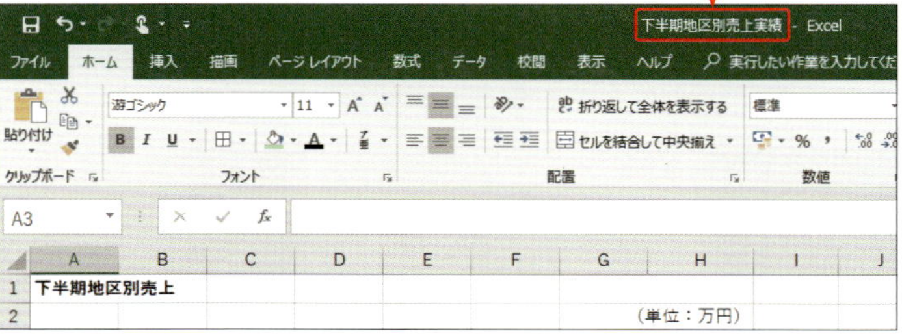

<最近使ったアイテム>から開く

<ファイル>タブをクリックして、<開く>をクリックすると、最近使ったアイテム一覧が表示されます。この中から目的のブックを開くこともできます。

第2章

データ入力と表の作成・印刷

データ入力の基本を知る

セルにデータを入力するには、セルをクリックして選択状態にします。データを入力すると、通貨スタイルや日付スタイルなど、適切な表示形式が自動的に設定されます。

1 数値を入力する

1 セルをクリックすると、

2 セルが選択され、アクティブセルになります。

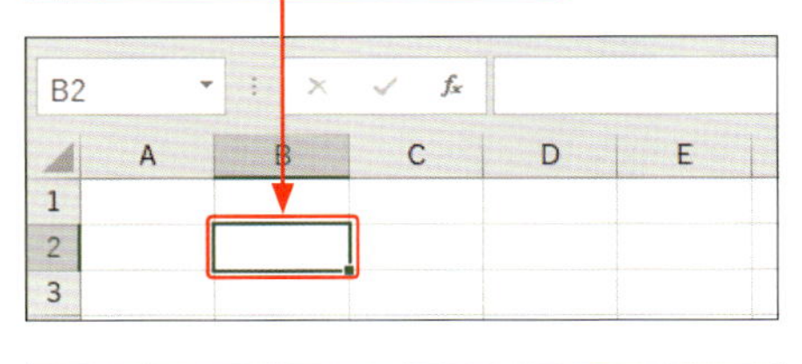

Keyword

アクティブセル

セルをクリックすると、そのセルが選択され、グリーンの枠で囲まれます。これが、現在操作の対象となっているセルで「アクティブセル」といいます。

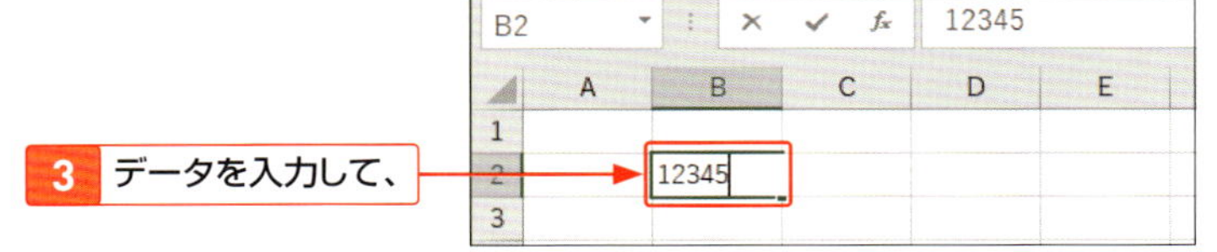

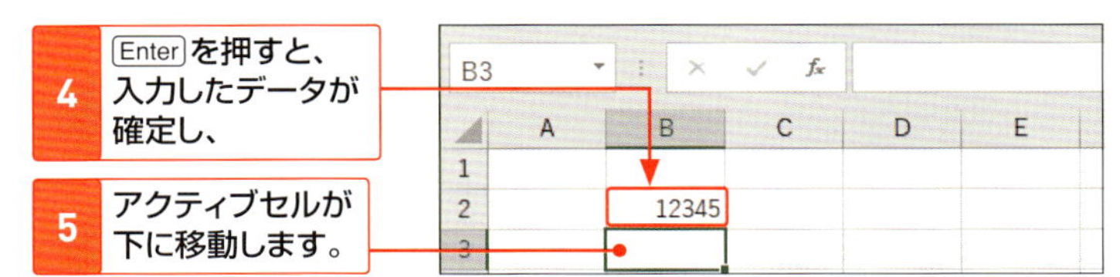

第2章 データ入力と表の作成・印刷

2 「,」や「¥」、「%」付きの数値を入力する

「,」（カンマ）付きで数値を入力する

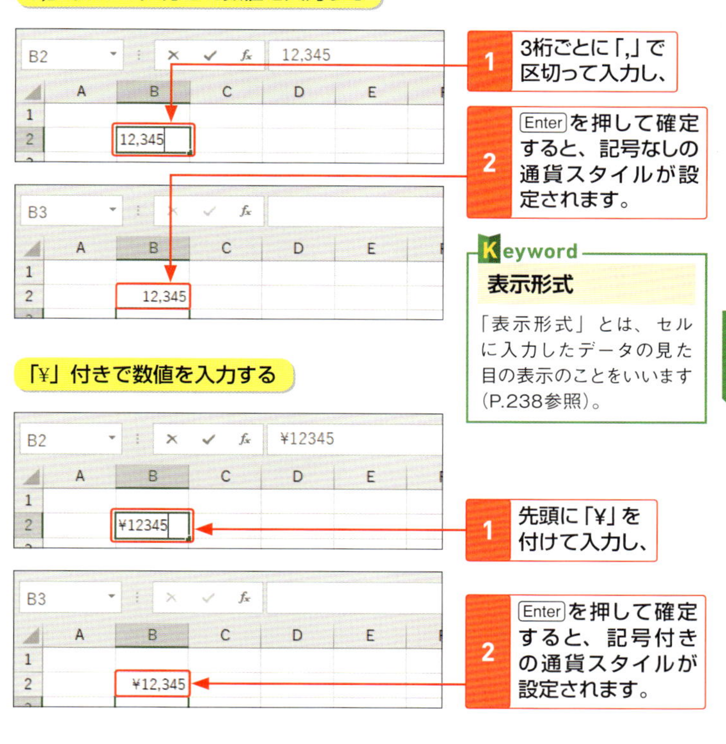

Keyword

表示形式

「表示形式」とは、セルに入力したデータの見た目の表示のことをいいます（P.238参照）。

「%」付きで数値を入力する

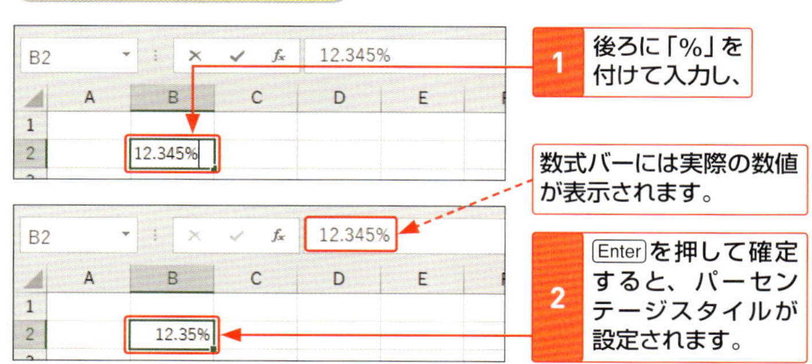

第2章 データ入力と表の作成・印刷

3 日付と時刻を入力する

西暦の日付を入力する

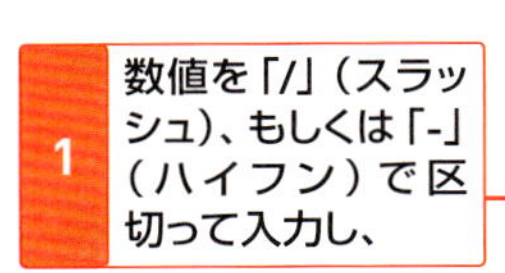
1 数値を「/」(スラッシュ)、もしくは「-」(ハイフン)で区切って入力し、

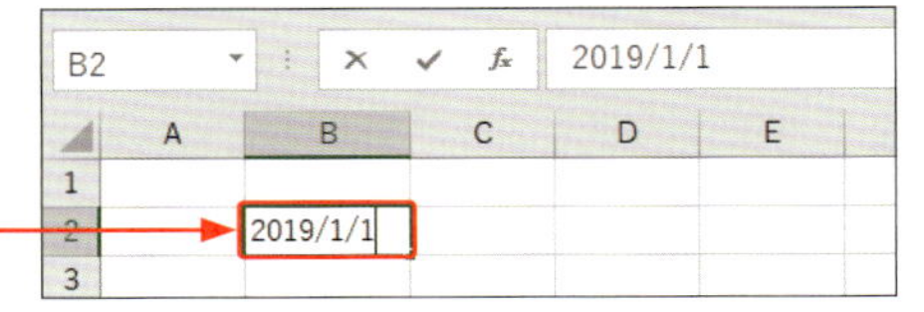

2 Enterを押して確定すると、西暦の日付スタイルが設定されます。

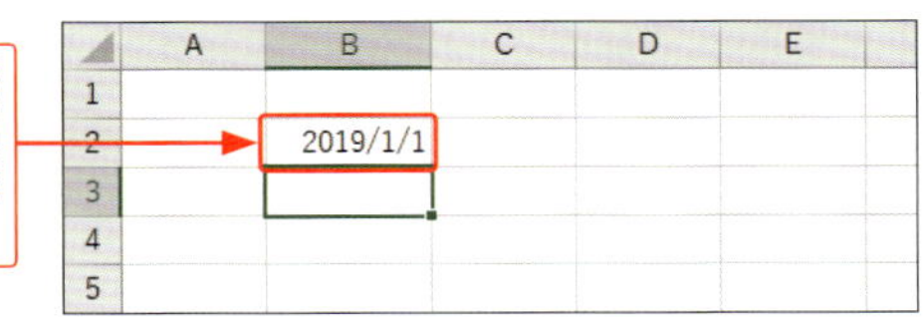

時刻を入力する

1 「時、分、秒」を表す数値を「:」(コロン)で区切って入力し、

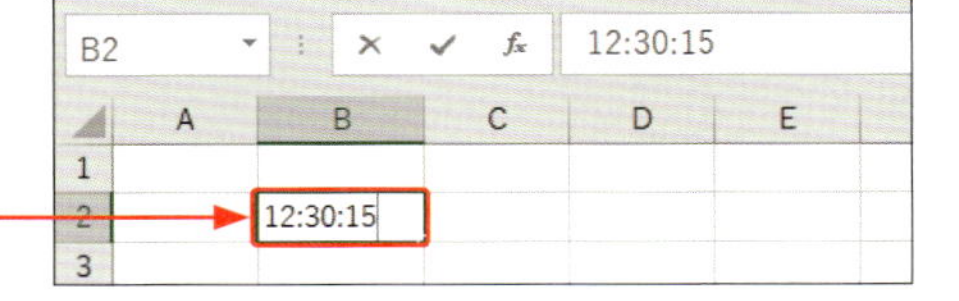

2 Enterを押して確定すると、ユーザー定義スタイルの時刻表示が設定されます。

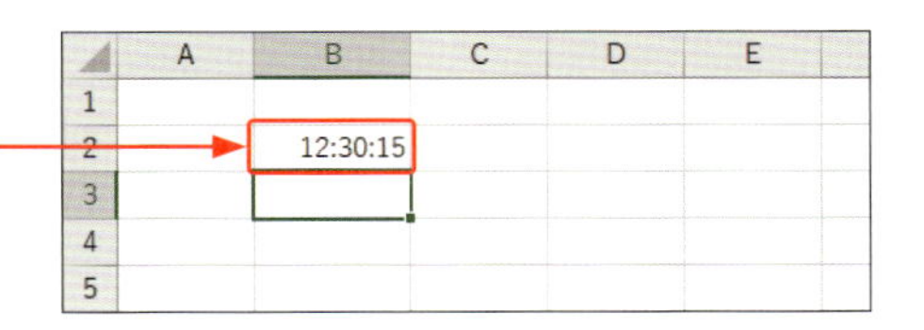

Memo

「####」が表示される場合は?

列幅をユーザーが変更していない場合は、データを入力すると自動的に列幅が調整されますが、すでに変更しており、その列幅が不足している場合は、右図のように表示されます。この場合は、列幅を調整します(P.242参照)。

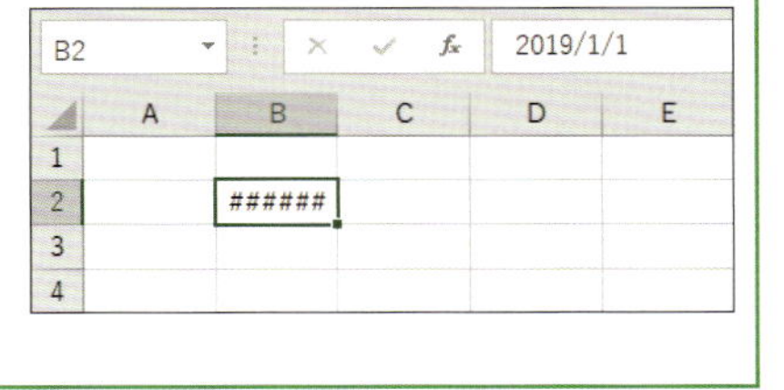

4 文字を入力する

1 半角／全角を押して、入力モードを<ひらがな>に切り替えます（下のMemo参照）。

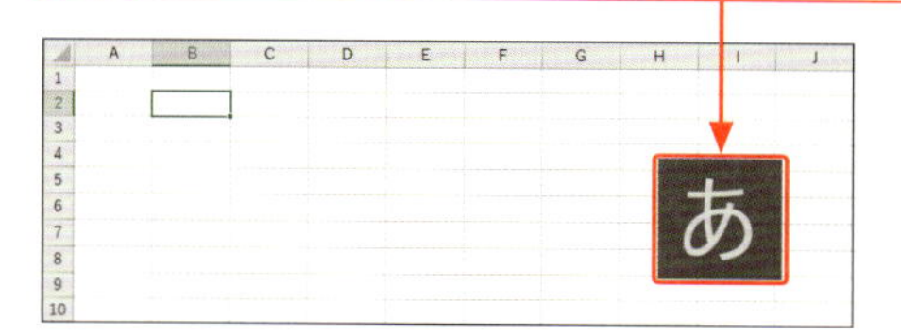

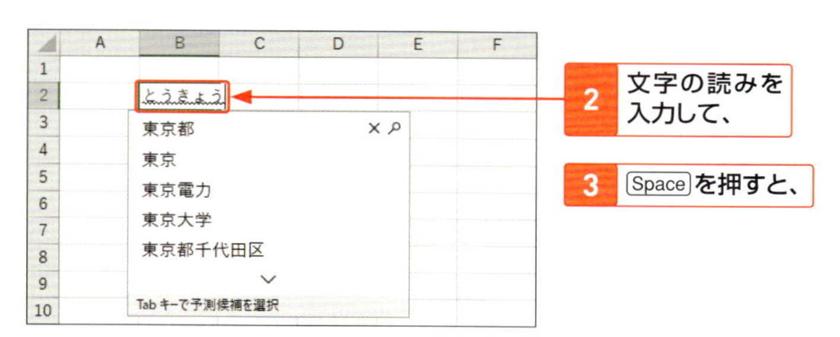

2 文字の読みを入力して、

3 Spaceを押すと、

4 漢字に変換されます。

5 Enterを押すと、文字が確定されます。

Memo 入力モードの切り替え

Excelを起動した直後は、入力モードが<半角英数>になっています。日本語を入力するには、半角／全角を押して、入力モードを<ひらがな>に切り替えてから入力します。なお、Windows 10では入力モードの切り替え時、画面中央に「あ」や「A」が表示されます。

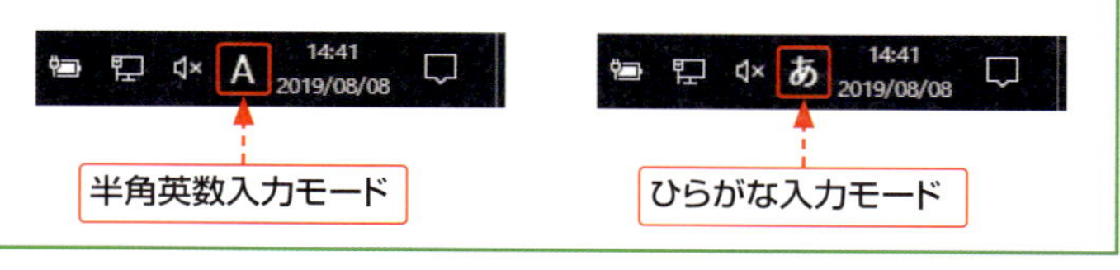

同じデータや連続するデータを入力する

オートフィル機能を利用すると、同じデータや連続するデータをドラッグ操作ですばやく入力することができます。間隔を指定して日付データを入力することもできます。

1 同じデータをすばやく入力する

1 データを入力したセルをクリックします。

2 フィルハンドルにマウスポインターを合わせて、

マウスポインターの形が＋に変わります。

3 下方向へドラッグし、

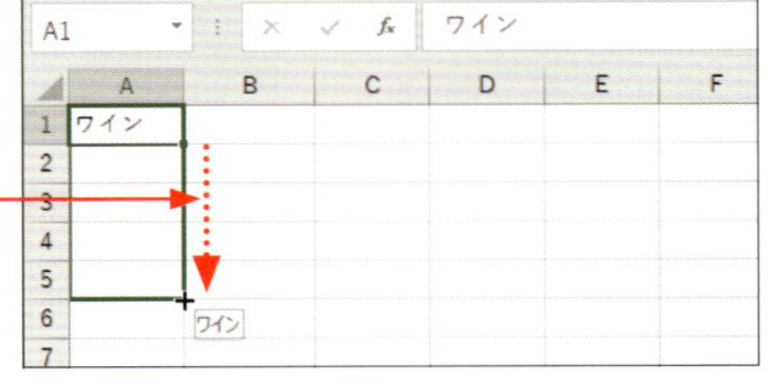

4 マウスのボタンを離すと、同じデータが入力されます。

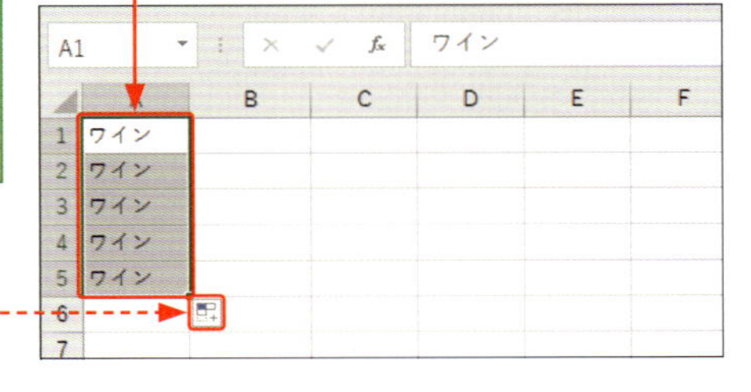

オートフィルオプション（P.166参照）

> **Keyword**
> **オートフィル**
> 「オートフィル」とは、セルのデータをもとにして、連続データや同じデータをドラッグ操作で自動的に入力する機能のことです。

2 連続するデータをすばやく入力する

曜日を入力する

1 「月曜日」と入力されたセルをクリックして、フィルハンドルをドラッグすると、

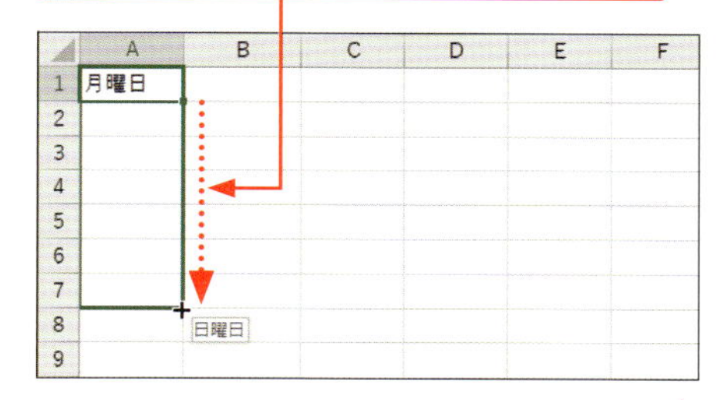

2 曜日の連続データが入力されます。

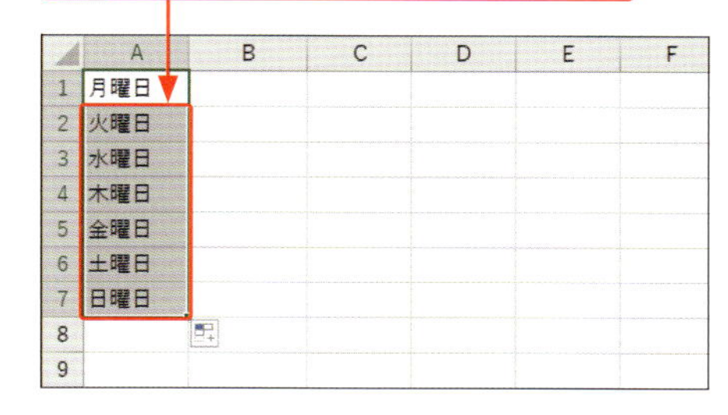

Hint

こんな場合も連続データになる

下図のようなデータも連続データとみなされます。

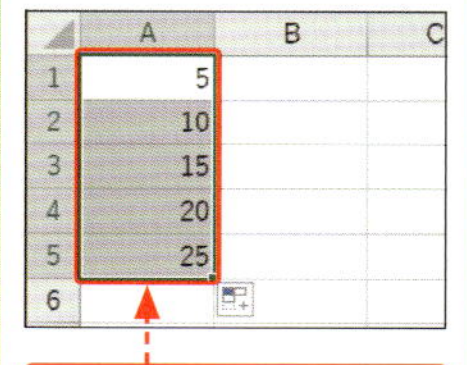

間隔を空けた2つ以上の数字

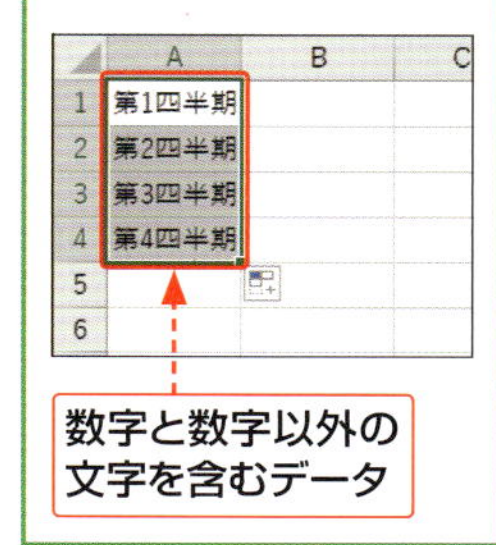

数字と数字以外の文字を含むデータ

連続する数値を入力する

1 連続する数値が入力されたセルを選択し、

2 フィルハンドルをドラッグすると、

3 数値の連続データが入力されます。

第2章 データ入力と表の作成・印刷

3 間隔を指定して日付データを入力する

1 日付が入力されたセルのフィルハンドルをドラッグすると、

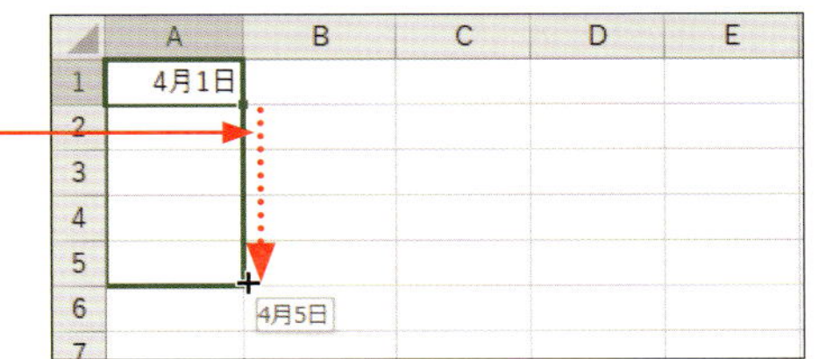

2 連続データが入力されます。

3 <オートフィルオプション>をクリックして、

	A	B	C	D	E
1	4月1日				
2	4月2日				
3	4月3日				
4	4月4日				
5	4月5日				
6					
7					

> **Memo**
> **<オートフィルオプション>の利用**
> オートフィルの動作は、<オートフィルオプション>をクリックすることで変更できます。

4 <連続データ(月単位)>をクリックすると、

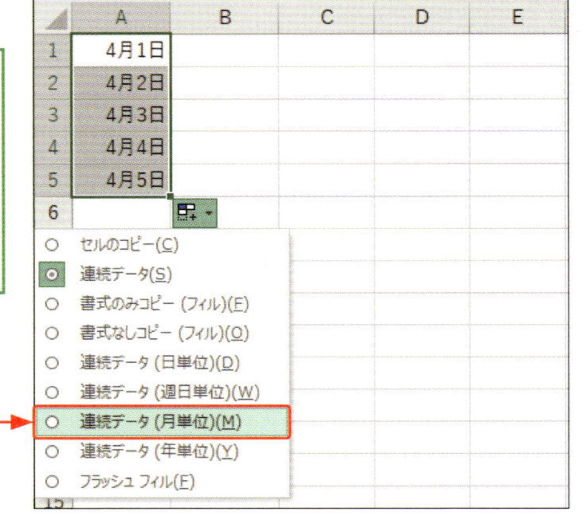

5 日付が月単位の間隔で入力されます。

	A	B	C	D	E
1	4月1日				
2	5月1日				
3	6月1日				
4	7月1日				
5	8月1日				
6					
7					

4 ダブルクリックで連続するデータを入力する

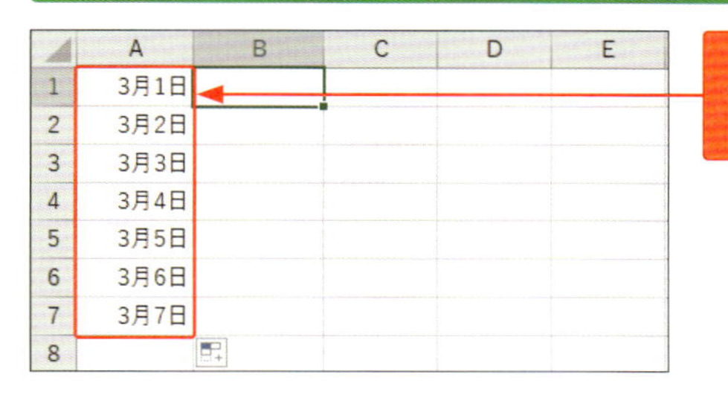

1 隣りの列にあらかじめデータを入力しておきます。

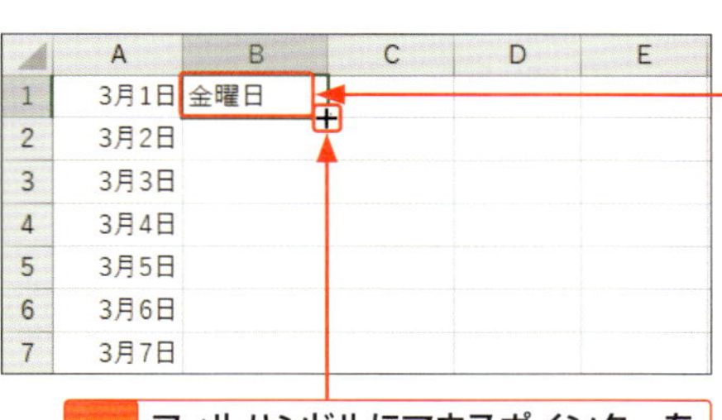

2 「金曜日」と入力したセルをクリックして、

3 フィルハンドルにマウスポインターを合わせてダブルクリックすると、

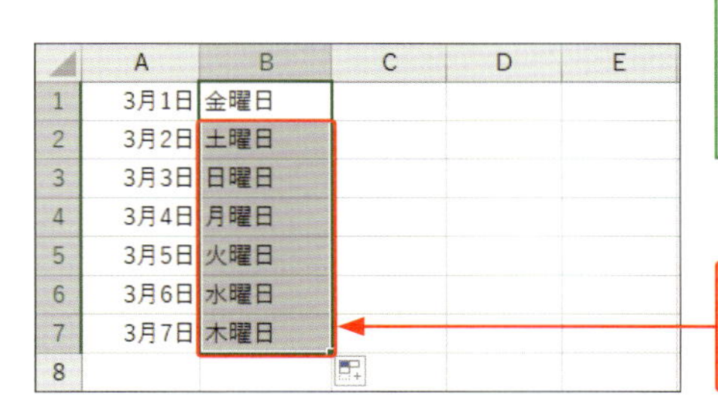

4 隣接する列と同じ数の連続データが入力されます。

Memo

ダブルクリックで入力できるデータ

ダブルクリックで連続データを入力するには、隣接する列にデータが入力されている必要があります。入力できるのは下方向に限られます。

Hint

連続データとして扱われるデータ

連続データとして入力されるデータのリストは、<ユーザー設定リスト>ダイアログボックスで確認することができます。<ユーザー設定リスト>ダイアログボックスは、<ファイル>タブ→<オプション>→<詳細設定>の順にクリックし、<全般>グループの<ユーザー設定リストの編集>をクリックすると表示されます。

データを修正する／削除する

セルに入力したデータを修正するには、セルのデータを**すべて書き換える**方法と、データの**一部を修正する**方法があります。また、セル内のデータだけを消したい場合は、データを**削除**します。

1 セル内のデータ全体を書き換える

「関東」を「東京」に修正します。

1 修正するセルをクリックして、

B3 | 関東

	A	B	C	D	E	F
1						
2	上半期売上					
3	月	関東	千葉	神奈川	合計	
4	1月	4030	1860	3490		
5	2月	3310	1450	2880		
6	3月	3890	1750	3150		
7	合計					
8						

2 データを入力すると、もとのデータが書き換えられます。

B3 | 東京

	A	B	C	D	E	F
1						
2	上半期売上					
3	月	東京		神奈川	合計	
4	1月	4030	1860	3490		
5	2月	3310	1450	2880		
6	3月	3890	1750	3150		
7	合計					
8						

Hint

修正をキャンセルするには?

入力を確定する前に修正を取り消したい場合は、Esc を数回押します。入力を確定した直後の取り消し方法については、P.30を参照してください。

3 Enter を押すと、セルの修正が確定します。

B4 | 4030

	A	B	C	D	E	F
1						
2	上半期売上					
3	月	東京	千葉	神奈川	合計	
4	1月	4030	1860	3490		
5	2月	3310	1450	2880		
6	3月	3890	1750	3150		
7	合計					

2 セル内のデータの一部を修正する

文字を挿入する

「上半期」の後ろに「地区別」を入力します。

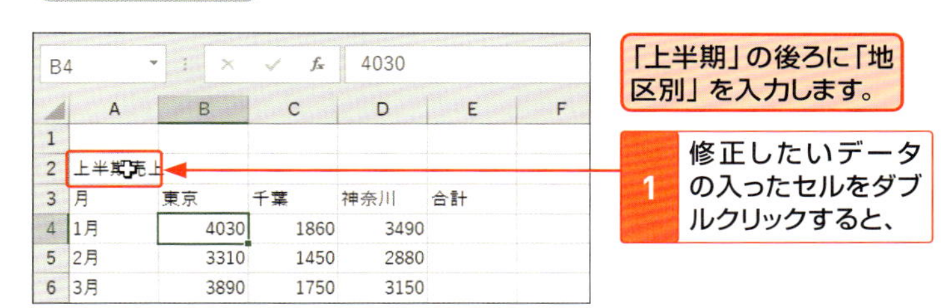

1 修正したいデータの入ったセルをダブルクリックすると、

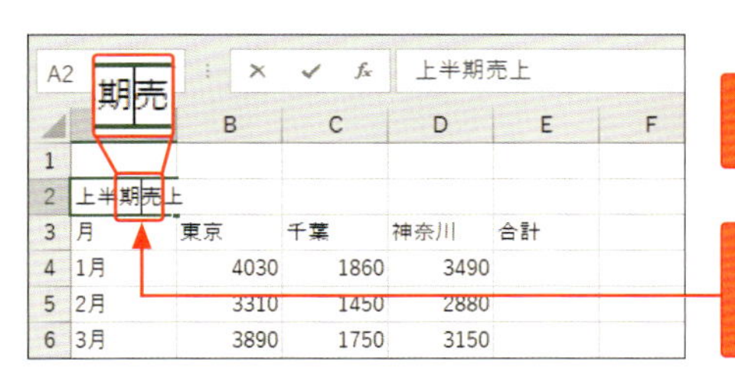

2 セル内にカーソルが表示されます。

3 修正したい文字の後ろにカーソルを移動して、

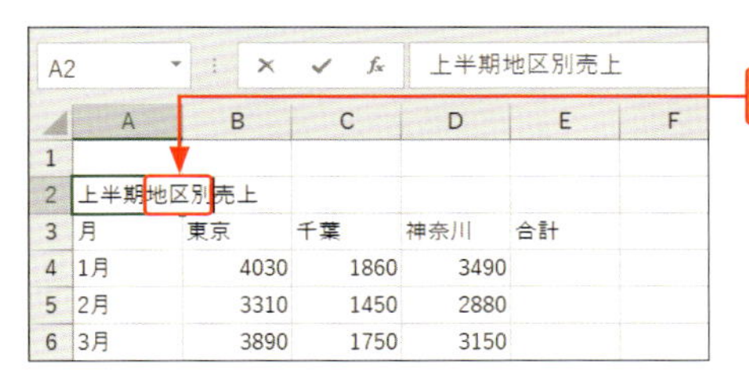

4 データを入力し、

5 Enter を押すと、カーソルの位置にデータが挿入されます。

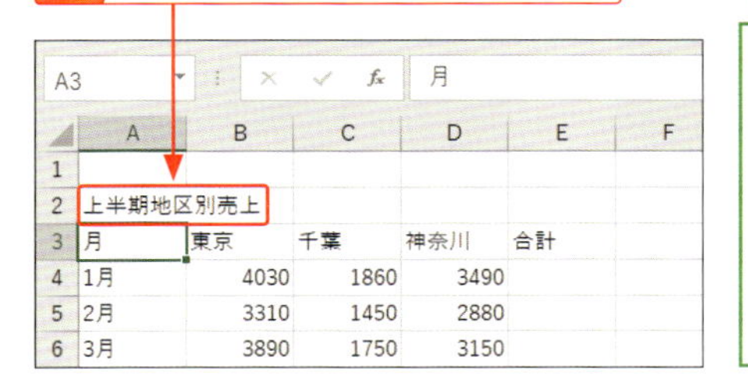

Memo

データの一部を削除する

セル内にカーソルが表示されている状態で、Delete や BackSpace を押すと、カーソルの前後の文字を削除できます。

文字を上書きする

「上半期」を「第1四半期」に修正します。

1 セル内にカーソルを表示します(P.169参照)。

2 データの一部をドラッグして選択し、

3 データを入力すると、選択した部分が書き換えられます。

4 Enterを押すと、セルの修正が確定します。

第2章 データ入力と表の作成・印刷

StepUp 数式バーを利用して修正する

セル内のデータの修正は、数式バーでも行うことができます。目的のセルをクリックして数式バーをクリックすると、数式バー内にカーソルが表示され、データが修正できるようになります。

1 修正するセルをクリックして、

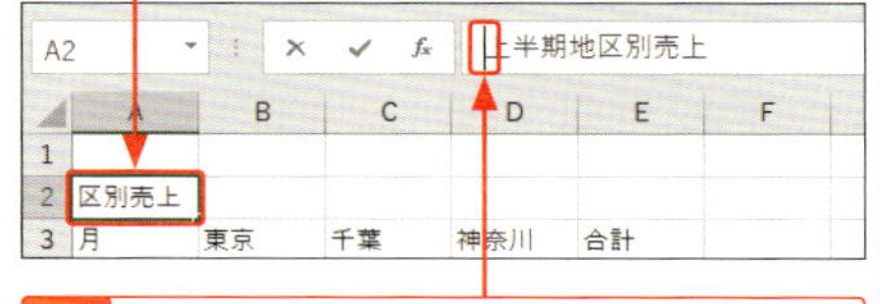

2 数式バーをクリックすると、カーソルが表示され、修正できる状態になります。

3 セルのデータを削除する

1 データを削除するセルをクリックして、

	A	B	C	D	E
1					
2	第1四半期地区別売上				
3	月	東京	千葉	神奈川	合計
4	1月	4030	1860	3490	
5	2月	3310	1450	2880	
6	3月	3890	1750	3150	
7	合計				

2 Delete を押すと、

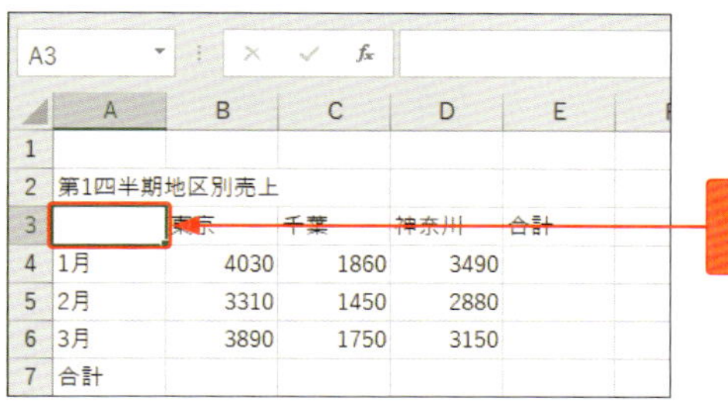

3 セルのデータが削除されます。

Hint 複数のセルのデータを削除する

データを削除するセル範囲をドラッグして選択し（P.172参照）、Delete を押すと、選択したセルのデータが削除されます。

StepUp 書式も含めて削除する

上記の手順では、セルのデータは削除されますが、罫線や背景色などの書式は削除されません。書式も含めて削除する場合は、セル範囲を選択して右の操作を行います。

1 ＜ホーム＞タブの＜クリア＞をクリックして、

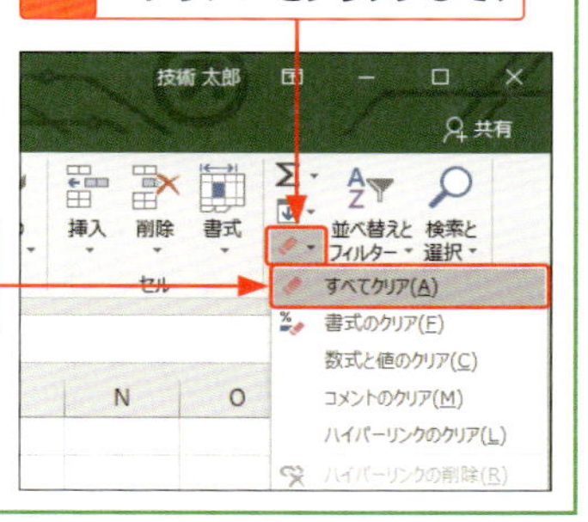

2 ＜すべてクリア＞をクリックします。

セル範囲を選択する

データのコピーや移動、書式設定などを行う際には、**操作の対象となるセルやセル範囲を選択**します。複数のセルや行・列などを同時に選択しておけば、まとめて設定できるので効率的です。

1 複数のセル範囲を選択する

マウス操作だけで選択する

Hint

範囲を選択する際のマウスポインターの形

ドラッグ操作でセル範囲を選択するときは、マウスポインターの形が✚の状態で行います。これ以外の状態では、セル範囲を選択することができません。

1 選択範囲の始点となるセルにマウスポインターを合わせます。

	A	B	C	D	E
1	第1四半期地区別売上				
2		東京	千葉	神奈川	合計
3	1月	4030	1860	3490	
4	2月	3310	1450	2880	
5	3月	3890	1750	3150	
6	合計				
7					
8					

2 そのまま、終点となるセルまでドラッグし、

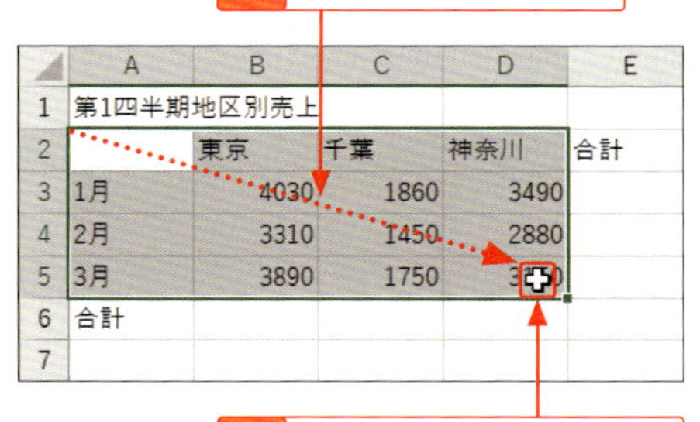

	A	B	C	D	E
1	第1四半期地区別売上				
2		東京	千葉	神奈川	合計
3	1月	4030	1860	3490	
4	2月	3310	1450	2880	
5	3月	3890	1750	3150	
6	合計				
7					

3 マウスのボタンを離すと、セル範囲が選択されます。

Memo

一部のセルの選択を解除するには?

セルを複数選択したあとで特定のセルだけ選択を解除するには、Ctrlを押しながらセルをクリックあるいはドラッグします。

マウスとキーボードでセル範囲を選択する

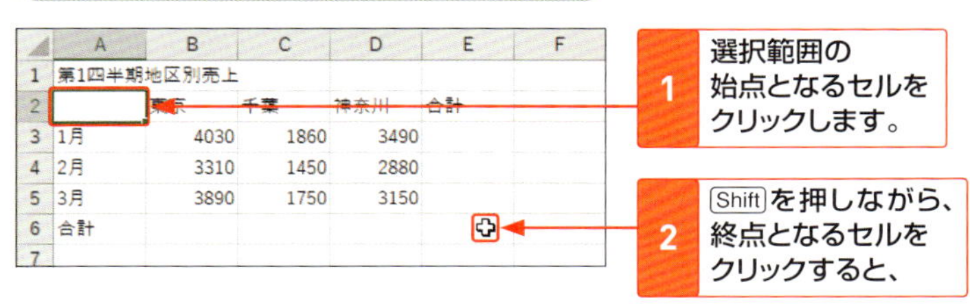

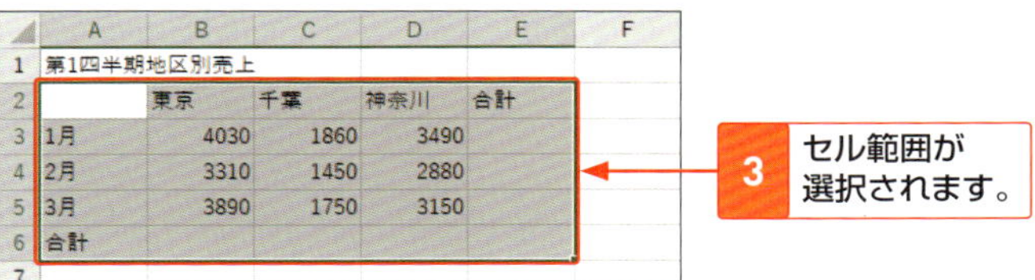

マウスとキーボードで選択範囲を広げる

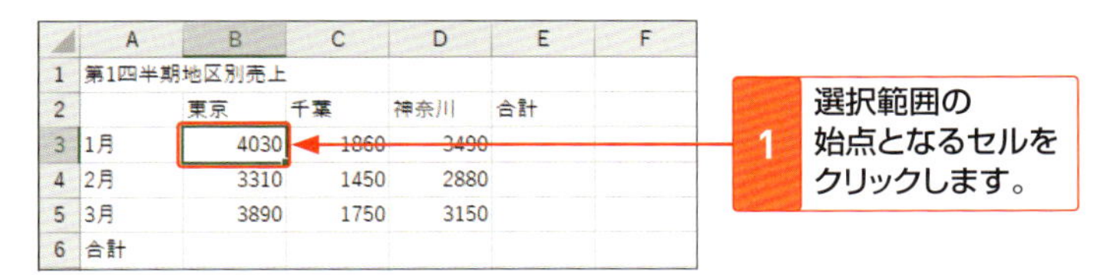

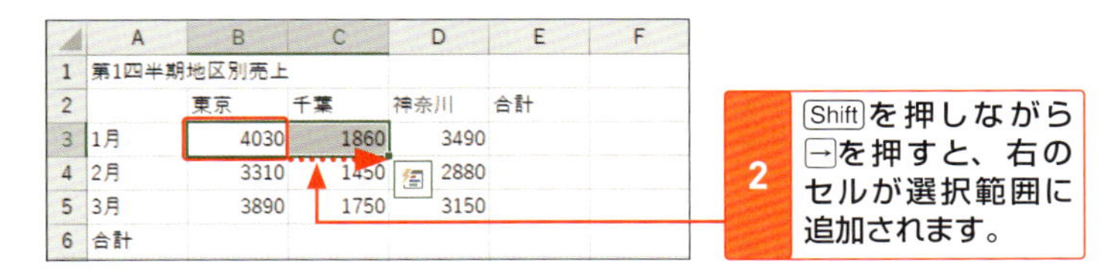

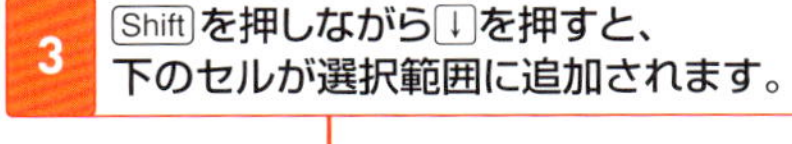

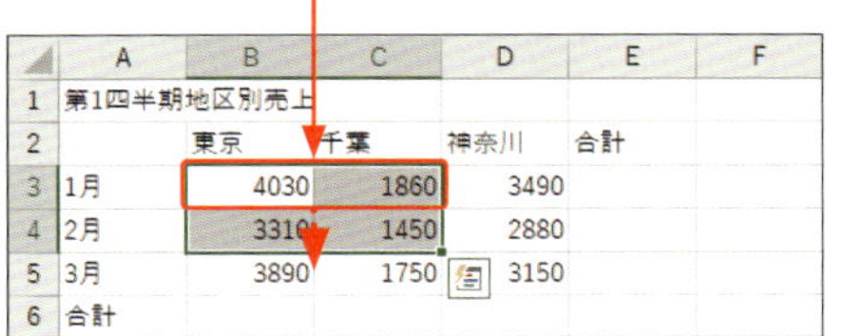

Hint

選択を解除するには?

セル範囲の選択を解除するには、ワークシート内のいずれかのセルをクリックします。

2 離れた位置にあるセルを選択する

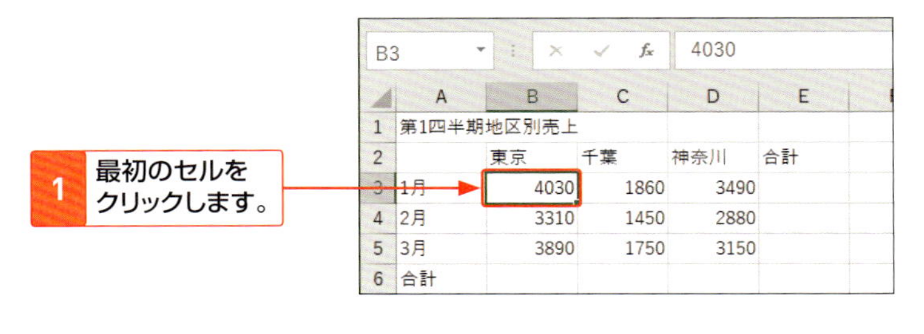

2 Ctrl を押しながら別のセルをクリックすると、セルが追加選択されます。

3 アクティブセル領域を選択する

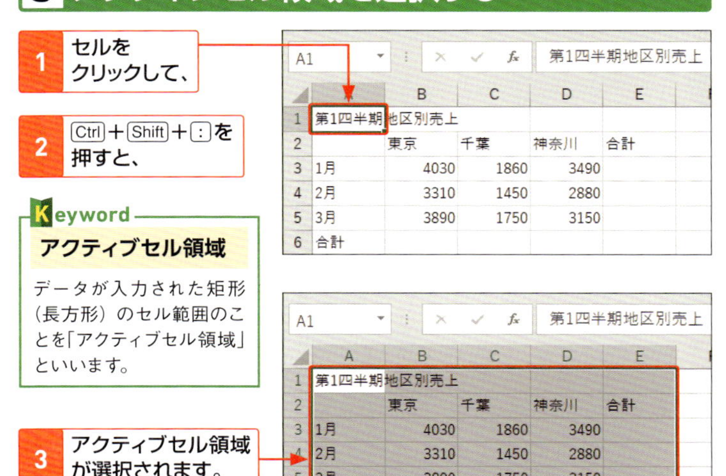

Keyword

アクティブセル領域

データが入力された矩形（長方形）のセル範囲のことを「アクティブセル領域」といいます。

第2章 データ入力と表の作成・印刷

4 行や列をまとめて選択する

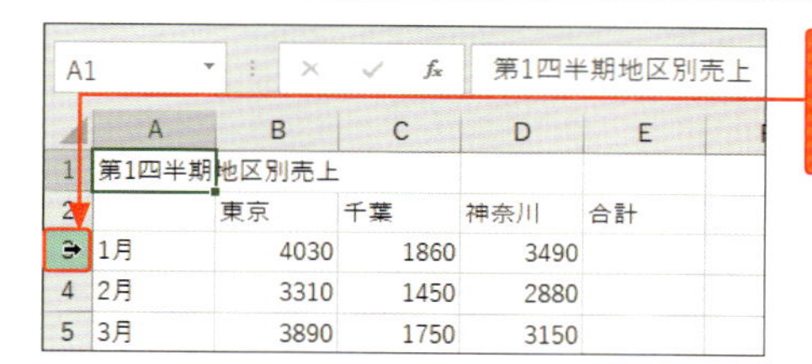

1 行番号の上にマウスポインターを合わせて、

2 そのままドラッグすると、

3 複数の行が選択されます。

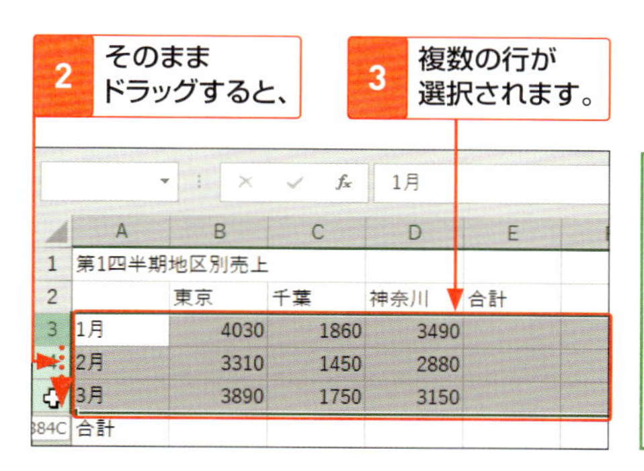

StepUp

ワークシート全体の選択

ワークシート左上の、行番号と列番号が交差している部分 をクリックすると、ワークシート全体を選択することができます。

5 離れた位置にある行や列を選択する

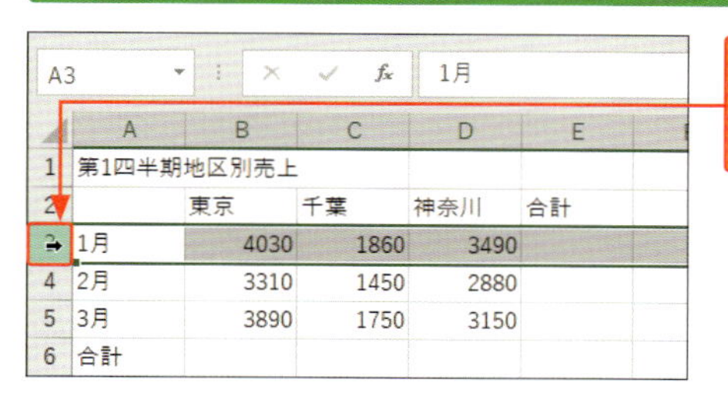

1 行番号をクリックすると、行全体が選択されます。

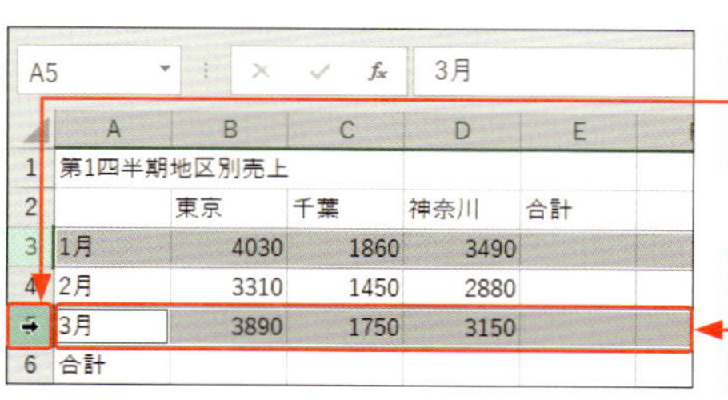

2 Ctrl を押しながら行番号をクリックすると、

3 離れた位置にある行が追加選択されます。

データをコピーする

入力済みのデータと同じデータを入力する場合は、データをコピーして貼り付けると入力の手間が省けます。ここでは、コマンドを使う方法とドラッグ操作を使う方法を紹介します。

1 データをコピーして貼り付ける

1 コピーするセルをクリックして、

2 <ホーム>タブをクリックし、

3 <コピー>をクリックします。

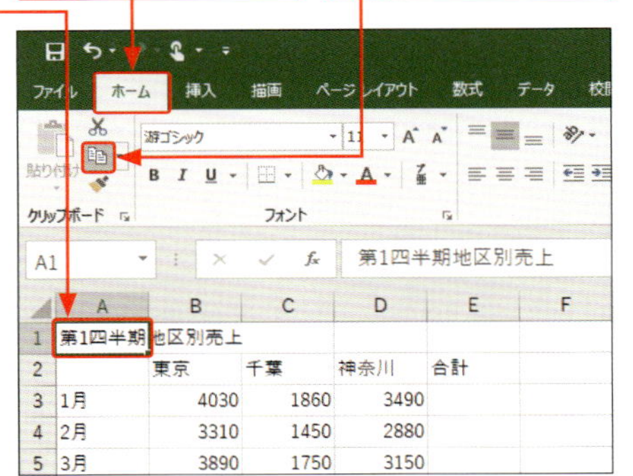

Memo

データの貼り付け

コピーもとのセル範囲が破線で囲まれている間は、コピーもとのデータを何度でも貼り付けることができます。

4 貼り付け先のセルをクリックして、

5 <ホーム>タブの<貼り付け>のここをクリックすると、

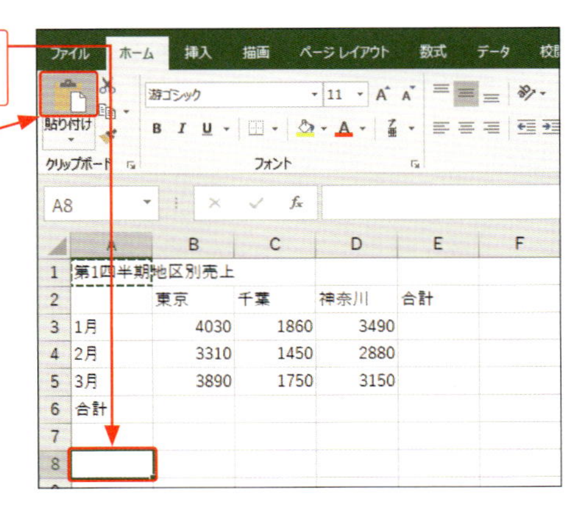

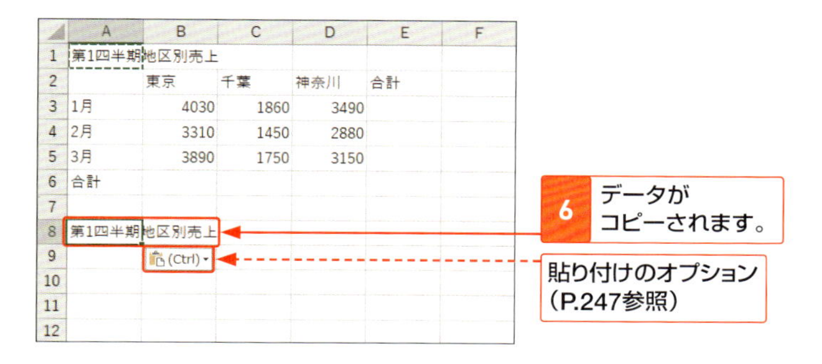

2 ドラッグ操作でデータをコピーする

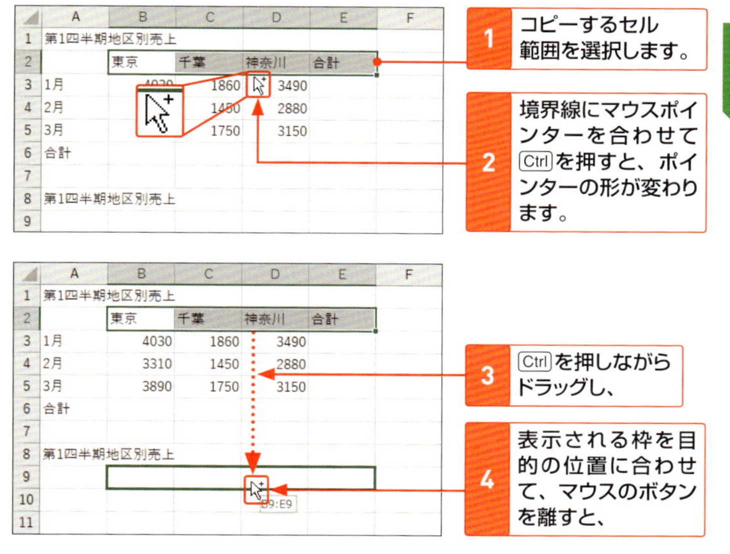

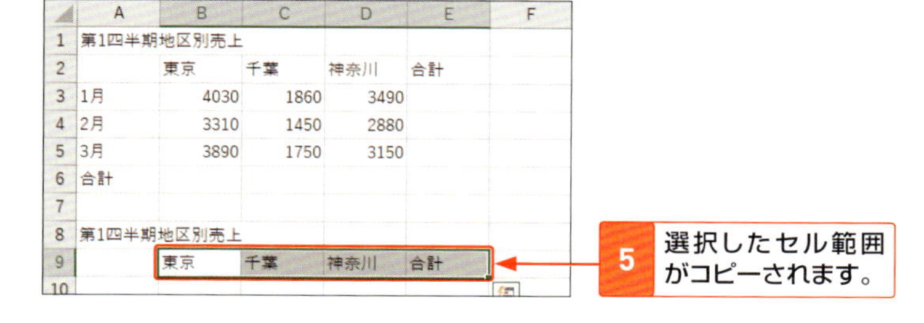

データを移動する

入力済みのデータを移動するには、**セル範囲を切り取って、目的の位置に貼り付け**ます。方法はいくつかありますが、ここでは、コマンドを使う方法とドラッグ操作を使う方法を紹介します。

1 データを切り取って貼り付ける

1 移動するセル範囲を選択して、

2 <ホーム>タブをクリックし、

3 <切り取り>をクリックします。

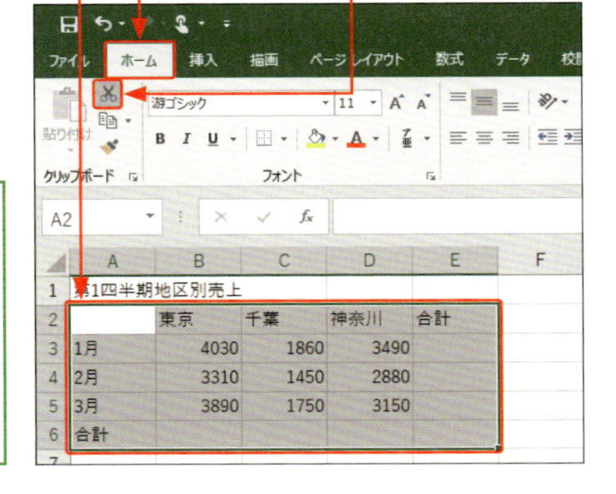

	A	B	C	D	E
1	第1四半期地区別売上				
2		東京	千葉	神奈川	合計
3	1月	4030	1860	3490	
4	2月	3310	1450	2880	
5	3月	3890	1750	3150	
6	合計				

Hint 移動をキャンセルするには?

移動するセル範囲に破線が表示されている間は、Esc を押すと、移動をキャンセルすることができます。

4 移動先のセルをクリックして、

5 <ホーム>タブの<貼り付け>のここをクリックすると、

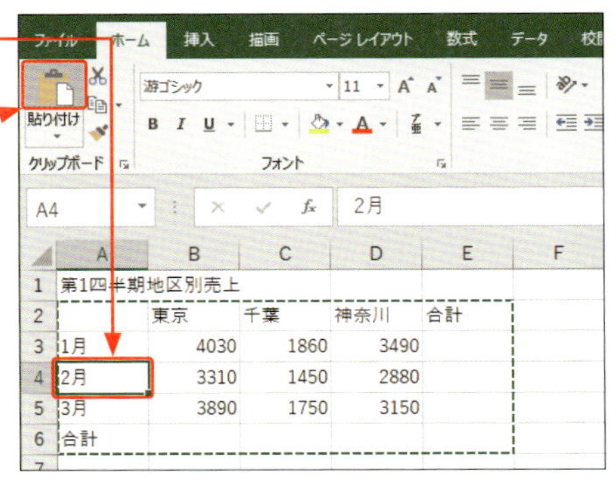

	A	B	C	D	E
1	第1四半期地区別売上				
2		東京	千葉	神奈川	合計
3	1月	4030	1860	3490	
4	2月	3310	1450	2880	
5	3月	3890	1750	3150	
6	合計				

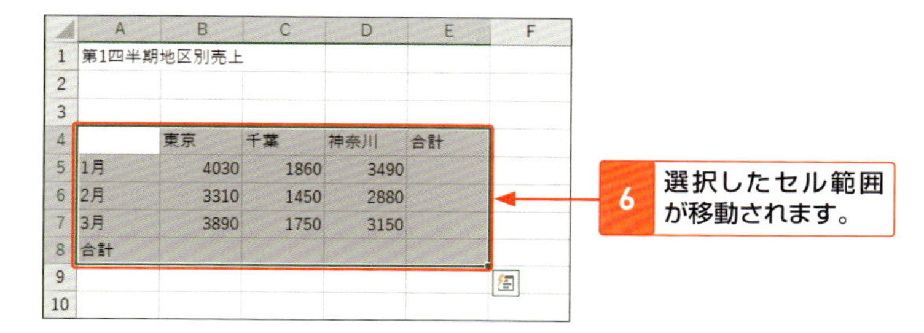

2 ドラッグ操作でデータを移動する

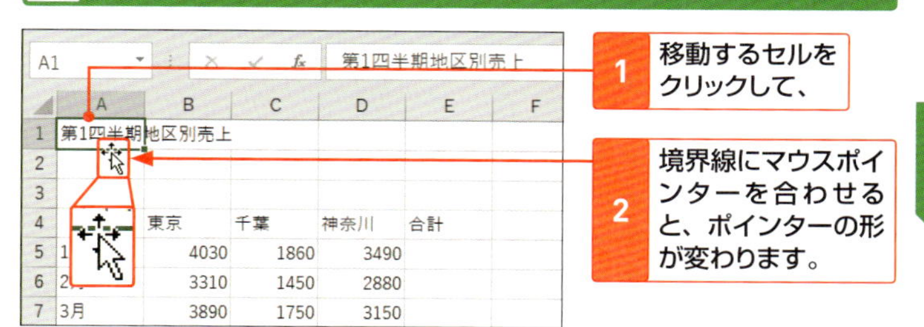

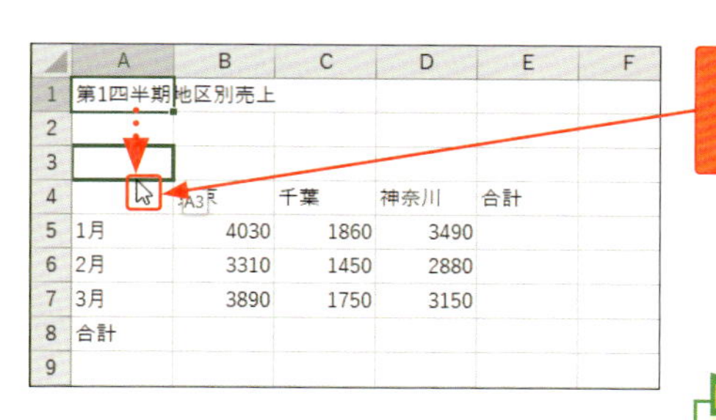

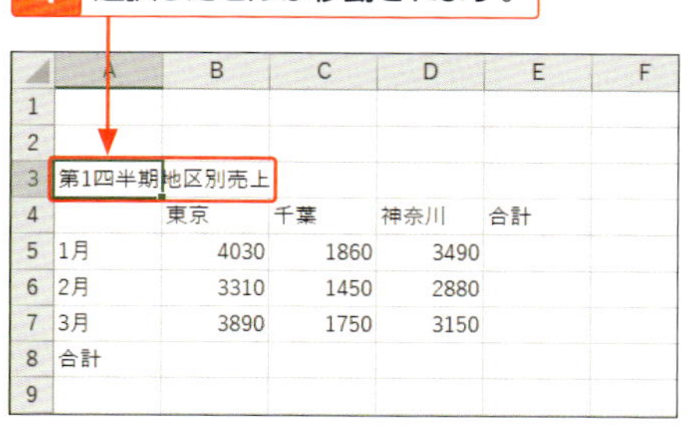

Memo

ドラッグ操作でコピー／移動する際の注意点

ドラッグ操作でデータをコピー／移動すると、クリップボードにデータが保管されないため、データは一度しか貼り付けられません。クリップボードとは、Windowsの機能の1つで、データが一時的に保管される場所のことです。

文字やセルに色を付ける

文字やセルの背景に色を付けると、見やすい表に仕上がります。文字に色を付けるには、＜ホーム＞タブの＜フォントの色＞を、セルに背景色を付けるには、＜塗りつぶしの色＞を利用します。

1 文字に色を付ける

1 文字色を付けるセルをクリックします。

	A	B	C	D	E	F
1						
2	第1四半期地区別売上					
3						
4		東京	千葉	神奈川	合計	
5	1月	4030	1860	3490		

2 ＜ホーム＞タブをクリックして、

3 ＜フォントの色＞のここをクリックし、

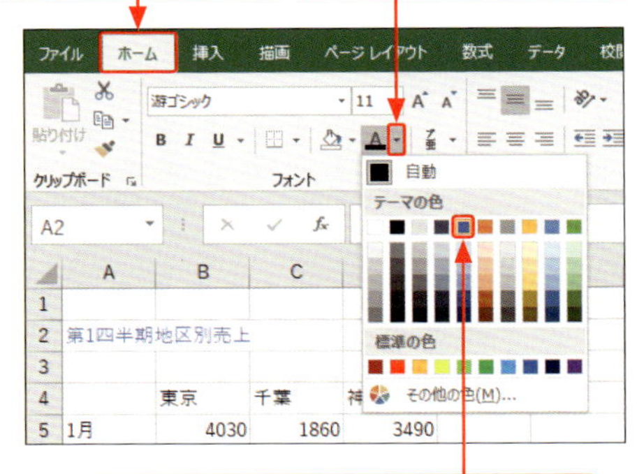

4 目的の色にマウスポインターを合わせると、色が一時的に適用されて表示されます。

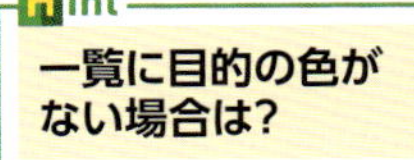

一覧に目的の色がない場合は?

手順**3**で表示される一覧に目的の色がない場合は、＜その他の色＞をクリックして、色を選択します。

5 文字色をクリックすると、文字の色が変更されます。

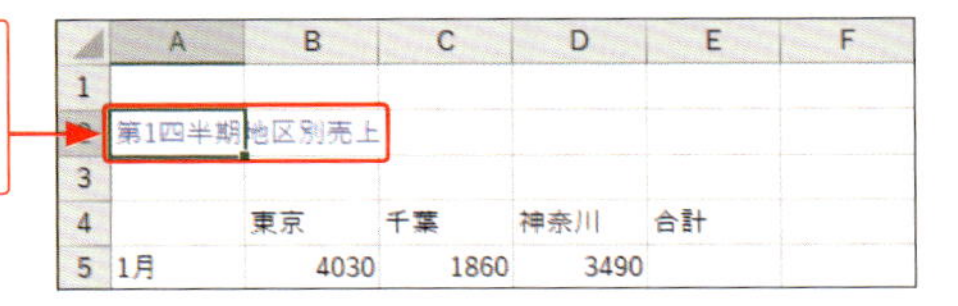

2 セルに色を付ける

1 色を付けるセル範囲を選択します（P.174参照）。

2 <ホーム>タブの<塗りつぶしの色>のここをクリックして、

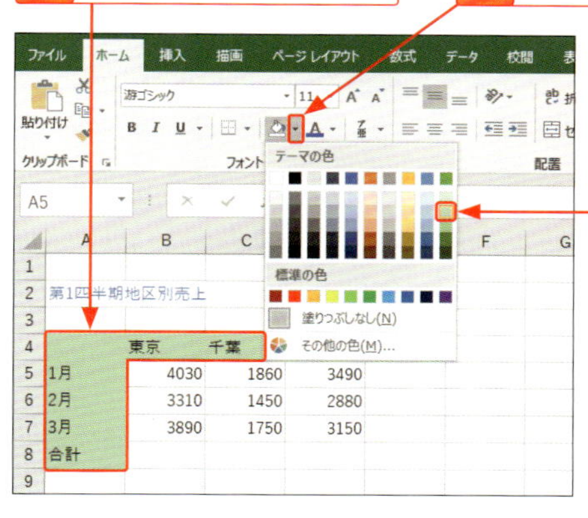

3 目的の色にマウスポインターを合わせると、色が一時的に適用されて表示されます。

	A	B	C	D
2	第1四半期地区別売上			
3				
4		東京	千葉	神奈川
5	1月	4030	1860	3490
6	2月	3310	1450	2880
7	3月	3890	1750	3150
8	合計			
9				

（4行目E列：合計）

4 色をクリックすると、セルの背景に色が付きます。

Hint
背景色を消すには？

セルの背景色を消すには、目的の範囲を選択して、手順**3**で<塗りつぶしなし>をクリックします。

StepUp
<セルのスタイル>を利用する

<ホーム>タブの<セルのスタイル>を利用すると、Excelにあらかじめ用意された書式をタイトルに設定したり、セルにテーマのセルスタイルを設定したりすることができます。

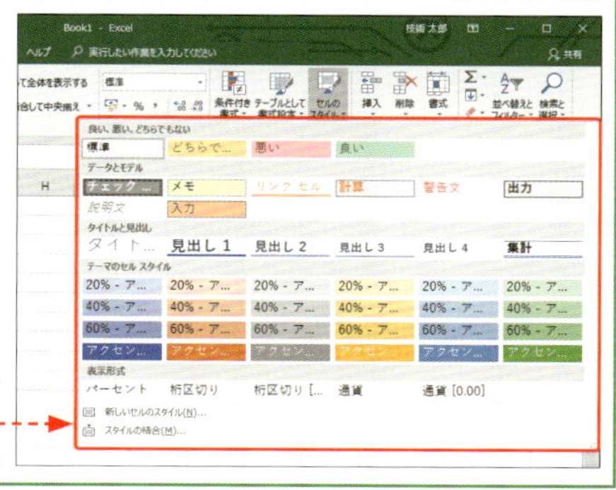

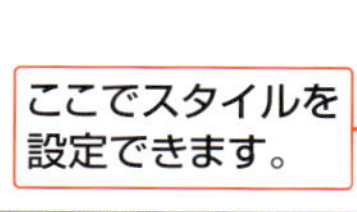

罫線を引く

ワークシートに目的のデータを入力したら、表が見やすいように罫線を引きます。罫線を引くには、＜ホーム＞タブの＜罫線＞を利用します。罫線のスタイルは任意に設定できます。

1 選択した範囲に罫線を引く

1 目的のセル範囲を選択して、

2 ＜ホーム＞タブをクリックします。

3 ここをクリックして、

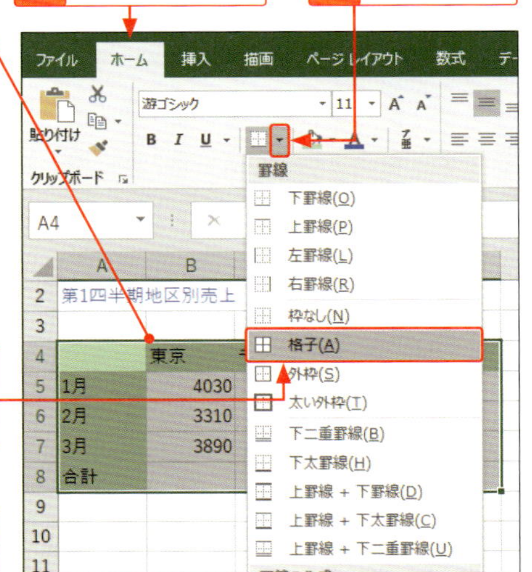

4 罫線の種類をクリックすると（ここでは＜格子＞）、

Hint

罫線を削除するには？

罫線を削除するには、目的のセル範囲を選択して、罫線メニューを表示し、手順4で＜枠なし＞をクリックします。

	A	B	C	D	E
2	第1四半期地区別売上				
3					
4		東京	千葉	神奈川	合計
5	1月	4030	1860	3490	
6	2月	3310	1450	2880	
7	3月	3890	1750	3150	
8	合計				
9					

5 選択したセル範囲に罫線が引かれます。

2 太線で罫線を引く

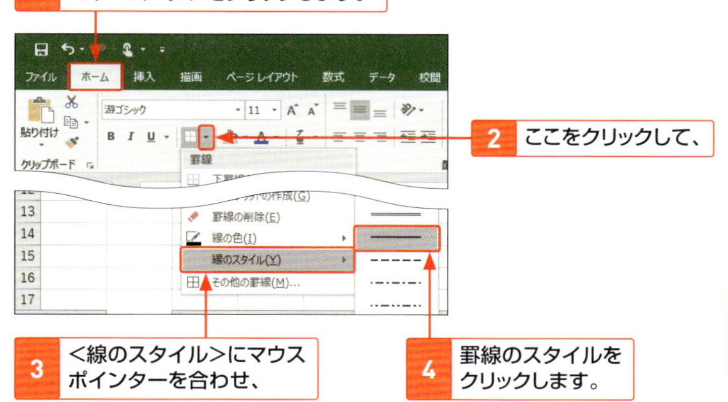

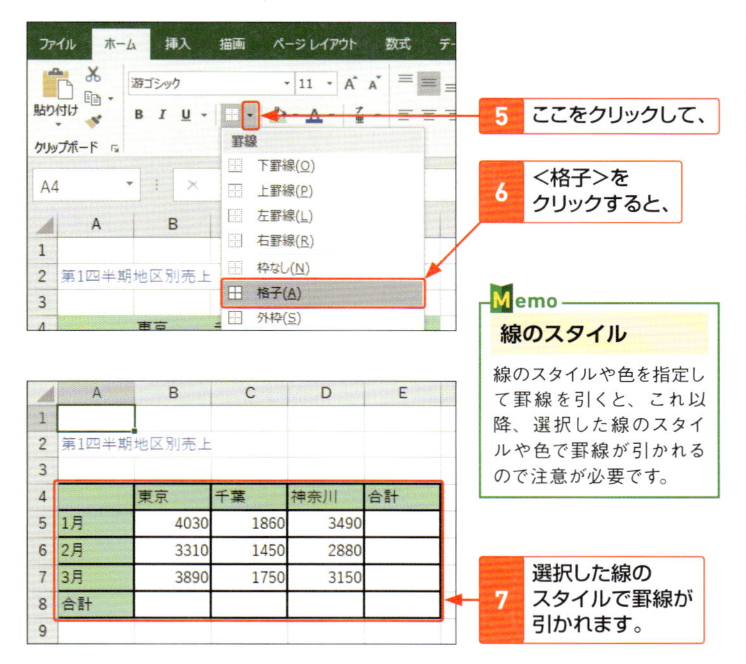

Memo

線のスタイル

線のスタイルや色を指定して罫線を引くと、これ以降、選択した線のスタイルや色で罫線が引かれるので注意が必要です。

ワークシートを印刷する

作成したワークシートを印刷する際は、**印刷プレビュー**で印刷結果のイメージを確認します。印刷結果を確認しながら、**用紙サイズや余白などの設定**を行い、設定が完了したら**印刷**を行います。

1 印刷プレビューを表示する

Hint

複数ページのイメージを確認するには?

ワークシートが複数ページにまたがる場合は、印刷プレビューの左下にある<次のページ>▶、<前のページ>◀をクリックして確認します。

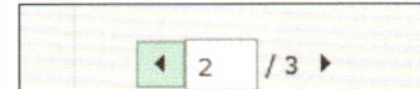

1 <ファイル>タブをクリックして、

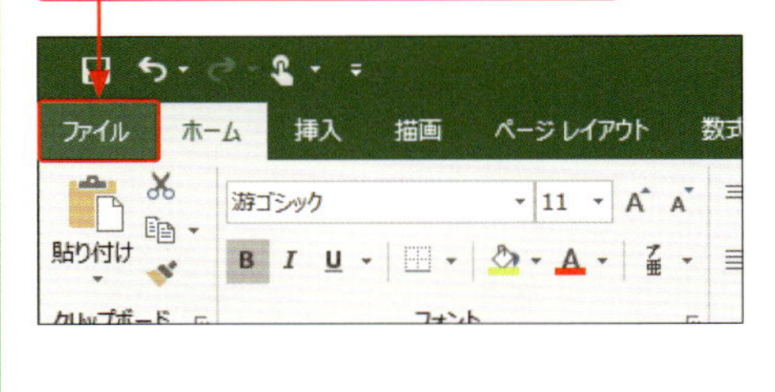

2 <印刷>をクリックすると、

3 <印刷>画面が表示され、右側に印刷プレビューが表示されます。

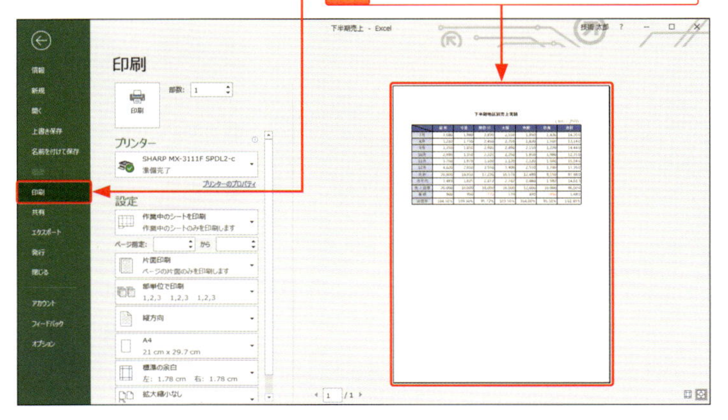

2 印刷の向き・用紙サイズ・余白の設定を行う

1 <印刷>画面を表示します（左ページ参照）。

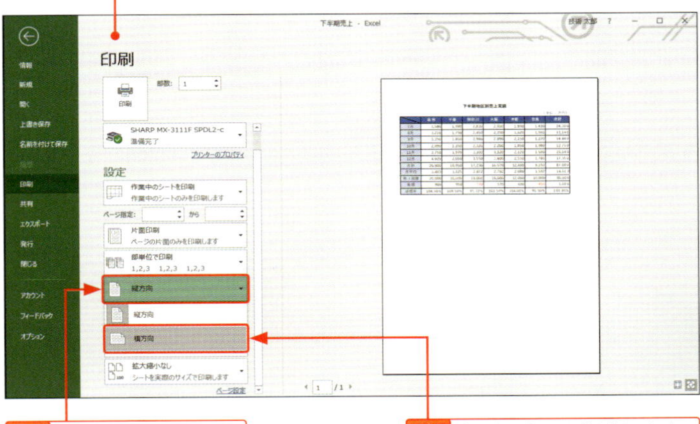

2 ここをクリックして、

3 印刷の向きを指定します。

4 ここをクリックして、

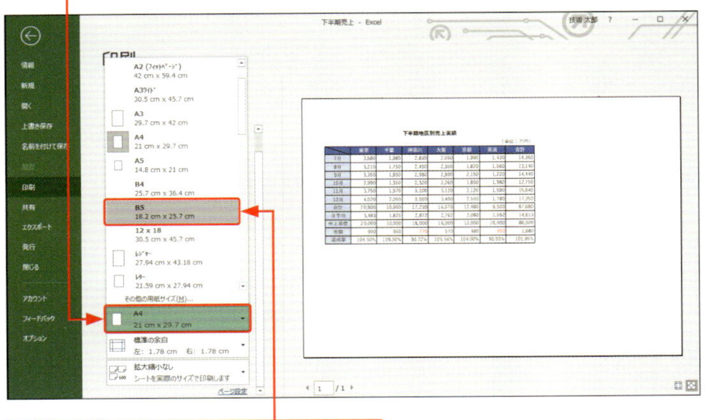

5 使用する用紙サイズを指定します。

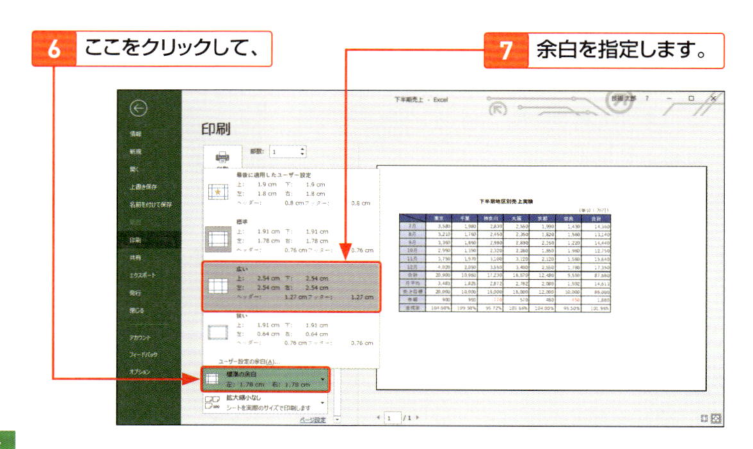

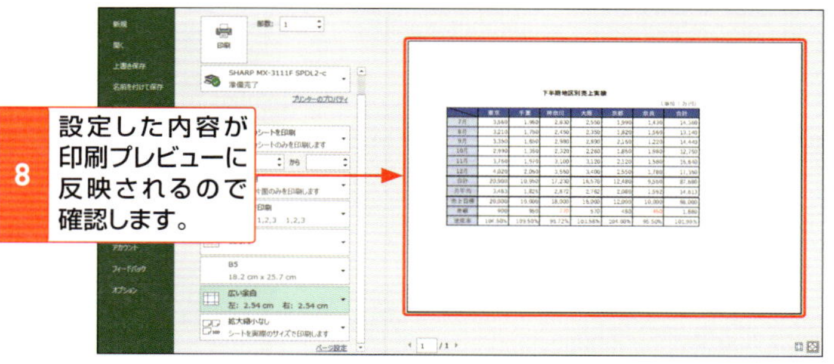

3 印刷を実行する

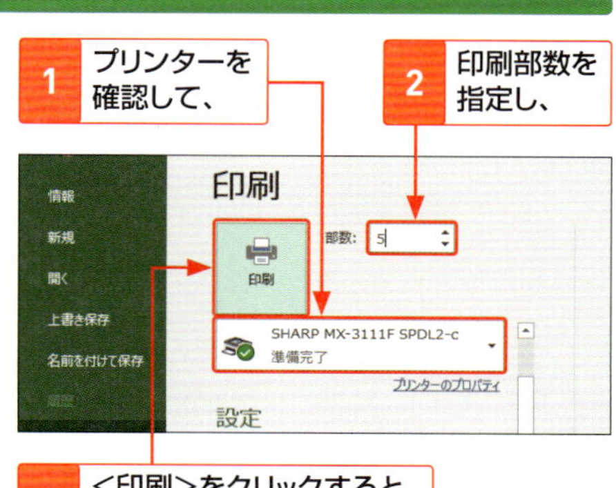

StepUp

プリンターの設定を変更する

プリンターの設定を変更する場合は、<プリンターのプロパティ>をクリックして、プリンターのプロパティ画面を表示します。

Hint

データを1ページに収めて印刷するには?

行や列が次のページに少しだけはみ出しているような場合は、右の操作を行うことで、1ページに収めて印刷することができます。

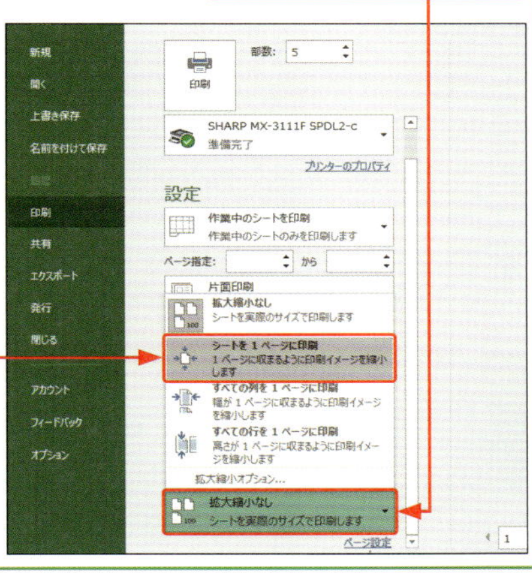

StepUp

拡大/縮小印刷や印刷位置を設定する

<印刷>画面の下にある<ページ設定>をクリックすると表示される<ページ設定>ダイアログボックスの<ページ>を利用すると、表の拡大/縮小率を指定して印刷することができます。また、<余白>では、表を用紙の左右中央や天地中央に印刷されるように設定できます。

拡大/縮小率の設定

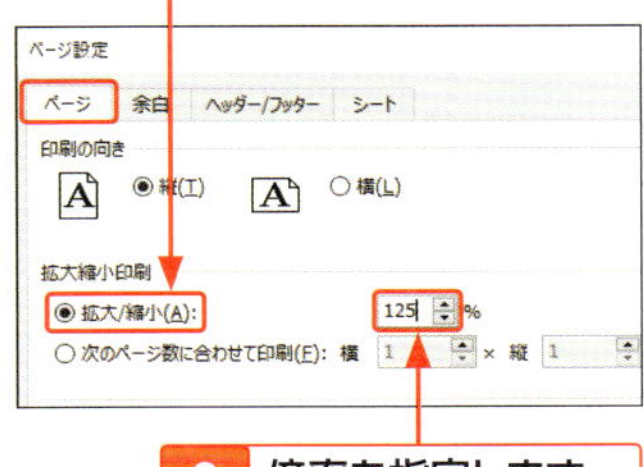

印刷位置の設定

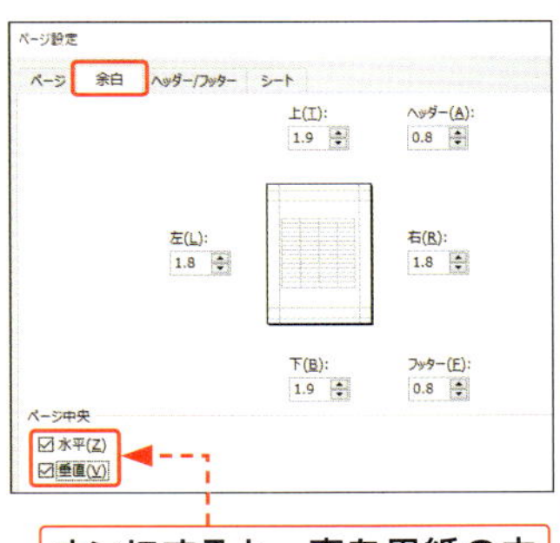

改ページ位置を変更する

サイズの大きい表を印刷すると、自動的にページが分割されますが、区切りのよい位置で分割されるとは限りません。このようなときは、**改ページプレビュー**を利用して、**改ページ位置を変更**します。

1 改ページプレビューを表示する

1 <表示>タブをクリックして、

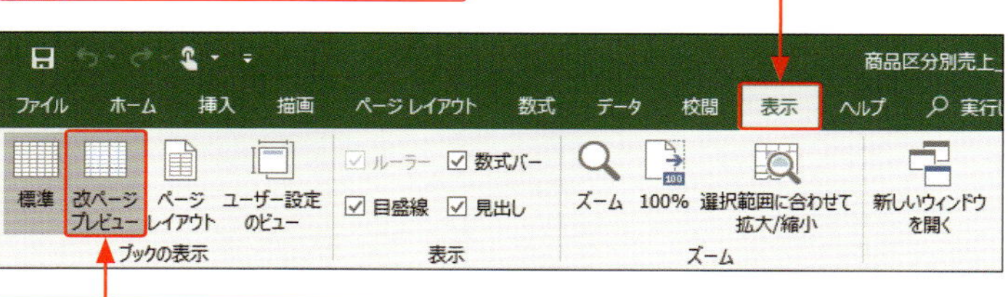

2 <改ページプレビュー>をクリックします。

3 改ページプレビューに切り替わり、印刷される領域が青い太枠で囲まれ、

A1

	A	B	C	D	E	F
27	下半期計	2,277,520	987,560	573,560	632,100	4,470,740
28	売上平均	379,587	164,593	95,593	105,350	745,123
29	売上目標	2,000,000	1,000,000	600,000	600,000	4,200,000
30	差額	277,520	-12,440	-26,440	32,100	270,740
31	達成率	113.88%	98.76%	95.59%	105.35%	106.45%
32						
33						
34	下半期商品区分別売上（神奈川）					
35						
36		デスク	テーブル	収納家具	文房具	合計
37	7月	715,360	513,500	96,000	115,000	1,439,860
38	8月	725,620	499,000	76,500	110,900	1,412,020
39	9月	715,780	521,200	111,200	124,000	1,472,180
40	10月	615,360	433,500	91,000	133,000	1,272,860
41	11月	735,620	619,000	86,500	113,000	1,554,120
42	12月	825,780	721,200	111,200	125,000	1,783,180
43	下半期計	4,333,520	3,307,400	572,400	720,900	8,934,220

Sheet1

準備完了

4 改ページ位置に破線が表示されます。

> **Memo**
>
> **改ページプレビュー**
>
> 改ページプレビューでは、改ページ位置やページ番号がワークシート上に表示されるので、どのページに何が印刷されるかを正確に把握することができます。

2 改ページ位置を移動する

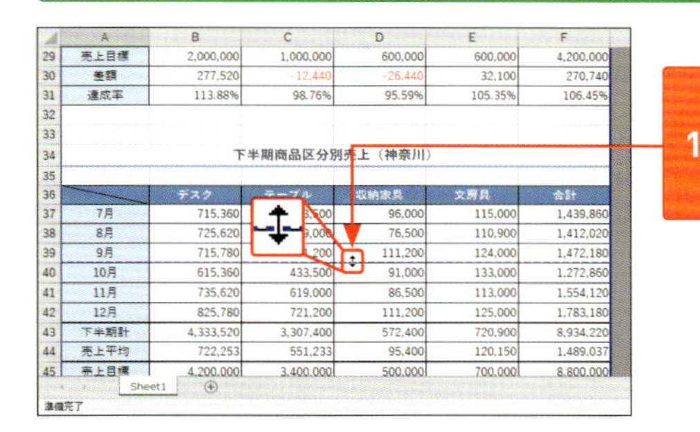

	A	B	C	D	E	F
29	売上目標	2,000,000	1,000,000	600,000	600,000	4,200,000
30	差額	277,520	-12,440	-26,440	32,100	270,740
31	達成率	113.88%	98.76%	95.59%	105.35%	106.45%
32						
33						
34			下半期商品区分別売上（神奈川）			
35						
36		デスク	テーブル	収納家具	文房具	合計
37	7月	715,360	3,500	96,000	115,000	1,439,860
38	8月	725,620	9,000	76,500	110,900	1,412,020
39	9月	715,780	1,200	111,200	124,000	1,472,180
40	10月	615,360	433,500	91,000	133,000	1,272,860
41	11月	735,620	619,000	86,500	113,000	1,554,120
42	12月	825,780	721,200	111,200	125,000	1,783,180
43	下半期計	4,333,520	3,307,400	572,400	720,900	8,934,220
44	売上平均	722,253	551,233	95,400	120,150	1,489,037
45	売上目標	4,200,000	3,400,000	500,000	700,000	8,800,000

Sheet1

準備完了

1 改ページ位置を示す青い破線にマウスポインターを合わせて、

	A	B	C	D	E	F
29	売上目標	2,000,000	1,000,000	600,000	600,000	4,200,000
30	差額	277,520	-12,440	-26,440	32,100	270,740
31	達成率	113.88%	98.76%	95.59%	105.35%	106.45%
32						
33						
34			下半期商品区分別売上（神奈川）			
35						
36		デスク	テーブル	収納家具	文房具	合計
37	7月	715,360	513,500	96,000	115,000	1,439,860
38	8月	725,620	499,000	76,500	110,900	1,412,020
39	9月	715,780	521,200	111,200	124,000	1,472,180
40	10月	615,360	433,500	91,000	133,000	1,272,860
41	11月	735,620	619,000	86,500	113,000	1,554,120
42	12月	825,780	721,200	111,200	125,000	1,783,180
43	下半期計	4,333,520	3,307,400	572,400	720,900	8,934,220
44	売上平均	722,253	551,233	95,400	120,150	1,489,037
45	売上目標	4,200,000	3,400,000	500,000	700,000	8,800,000

Sheet1

準備完了

2 改ページしたい位置までドラッグすると、

3 変更した改ページ位置が、青い太線で表示されます。

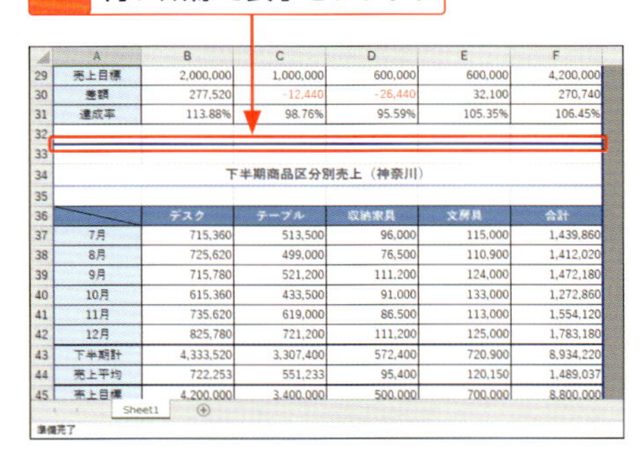

	A	B	C	D	E	F
29	売上目標	2,000,000	1,000,000	600,000	600,000	4,200,000
30	差額	277,520	-12,440	-26,440	32,100	270,740
31	達成率	113.88%	98.76%	95.59%	105.35%	106.45%
32						
33						
34			下半期商品区分別売上（神奈川）			
35						
36		デスク	テーブル	収納家具	文房具	合計
37	7月	715,360	513,500	96,000	115,000	1,439,860
38	8月	725,620	499,000	76,500	110,900	1,412,020
39	9月	715,780	521,200	111,200	124,000	1,472,180
40	10月	615,360	433,500	91,000	133,000	1,272,860
41	11月	735,620	619,000	86,500	113,000	1,554,120
42	12月	825,780	721,200	111,200	125,000	1,783,180
43	下半期計	4,333,520	3,307,400	572,400	720,900	8,934,220
44	売上平均	722,253	551,233	95,400	120,150	1,489,037
45	売上目標	4,200,000	3,400,000	500,000	700,000	8,800,000

Sheet1

準備完了

Hint 画面を標準ビューに戻すには?

改ページプレビューから標準の画面表示（標準ビュー）に戻すには、<表示>タブの<標準>をクリックします。

印刷イメージを見ながらページを調整する

ページレイアウトビューを利用すると、レイアウトを確認しながら、**はみ出している部分をページに収めたり**、**拡大や縮小印刷の設定**を行ったりすることができます。

1 ページレイアウトビューを表示する

1 ＜表示＞タブをクリックして、

2 ＜ページレイアウト＞をクリックすると、

3 ページレイアウトビューに切り替わります。

4 全体が見づらい場合は、ここをドラッグして表示倍率を変更します。

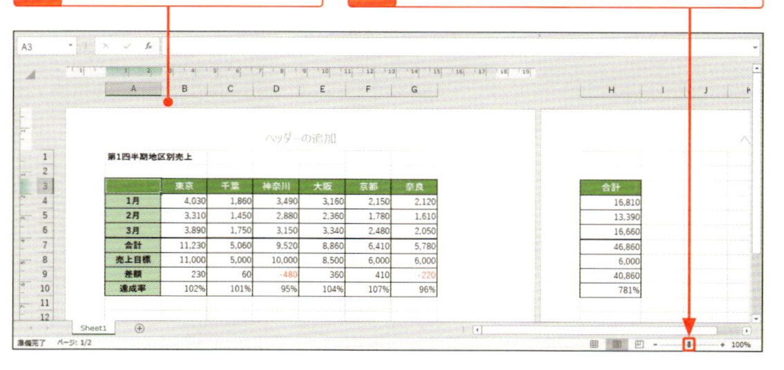

第1四半期地区別売上

	東京	千葉	神奈川	大阪	京都	奈良	合計
1月	4,030	1,860	3,490	3,160	2,150	2,120	16,810
2月	3,310	1,450	2,880	2,360	1,780	1,610	13,390
3月	3,890	1,750	3,150	3,340	2,480	2,050	16,660
合計	11,230	5,060	9,520	8,860	6,410	5,780	46,860
売上目標	11,000	5,000	10,000	8,500	6,000	6,000	6,000
差額	230	60	-480	360	410	-220	40,860
達成率	102%	101%	95%	104%	107%	96%	781%

Hint ページ中央への配置

ページレイアウトビューで作業をするときは、＜ページ設定＞ダイアログボックスの＜余白＞で表を用紙の左右中央に設定しておくと、調整しやすくなります（P.187のStepUp参照）。

2 印刷範囲を調整する

列がはみ出しているのを1ページに収めます。

1 <ページレイアウト>タブをクリックします。

2 <横>のここをクリックして、

3 <1ページ>をクリックすると、

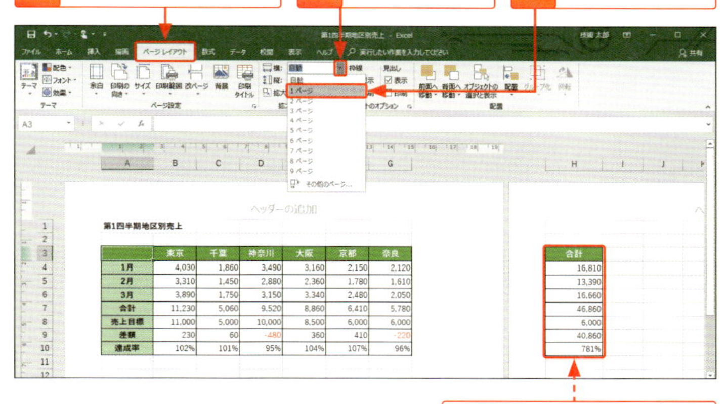

	東京	千葉	神奈川	大阪	京都	奈良
1月	4,030	1,860	3,490	3,160	2,150	2,120
2月	3,310	1,450	2,880	2,360	1,780	1,610
3月	3,890	1,750	3,150	3,340	2,480	2,050
合計	11,230	5,060	9,520	8,860	6,410	5,780
売上目標	11,000	5,000	10,000	8,500	6,000	6,000
差額	230	60	-480	360	410	-220
達成率	102%	101%	95%	104%	107%	96%

合計
16,810
13,390
16,660
46,860
6,000
40,860
781%

この部分があふれています。

4 表の横幅が1ページに収まります。

第1四半期地区別売上

	東京	千葉	神奈川	大阪	京都	奈良	合計
1月	4,030	1,860	3,490	3,160	2,150	2,120	16,810
2月	3,310	1,450	2,880	2,360	1,780	1,610	13,390
3月	3,890	1,750	3,150	3,340	2,480	2,050	16,660
合計	11,230	5,060	9,520	8,860	6,410	5,780	46,860
売上目標	11,000	5,000	10,000	8,500	6,000	6,000	6,000
差額	230	60	-480	360	410	-220	40,860
達成率	102%	101%	95%	104%	107%	96%	781%

Hint

行がはみ出している場合は?

行がはみ出している場合は、<縦>を<1ページ>に設定します。また、<拡大／縮小>で拡大／縮小率を設定することもできます。

<縦>を<1ページ>に設定します。

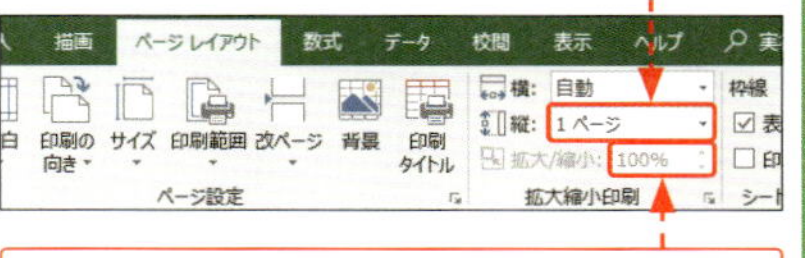

拡大／縮小率を設定することもできます。

ヘッダーとフッターを挿入する

複数のページの同じ位置にファイル名やページ番号などの情報を印刷したいときは、ヘッダーやフッターを挿入します。現在の日時やシート名、図なども挿入することができます。

■ヘッダーとフッターとは

シートの上部余白に印刷される情報のことを「ヘッダー」、下部余白に印刷される情報のことを「フッター」といいます。

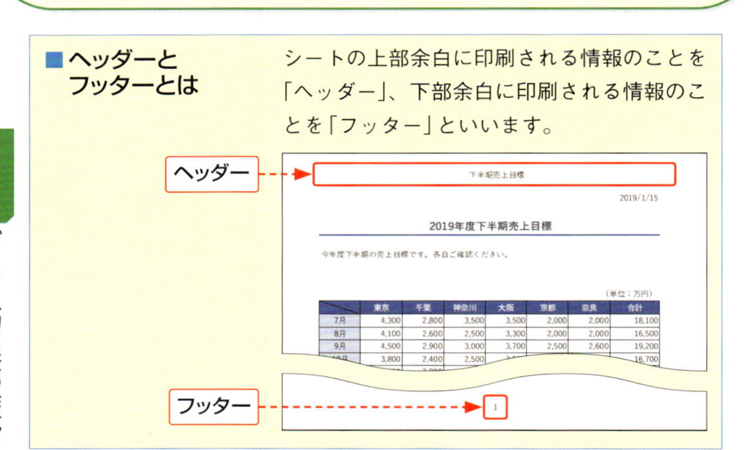

1 ヘッダーにファイル名を挿入する

1 <挿入>タブをクリックして、

2 <テキスト>をクリックし、

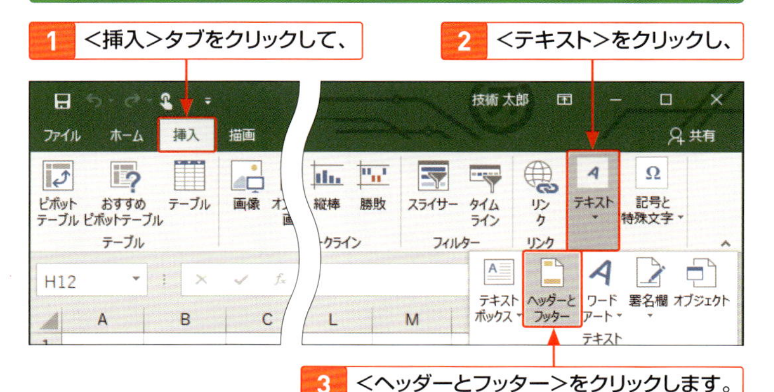

3 <ヘッダーとフッター>をクリックします。

4 ページレイアウトビューに切り替わり、ヘッダー領域の中央にカーソルが表示されます。

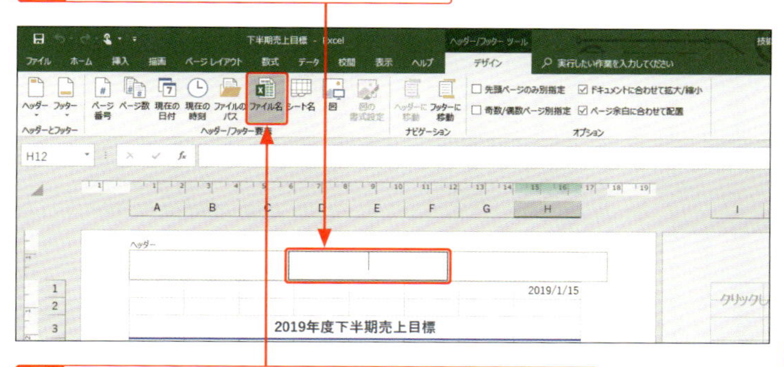

5 <デザイン>タブの<ファイル名>をクリックすると、

6 「&[ファイル名]」と挿入されます。

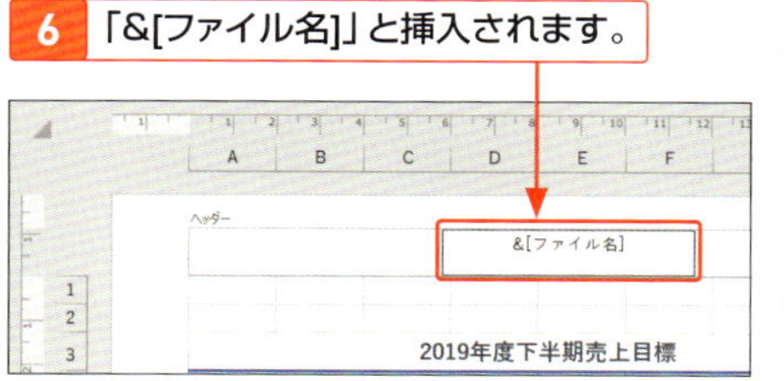

Hint

挿入位置を変更するには?

ヘッダーやフッターの位置を変えたいときは、左側あるいは右側の入力欄をクリックします。

7 フッター領域以外の部分をクリックすると、ファイル名が表示されます。

8 <表示>タブをクリックして、

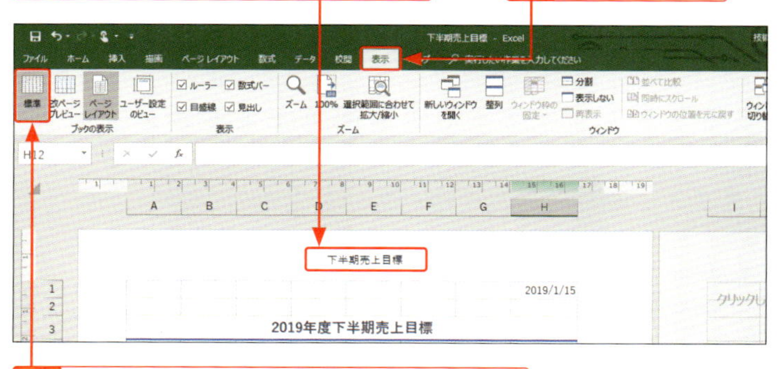

9 <標準>をクリックし、標準ビューに戻ります。

2 フッターにページ番号を挿入する

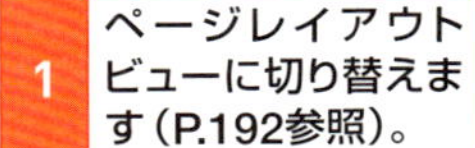

1 ページレイアウトビューに切り替えます（P.192参照）。

2 <デザイン>タブの<フッターに移動>をクリックすると、

3 フッター領域の中央にカーソルが表示されます。

4 <ページ番号>をクリックすると、

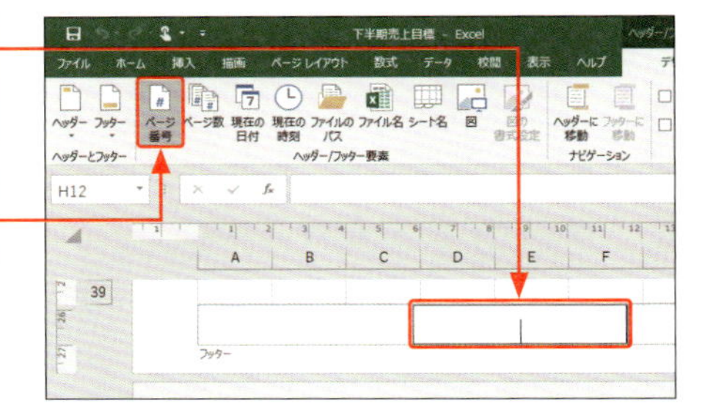

5 「&[ページ番号]」と挿入されます。

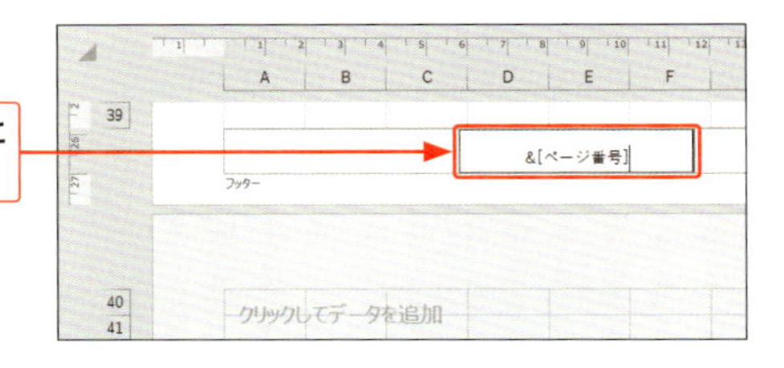

6 フッター領域以外の部分をクリックすると、ページ番号が表示されます。

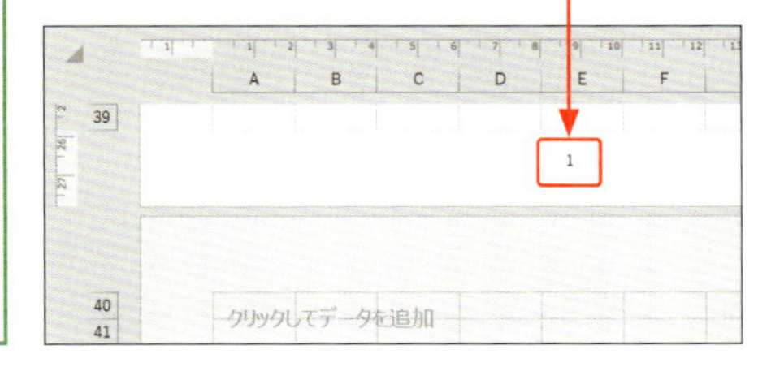

Hint

先頭ページに番号を付けたくない場合は?

先頭ページに番号を付けたくない場合は、<デザイン>タブの<先頭ページのみ別指定>をオンにします。

Memo

ヘッダーとフッターに設定できる項目

ヘッダーとフッターは、＜デザイン＞タブにある9種類のコマンドを使って設定することができます。それぞれのコマンドの機能は下図の通りです。これ以外に、任意の文字や数値を直接入力することもできます。

作業中のファイルがあるフォルダーのパスとファイル名の挿入

ページ番号の挿入

印刷時の日付の挿入

作業中のファイル名の挿入

画像ファイルの挿入

ページ番号　ページ数　現在の日付　現在の時刻　ファイルのパス　ファイル名　シート名　図　図の書式設定

ヘッダー/フッター要素

総ページ数の挿入

印刷時の時刻の挿入

作業中のシート名の挿入

挿入した画像の設定の変更

StepUp

＜ページ設定＞ダイアログボックスを利用する

ヘッダーとフッターは、＜ページ設定＞ダイアログボックスの＜ヘッダー／フッター＞を利用しても設定することができます。＜ページ設定＞ダイアログボックスは、＜ページレイアウト＞タブの＜ページ設定＞グループにある をクリックすると表示されます。

これらをクリックして、一覧からヘッダーやフッターの要素を指定します。

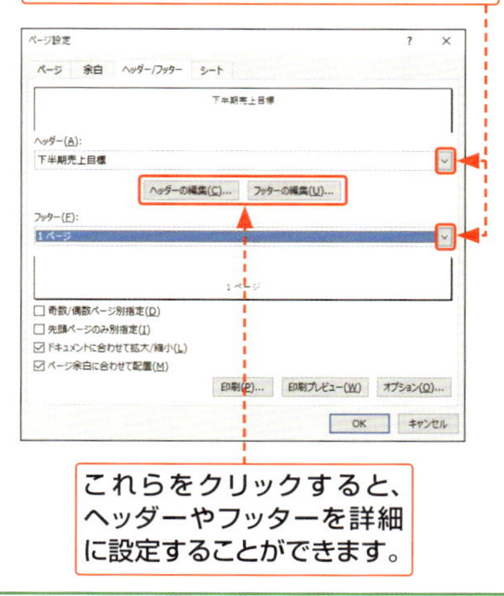

これらをクリックすると、ヘッダーやフッターを詳細に設定することができます。

指定した範囲だけを印刷する

大きな表の中の一部だけを印刷したい場合は、**指定したセル範囲だけを印刷**することができます。また、いつも同じ部分を印刷する場合は、セル範囲を**印刷範囲として設定**しておくと便利です。

1 選択したセル範囲だけを印刷する

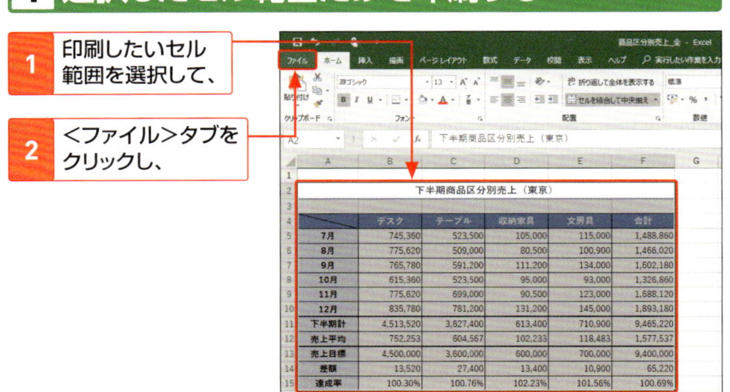

下半期商品区分別売上（東京）					
	デスク	テーブル	収納家具	文房具	合計
7月	745,360	523,500	105,000	115,000	1,488,860
8月	775,620	509,000	80,500	100,900	1,466,020
9月	765,780	591,200	111,200	134,000	1,602,180
10月	615,360	523,500	95,000	93,000	1,326,860
11月	775,620	699,000	90,500	123,000	1,688,120
12月	835,780	781,200	131,200	145,000	1,893,180
下半期計	4,513,520	3,627,400	613,400	710,900	9,465,220
売上平均	752,253	604,567	102,233	118,483	1,577,537
売上目標	4,500,000	3,600,000	600,000	700,000	9,400,000
差額	13,520	27,400	13,400	10,900	65,220
達成率	100.30%	100.76%	102.23%	101.56%	100.69%

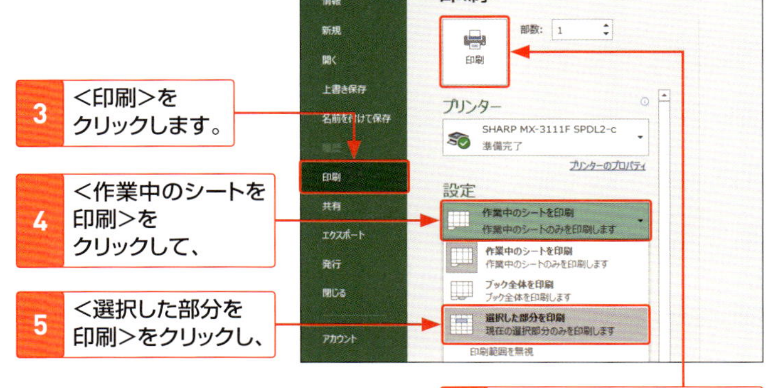

2 印刷範囲を設定する

1 印刷範囲に設定するセル範囲を選択して、

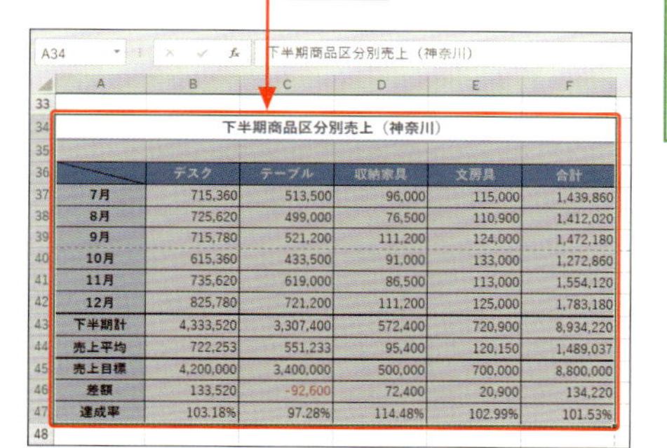

A34 下半期商品区分別売上（神奈川）

下半期商品区分別売上（神奈川）

	デスク	テーブル	収納家具	文房具	合計
7月	715,360	513,500	96,000	115,000	1,439,860
8月	725,620	499,000	76,500	110,900	1,412,020
9月	715,780	521,200	111,200	124,000	1,472,180
10月	615,360	433,500	91,000	133,000	1,272,860
11月	735,620	619,000	86,500	113,000	1,554,120
12月	825,780	721,200	111,200	125,000	1,783,180
下半期計	4,333,520	3,307,400	572,400	720,900	8,934,220
売上平均	722,253	551,233	95,400	120,150	1,489,037
売上目標	4,200,000	3,400,000	500,000	700,000	8,800,000
差額	133,520	-92,600	72,400	20,900	134,220
達成率	103.18%	97.28%	114.48%	102.99%	101.53%

Memo

印刷範囲の設定

いつも同じ部分を印刷する場合は、印刷範囲を設定しておくと便利です。

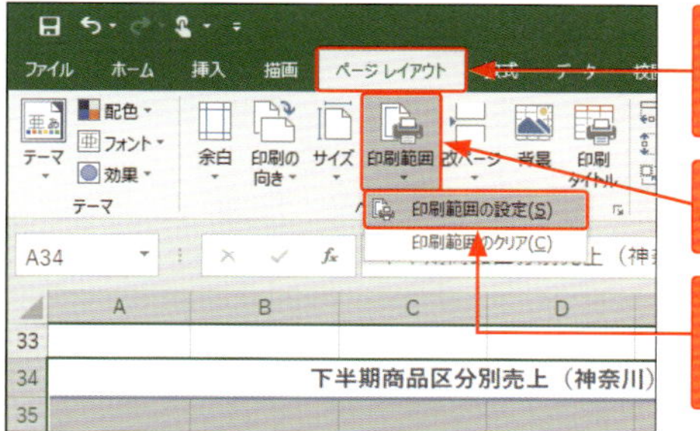

2 ＜ページレイアウト＞タブをクリックします。

3 ＜印刷範囲＞をクリックして、

4 ＜印刷範囲の設定＞をクリックすると、

Print_Ar... 下半期商品区分別売上（神奈川）

下半期商品区分別売上（神奈川）

	デスク	テーブル	収納家具	文房具	合計
7月	715,360	513,500	96,000	115,000	1,439,860
8月	725,620	499,000	76,500	110,900	1,412,020
9月	715,780	521,200	111,200	124,000	1,472,180
10月	615,360	433,500	91,000	133,000	1,272,860
11月	735,620	619,000	86,500	113,000	1,554,120
12月	825,780	721,200	111,200	125,000	1,783,180
下半期計	4,333,520	3,307,400	572,400	720,900	8,934,220
売上平均	722,253	551,233	95,400	120,150	1,489,037
売上目標	4,200,000	3,400,000	500,000	700,000	8,800,000
差額	133,520	-92,600	72,400	20,900	134,220
達成率	103.18%	97.28%	114.48%	102.99%	101.53%

5 印刷範囲が設定されます。

＜名前ボックス＞に「Print_Area」と表示されます。

Hint

印刷範囲の設定を解除するには?

印刷範囲の設定を解除するには、手順**4**で＜印刷範囲のクリア＞をクリックします。

2ページ目以降に見出しを付けて印刷する

複数のページにまたがる大きな表を印刷すると、2ページ目以降には見出しが印刷されないため、見づらくなってしまいます。この場合は、**すべてのページに見出しが印刷されるように設定**します。

1 印刷用の列見出しを設定する

この行をタイトル行に設定します。

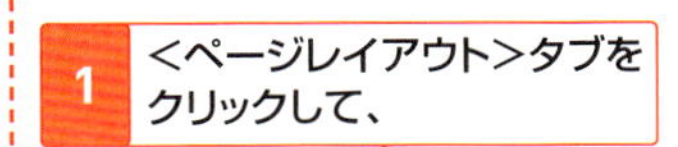

1 ＜ページレイアウト＞タブをクリックして、

2 ＜印刷タイトル＞をクリックします。

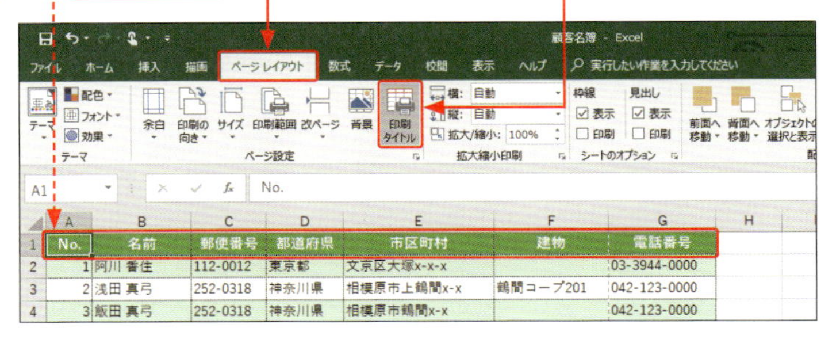

3 ＜タイトル行＞のボックスをクリックして、

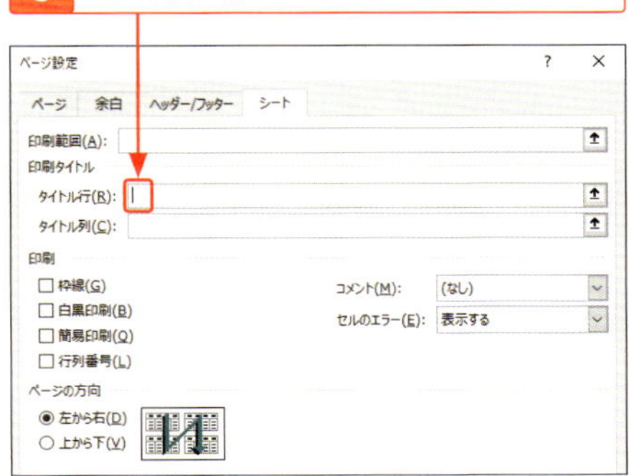

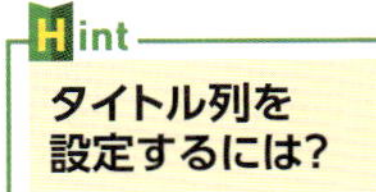

Hint

タイトル列を設定するには?

タイトル列を設定するには、手順3で＜タイトル列＞のボックスをクリックして、見出しに設定したい列を指定します。

4 見出しにしたい行番号をクリックすると、

5 タイトル行が指定されます。

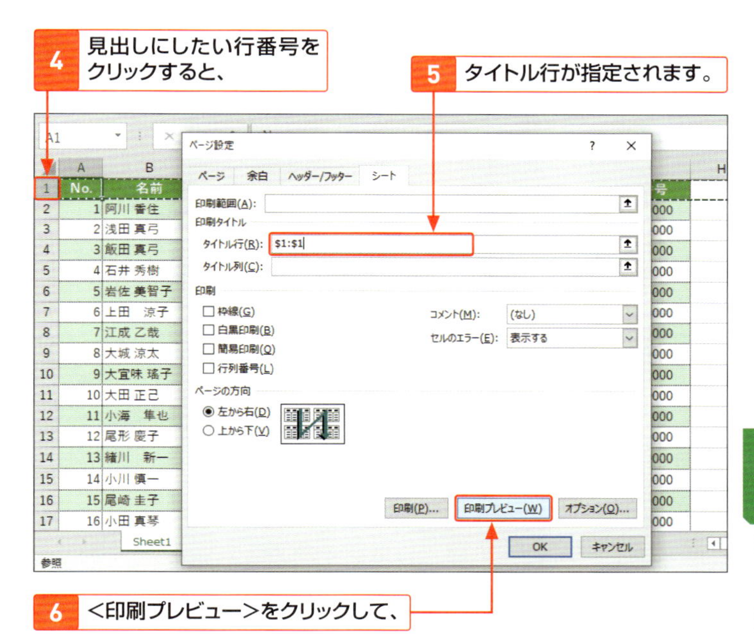

6 <印刷プレビュー>をクリックして、

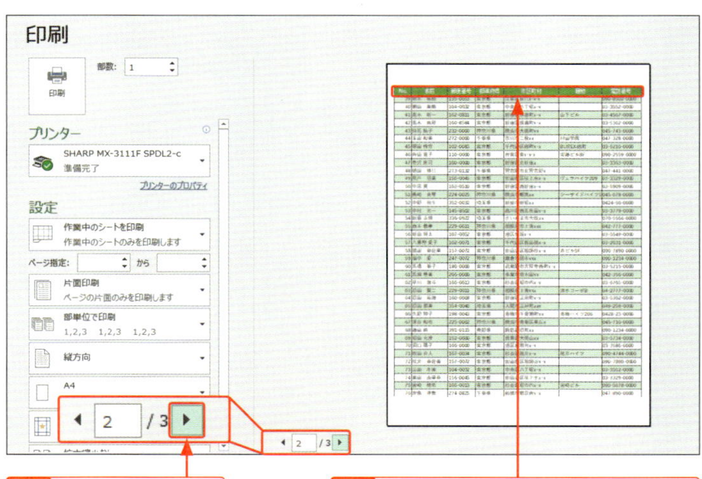

7 <次のページ>をクリックすると、

8 次ページが表示され、列見出しが付いていることを確認できます。

グラフだけを印刷する

表のデータをもとに作成したグラフを印刷すると、通常は、表とグラフがいっしょに印刷されます。グラフだけを印刷したい場合は、**グラフをクリックして選択してから、印刷を実行**します。

1 グラフだけを印刷する

1 グラフエリアの何もないところをクリックしてグラフを選択し、

2 <ファイル>タブをクリックして、

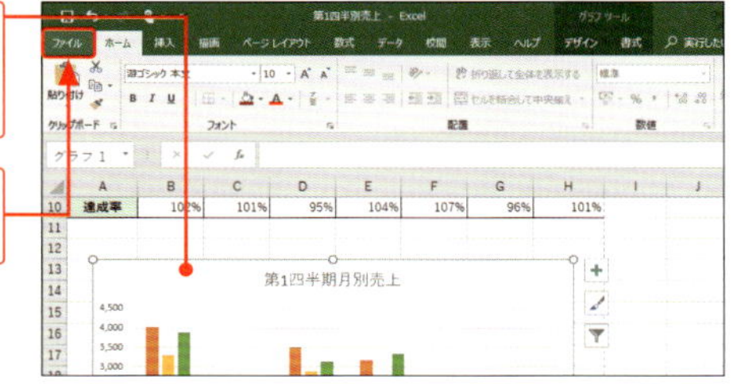

3 <印刷>をクリックします。

4 グラフのサイズに適した用紙が選択され、グラフが用紙いっぱいに印刷されるように拡大されます。

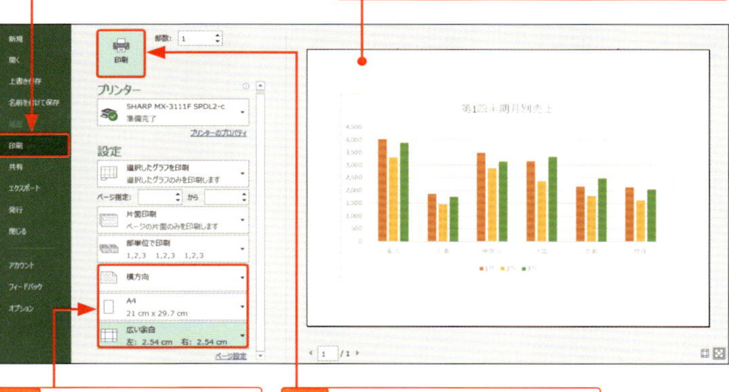

5 必要に応じて、印刷の向きや用紙、余白などを設定して、

6 <印刷>をクリックします。

第3章

数式や関数の利用

数式を入力する

数値を計算するには、結果を表示するセルに数式を入力します。数式は、セル内に数値や算術演算子を入力して計算するほかに、数値のかわりにセル参照を指定して計算することができます。

■ **数式とは**

「数式」とは、さまざまな計算をするための計算式のことです。「=」(等号)と数値データ、算術演算子と呼ばれる記号(*、/、+、−など)を入力して結果を求めます。数値を入力するかわりにセルの位置などを指定して計算することもできます。「=」や数値、算術演算子などは、すべて半角で入力します。

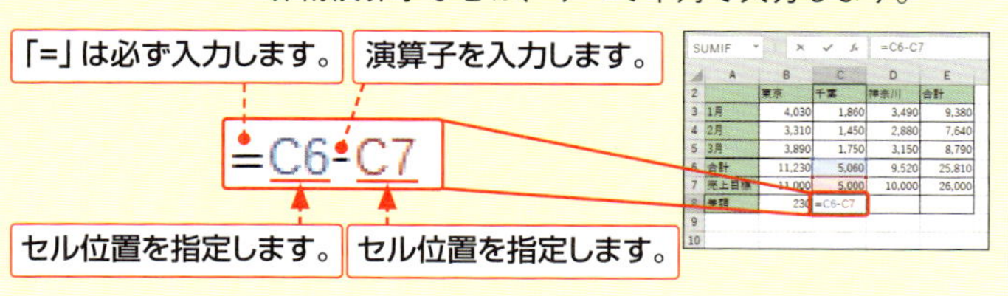

1 数式を入力して計算する

Memo

文字書式

この章で使用している表には、数値に桁区切りスタイルを設定しています。文字の表示形式については、Excelの部 第4章で解説します。

セル［B8］にセル［B6］の合計とセル［B7］の売上目標の差額を計算します。

1 差額を計算するセルをクリックして、半角で「=」を入力します。

SUMIF　=

	A	B	C	D	E	F	G
1	第1四半期地区別売上						
2		東京	千葉	神奈川	合計		
3	1月	4,030	1,860	3,490	9,380		
4	2月	3,310	1,450	2,880	7,640		
5	3月	3,890	1,750	3,150	8,790		
6	合計	11,230	5,060	9,520	25,810		
7	売上目標	11,000	5,000	10,000	26,000		
8	差額	=					

2 続いて半角で「11230-11000」と入力して、

3 Enter を押すと、

	A	B	C	D	E	F
1	第1四半期地区別売上					
2		東京	千葉	神奈川	合計	
3	1月	4,030	1,860	3,490	9,380	
4	2月	3,310	1,450	2,880	7,640	
5	3月	3,890	1,750	3,150	8,790	
6	合計	11,230	5,060	9,520	25,810	
7	売上目標	11,000	5,000	10,000	26,000	
8	差額	=11230-11000				
9						
10						

Keyword

算術演算子

「算術演算子」(演算子)とは、数式の中の算術演算に用いられる記号のことで、以下のようなものがあります。

+ 足し算
− 引き算
* かけ算
/ 割り算
^ べき乗
% パーセンテージ

	A	B	C	D	E	F
1	第1四半期地区別売上					
2		東京	千葉	神奈川	合計	
3	1月	4,030	1,860	3,490	9,380	
4	2月	3,310	1,450	2,880	7,640	
5	3月	3,890	1,750	3,150	8,790	
6	合計	11,230	5,060	9,520	25,810	
7	売上目標	11,000	5,000	10,000	26,000	
8	差額	230				
9						
10						

4 計算結果が表示されます。

2 セル参照を利用して計算する

セル [C8] にセル [C6] の合計とセル [C7] の売上目標の差額を計算します。

1 差額を計算するセルに、半角で「=」を入力します。

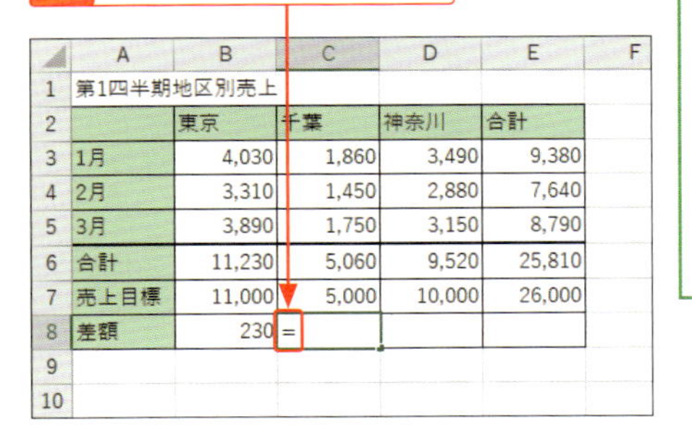

	A	B	C	D	E	F
1	第1四半期地区別売上					
2		東京	千葉	神奈川	合計	
3	1月	4,030	1,860	3,490	9,380	
4	2月	3,310	1,450	2,880	7,640	
5	3月	3,890	1,750	3,150	8,790	
6	合計	11,230	5,060	9,520	25,810	
7	売上目標	11,000	5,000	10,000	26,000	
8	差額	230	=			
9						
10						

Keyword

セル参照

「セル参照」とは、数式の中で数値のかわりにセルの位置を指定することです。セル参照を利用すると、データを修正した場合、計算結果が自動的に更新されます。

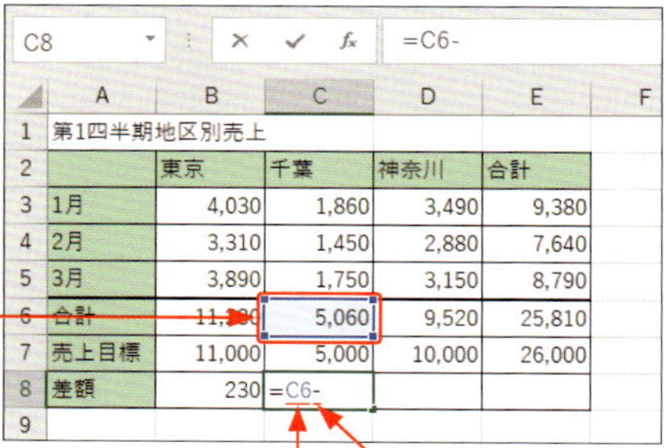

C8 =C6-

	A	B	C	D	E	F
1	第1四半期地区別売上					
2		東京	千葉	神奈川	合計	
3	1月	4,030	1,860	3,490	9,380	
4	2月	3,310	1,450	2,880	7,640	
5	3月	3,890	1,750	3,150	8,790	
6	合計	11,230	5,060	9,520	25,810	
7	売上目標	11,000	5,000	10,000	26,000	
8	差額	230	=C6-			
9						

2 参照するセルをクリックすると、

3 クリックしたセルの位置［C6］が入力されます。

4 「－」（マイナス）を入力して、

Memo

セルの位置

セルの位置は、列番号と行番号を組み合わせて表します。たとえば［C6］は、列「C」と行「6」の交差するセルを指します。

5 参照するセルをクリックすると、

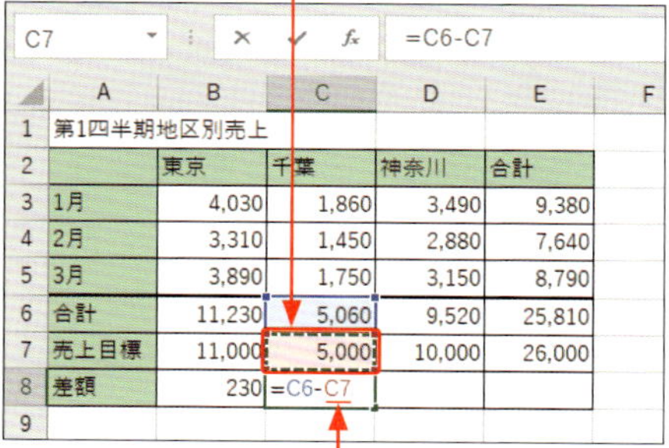

C7 =C6-C7

	A	B	C	D	E	F
1	第1四半期地区別売上					
2		東京	千葉	神奈川	合計	
3	1月	4,030	1,860	3,490	9,380	
4	2月	3,310	1,450	2,880	7,640	
5	3月	3,890	1,750	3,150	8,790	
6	合計	11,230	5,060	9,520	25,810	
7	売上目標	11,000	5,000	10,000	26,000	
8	差額	230	=C6-C7			
9						

6 クリックしたセルの位置［C7］が入力されます。

7 Enter を押すと、

	A	B	C	D	E	F
1	第1四半期地区別売上					
2		東京	千葉	神奈川	合計	
3	1月	4,030	1,860	3,490	9,380	
4	2月	3,310	1,450	2,880	7,640	
5	3月	3,890	1,750	3,150	8,790	
6	合計	11,230	5,060	9,520	25,810	
7	売上目標	11,000	5,000	10,000	26,000	
8	差額	230	60			
9						

8 計算結果が表示されます。

Hint

数式の入力を取り消すには？

数式の入力を途中で取り消したい場合は、Esc を押します。

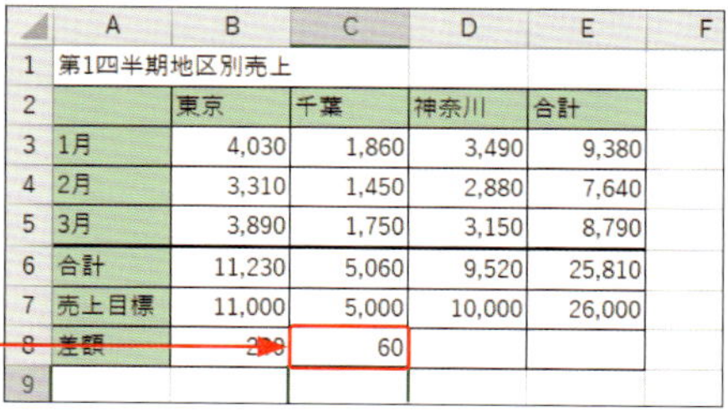

3 ほかのセルに数式をコピーする

セル [C8] には、「=C6-C7」という数式が入力されています(P.202、P.203参照)。

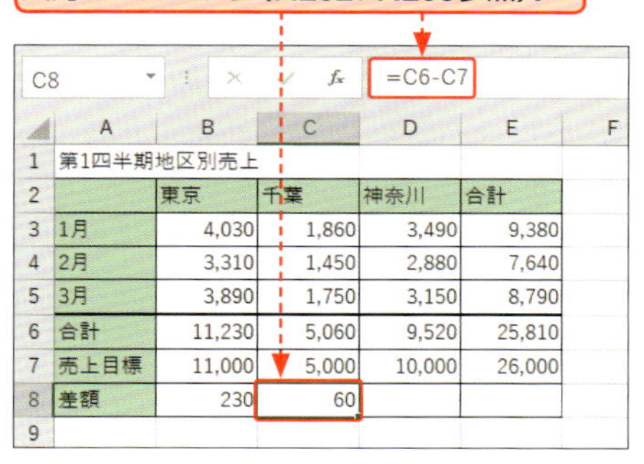

	A	B	C	D	E
1	第1四半期地区別売上				
2		東京	千葉	神奈川	合計
3	1月	4,030	1,860	3,490	9,380
4	2月	3,310	1,450	2,880	7,640
5	3月	3,890	1,750	3,150	8,790
6	合計	11,230	5,060	9,520	25,810
7	売上目標	11,000	5,000	10,000	26,000
8	差額	230	60		

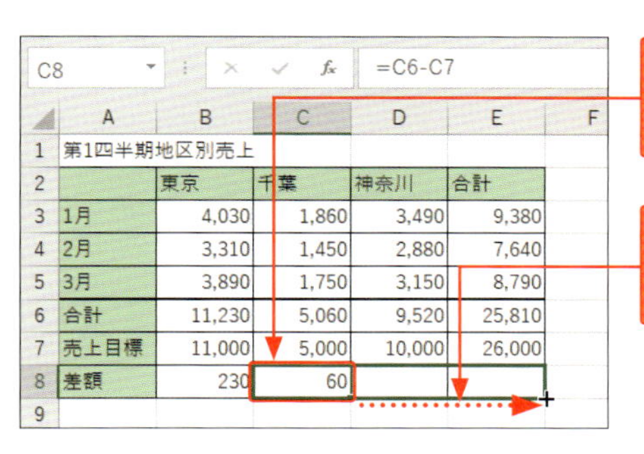

	A	B	C	D	E
1	第1四半期地区別売上				
2		東京	千葉	神奈川	合計
3	1月	4,030	1,860	3,490	9,380
4	2月	3,310	1,450	2,880	7,640
5	3月	3,890	1,750	3,150	8,790
6	合計	11,230	5,060	9,520	25,810
7	売上目標	11,000	5,000	10,000	26,000
8	差額	230	60		

1 数式が入力されているセル [C8] をクリックして、

2 フィルハンドルをセル [E8] までドラッグすると、

たとえばセル [E8] の数式は、セル [E6] とセル [E7] の差額を計算する数式に変わります。

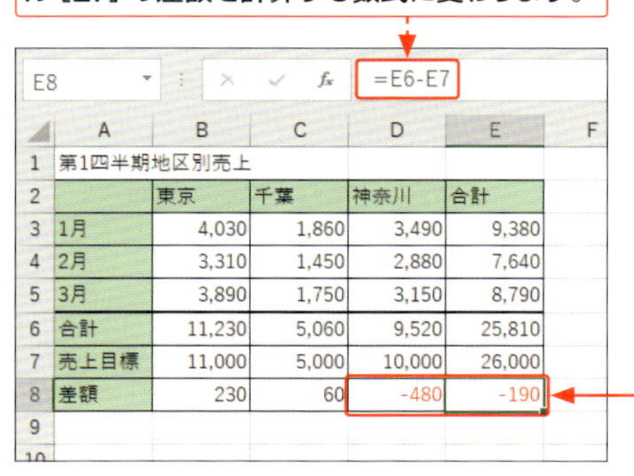

	A	B	C	D	E
1	第1四半期地区別売上				
2		東京	千葉	神奈川	合計
3	1月	4,030	1,860	3,490	9,380
4	2月	3,310	1,450	2,880	7,640
5	3月	3,890	1,750	3,150	8,790
6	合計	11,230	5,060	9,520	25,810
7	売上目標	11,000	5,000	10,000	26,000
8	差額	230	60	-480	-190

3 数式がコピーされます。

Memo

数式をコピーする

数式をコピーするには、数式が入力されているセル範囲を選択し、フィルハンドル(セルの右下隅にあるグリーンの四角形)をコピー先までドラッグします。

Memo

数式が入力されているセルのコピー

数式が入力されているセルをコピーすると、参照先のセルもそのセルと相対的な位置関係が保たれるように、セル参照が自動的に変化します。

計算する範囲を変更する

数式内のセルの位置に対応するセル範囲は色付きの枠（カラーリファレンス）で囲まれて表示されます。この枠をドラッグすることで、計算する範囲を変更することができます。

1 参照先のセル範囲を変更する

1 数式が入力されたセルをダブルクリックして、カラーリファレンスを表示します。

2 参照先のセル範囲を示す枠にマウスポインターを合わせると、ポインターの形が変わるので、

	A	B	C	D	E	F
1	第1四半期地区別売上					
2		東京	千葉	神奈川	合計	
3	1月		1,860	3,490	5,890	
4	2月		1,450	2,880	7,640	
5	3月	3,890	1,750	3,150	8,790	
6	合計	11,230	5,060	9,520	22,320	
7	売上目標	11,000	5,000	10,000	26,000	
8	差額	230	60	-480	-3680	
9	達成率	1.020909	=C5/C7			
10						

SUMIF　=C5/C7

3 セル［C6］までカラーリファレンスの枠をドラッグします。

	A	B	C	D	E	F
1	第1四半期地区別売上					
2		東京	千葉	神奈川	合計	
3	1月	4,030	1,860	3,490	5,890	
4	2月	3,310	1,450	2,880	7,640	
5	3月	3,890	1,750	3,150	8,790	
6	合計	11,230	5,060	9,520	22,320	
7	売上目標	11,000	5,000	10,000	26,000	
8	差額	230	60	-480	-3680	
9	達成率	1.020909	=C6/C7			
10						

SUMIF　=C6/C7

枠を移動すると、数式のセルの位置も変更されます。

Keyword

カラーリファレンス

「カラーリファレンス」とは、数式内のセルの位置とそれに対応するセル範囲に色を付けて、対応関係を示す機能のことです。

2 参照先のセル範囲を広げる

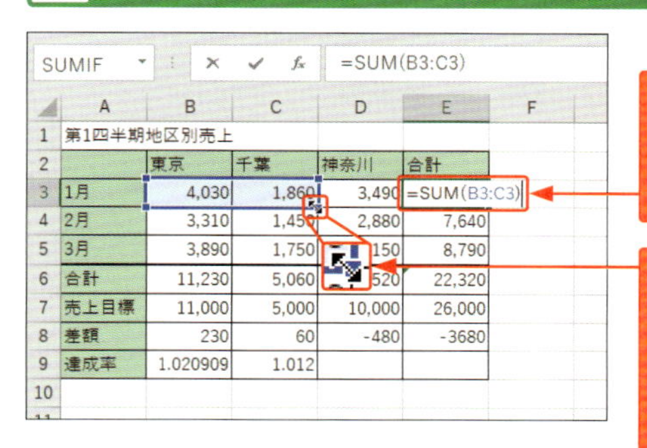

1 数式が入力されたセルをダブルクリックして、カラーリファレンスを表示します。

2 参照先のセル範囲を示す枠の右下隅のハンドルにマウスポインターを合わせると、ポインターの形が変わるので、

3 セル［D3］までドラッグします。

4 Enterを押すと、

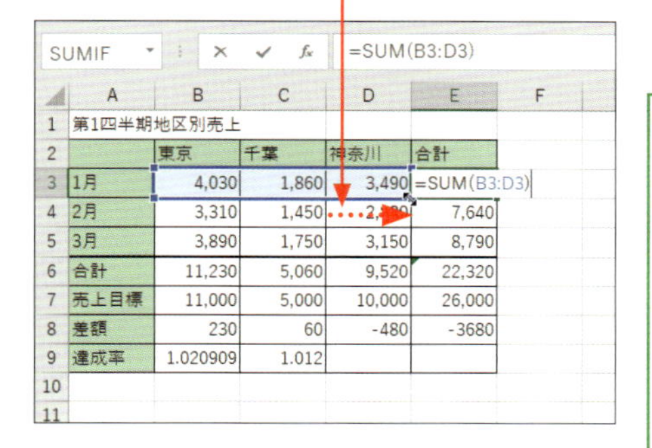

5 参照するセル範囲が変更され、合計が再計算されます。

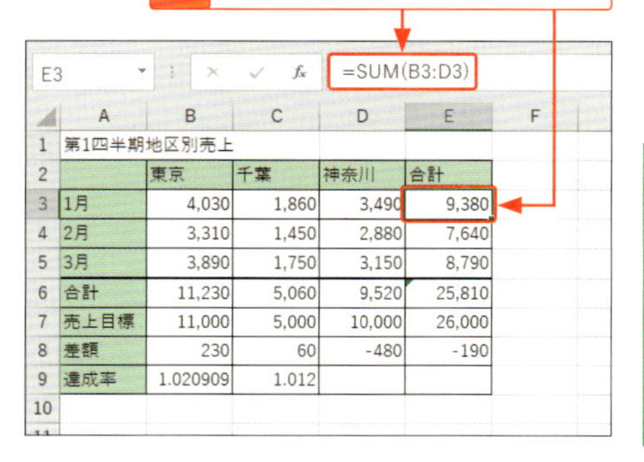

	A	B	C	D	E
1	第1四半期地区別売上				
2		東京	千葉	神奈川	合計
3	1月	4,030	1,860	3,490	9,380
4	2月	3,310	1,450	2,880	7,640
5	3月	3,890	1,750	3,150	8,790
6	合計	11,230	5,060	9,520	25,810
7	売上目標	11,000	5,000	10,000	26,000
8	差額	230	60	-480	-190
9	達成率	1.020909	1.012		

Memo

セル範囲の指定

連続するセル範囲を指定するときは、開始セルと終了セルを「:」（コロン）で区切ります。たとえば手順**5**の図では、セル［B3］、［C3］、［D3］の値の合計を求めているので、「B3:D3」と指定しています。

Memo

参照先はどの方向にも広げられる

カラーリファレンスに表示される四隅のハンドルをドラッグすることで、参照先をどの方向にも広げる（狭める）ことができます。

数式をコピーしたときのセルの参照先について～参照方式

セルの参照方式には、相対参照、絶対参照、複合参照があり、目的に応じて使い分けることができます。ここでは、3種類の参照方式の違いと、参照方式の切り替え方法を確認しておきましょう。

1 相対参照・絶対参照・複合参照の違い

相対参照

Keyword
相対参照
「相対参照」とは、数式が入力されているセルを基点として、ほかのセルの位置を相対的な位置関係で指定する参照方式のことです。

数式「=B3/C3」が入力されています。

	A	B	C	D	E
1	文具売上				
2	商品名	売上高	売上目標	達成率	
3	ノート	10050	6000	=B3/C3	
4	ボールペン	5078	4000	=B4/C4	
5	色鉛筆	9240	5000	=B5/C5	
6	消しゴム	4620	2500	=B6/C6	
7					

数式をコピーすると、参照先が自動的に変更されます。

絶対参照

Keyword
絶対参照
「絶対参照」とは、参照するセルの位置を固定する参照方式のことです。数式をコピーしても、参照するセルの位置は変更されません。

数式「B3/$B$7」が入力されています。

	A	B	C	D
1	売上構成比			
2	商品名	売上高	構成比	
3	ノート	10050	=B3/$B$7	
4	ボールペン	5078	=B4/$B$7	
5	色鉛筆	9240	=B5/$B$7	
6	消しゴム	4620	=B6/$B$7	
7	合計	=SUM(B3:B6)		
8				

数式をコピーすると、「$」が付いた参照先は［B7］のまま固定されます。

複合参照

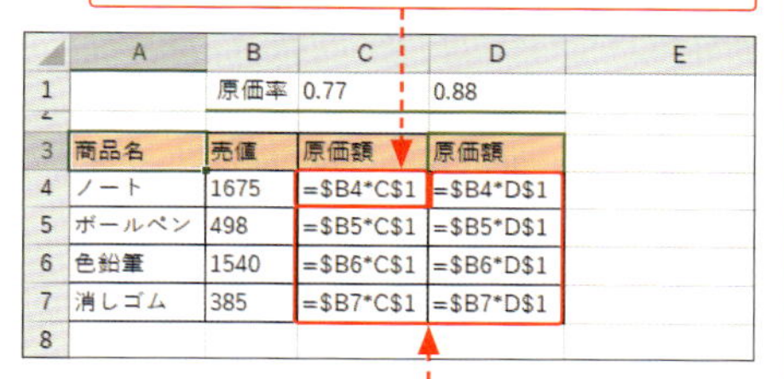

	A	B	C	D	E
1		原価率	0.77	0.88	
2					
3	商品名	売価	原価額	原価額	
4	ノート	1675	=$B4*C$1	=$B4*D$1	
5	ボールペン	498	=$B5*C$1	=$B5*D$1	
6	色鉛筆	1540	=$B6*C$1	=$B6*D$1	
7	消しゴム	385	=$B7*C$1	=$B7*D$1	
8					

Keyword

複合参照

「複合参照」とは、相対参照と絶対参照を組み合わせた参照方式のことです。「列が相対参照、行が絶対参照」「列が絶対参照、行が相対参照」の2種類があります。

2 参照方式を切り替える

1 「=」を入力して、参照先のセル（ここではセル［A1］）をクリックします。

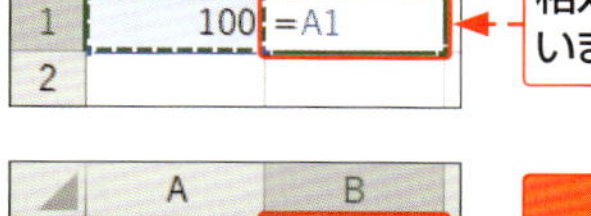

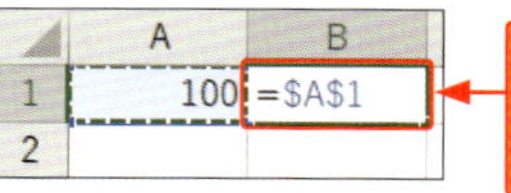

2 F4を押すと、参照方式が絶対参照に切り替わります。

Memo

参照方式の切り替え

参照方式の切り替えは、F4を使うとかんたんです。F4を押すたびに参照方式が切り替わります。

3 続けてF4を押すと、「列が相対参照、行が絶対参照」の複合参照に切り替わります。

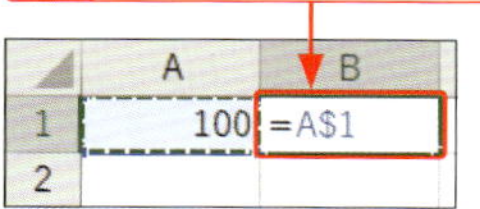

4 続けてF4を押すと、「列が絶対参照、行が相対参照」の複合参照に切り替わります。

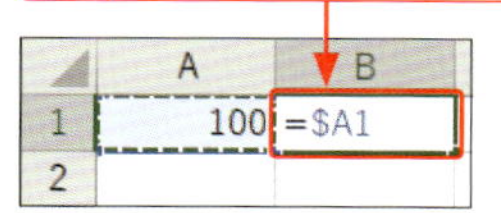

Hint

あとから参照方式を変更するには？

入力を確定してしまったセルの位置の参照方式を変更するには、目的のセルをダブルクリックしてから、変更したいセルの位置をドラッグして選択し、F4を押します。

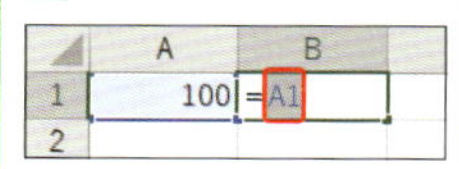

数式をコピーしてもセルの位置が変わらないようにする〜絶対参照

初期設定では相対参照が使用されているので、コピー先のセルの位置に合わせて参照先のセルが自動的に変更されます。**特定のセルを常に参照させたい**場合は、**絶対参照**を利用します。

1 数式を相対参照でコピーした場合

売値×原価率から原価額を求めます。

参照先のセル

1 原価額を求めるために、セル[B5]とセル[C2]を参照した数式(ここでは「=B5*C2」)を入力します。

	A	B	C
1	文具原価計算		
2		原価率	0.77
3			
4	商品名	売値	原価額
5	ノート	1,675	=B5*C2
6	シャープペン	1,080	
7	色鉛筆	1,540	
8	消しゴム	385	

2 Enter を押して、計算結果を求め、

3 数式を入力したセルをコピーします。

	A	B	C
1	文具原価計算		
2		原価率	0.77
3			
4	商品名	売値	原価額
5	ノート	1,675	1,290
6	シャープペン	1,080	
7	色鉛筆	1,540	
8	消しゴム	385	

Memo 相対参照の利用

セル[C5]をセル範囲[C6:C8]にコピーすると、相対参照を使用しているために、計算結果が正しく求められません。

	A	B	C
1	文具原価計算		
2		原価率	0.77
3			
4	商品名	売値	原価額
5	ノート	1,675	1,290
6	シャープペン	1,080	0
7	色鉛筆	1,540	#VALUE!
8	消しゴム	385	496,554

4 正しい計算結果が表示されません。

2 数式を絶対参照にしてコピーする

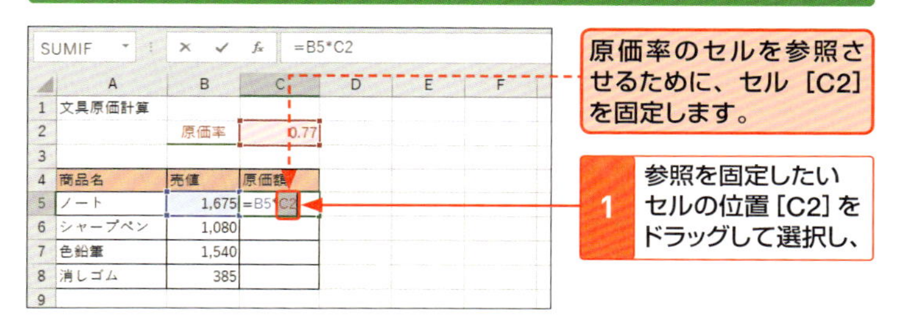

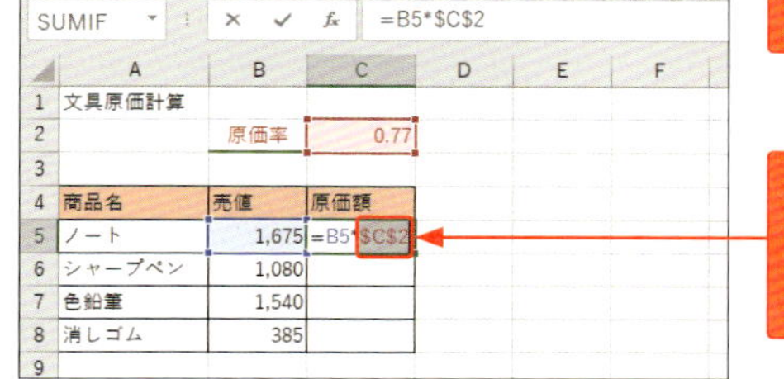

2 F4 を押すと、

3 セル［C2］が［$C$2］に変わり、絶対参照になります。

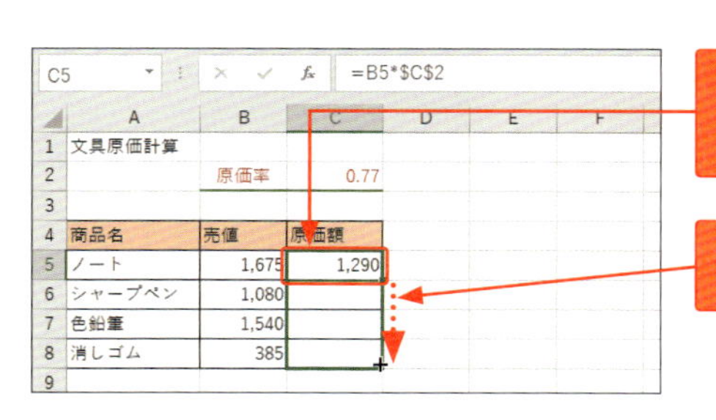

4 Enter を押して、計算結果を表示します。

5 数式を入力したセルをコピーすると、

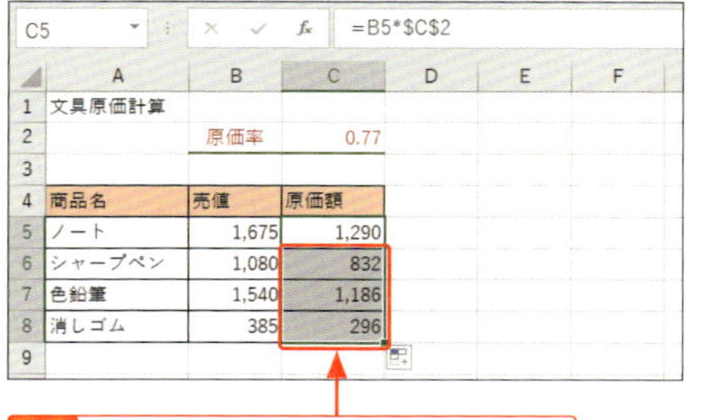

6 正しい計算結果が表示されます。

Memo

絶対参照の利用

参照を固定したいセル［C2］を絶対参照に変更すると、セル［C5］の数式をセル範囲［C6:C8］にコピーしても、セル［C2］へのセル参照が保持され、計算が正しく行われます。

数式をコピーしても行／列が変わらないようにする～複合参照

セル参照が入力されたセルをコピーするときに、**行と列のどちらか一方を絶対参照**にして、**もう一方を相対参照**にしたい場合は、複合参照を利用します。

1 複合参照でコピーする

1 「=B5」と入力して、F4を3回押すと、

2 列［B］が絶対参照、行［5］が相対参照になります。

B5 =$B5

	A	B	C	D	E
1	文具原価計算				
2		原価率	0.77	0.88	
3					
4	商品名	売値	原価額	原価額	
5	ノート	1,675	=$B5		
6	シャープペン	1,080			
7	色鉛筆	1,540			
8	消しゴム	385			
9					
10					

3 「*C2」と入力して、F4を2回押すと、

C2 =$B5*C$2

	A	B	C	D	E
1	文具原価計算				
2		原価率	0.77	0.88	
3					
4	商品名	売値	原価額	原価額	
5	ノート	1,675	=$B5*C$2		
6	シャープペン	1,080			
7	色鉛筆	1,540			
8	消しゴム	385			
9					
10					

4 列［C］が相対参照、行［2］が絶対参照になります。

Memo

複合参照の利用

列［B］に「売値」、行［2］に「原価率」を入力し、それぞれの項目が交差する位置に原価額を求める表を作成する場合、原価額を求める数式は、常に列［B］と行［2］のセルを参照する必要があります。このようなときは、列または行のいずれかの参照先を固定する複合参照を利用します。

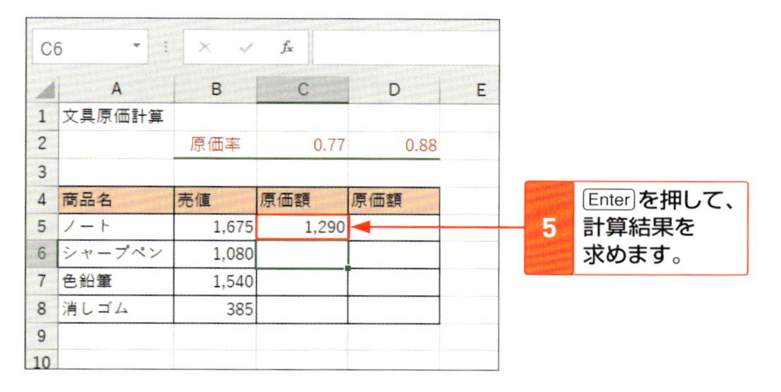

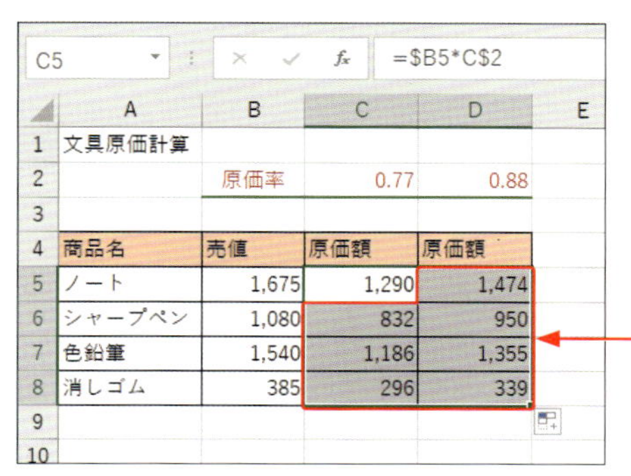

6
セル［C5］の数式を、計算するセル範囲にコピーします。

数式を表示して確認する

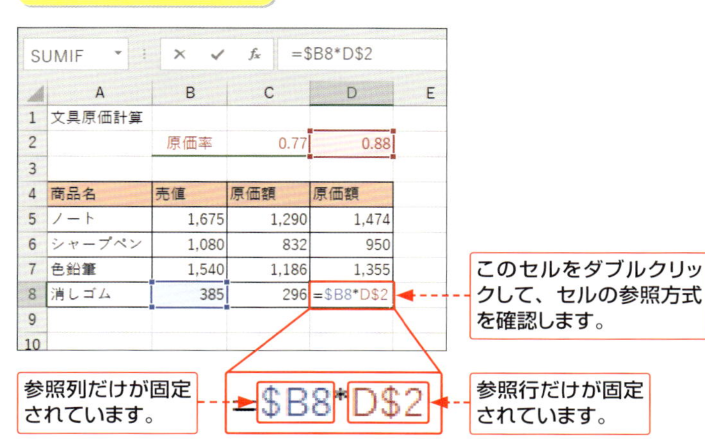

合計や平均を計算する

表を作成する際は、行や列の合計を求める作業が頻繁に行われます。この場合は<オートSUM>を利用すると、数式を入力する手間が省け、計算ミスを防ぐことができます。

1 連続したセル範囲のデータの合計を求める

1 連続するデータの下のセルをクリックして、

2 <数式>タブをクリックし、

3 <オートSUM>のここをクリックします。

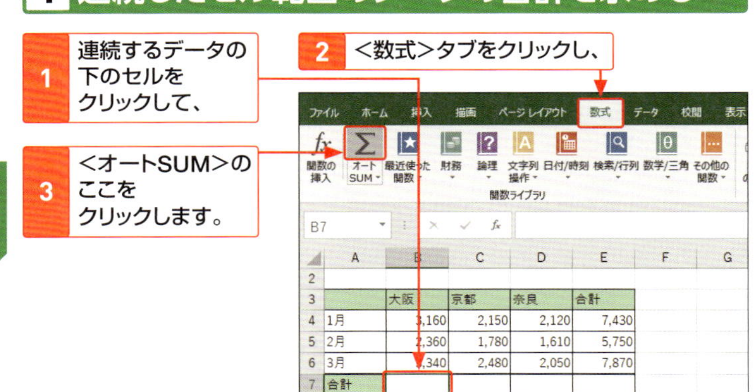

	A	B	C	D	E	F	G
2							
3		大阪	京都	奈良	合計		
4	1月	3,160	2,150	2,120	7,430		
5	2月	2,360	1,780	1,610	5,750		
6	3月	3,340	2,480	2,050	7,870		
7	合計						
8							

SUM関数

4 計算の対象となる範囲が自動的に選択されるので、

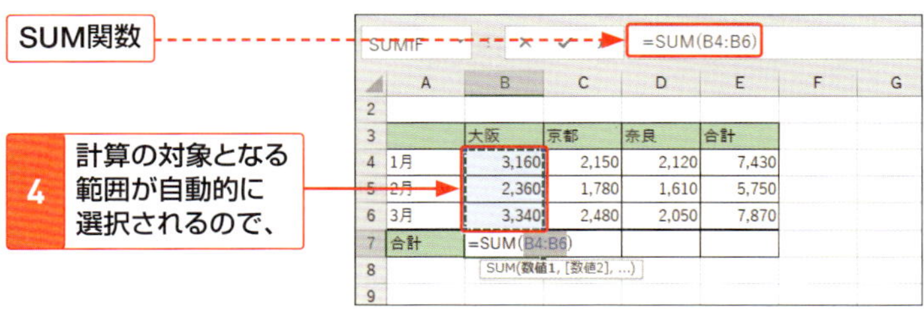

	A	B	C	D	E	F	G
2							
3		大阪	京都	奈良	合計		
4	1月	3,160	2,150	2,120	7,430		
5	2月	2,360	1,780	1,610	5,750		
6	3月	3,340	2,480	2,050	7,870		
7	合計	=SUM(B4:B6)					
8							
9							

5 確認して Enter を押すと、

6 連続するデータの合計が求められます。

	A	B	C	D	E	F	G
2							
3		大阪	京都	奈良	合計		
4	1月	3,160	2,150	2,120	7,430		
5	2月	2,360	1,780	1,610	5,750		
6	3月	3,340	2,480	2,050	7,870		
7	合計	8,860					
8							

2 離れた位置にあるセルに合計を求める

1 合計を入力するセルをクリックして、

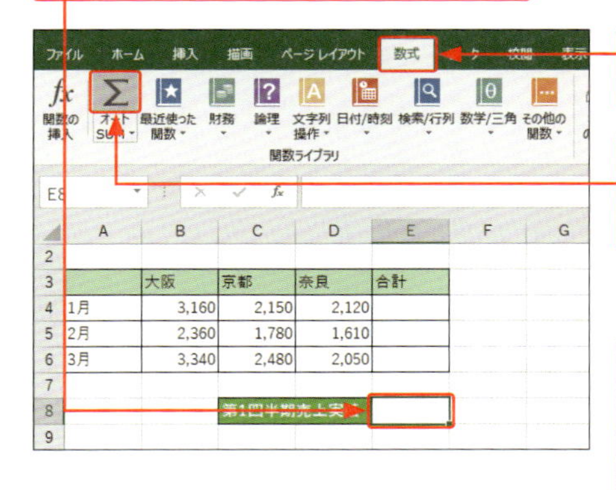

	A	B	C	D	E	F	G
2							
3		大阪	京都	奈良	合計		
4	1月	3,160	2,150	2,120			
5	2月	2,360	1,780	1,610			
6	3月	3,340	2,480	2,050			
7							
8			第1四半期売上実績				
9							

2 <数式>タブをクリックし、

3 <オートSUM>のここをクリックします。

=SUM(B4:D6)

	A	B	C	D	E	F	G
2							
3		大阪	京都	奈良	合計		
4	1月	3,160	2,150	2,120			
5	2月	2,360	1,780	1,610			
6	3月	3,340	2,480	2,050			
7					3R x 3C		
8			第1四半期売上実績		=SUM(B4:D6)		
9					SUM(数値1, [数値2], ...)		
10							

4 合計の対象とするデータのセル範囲をドラッグして、

	A	B	C	D	E
2					
3		大阪	京都	奈良	合計
4	1月	3,160	2,150	2,120	
5	2月	2,360	1,780	1,610	
6	3月	3,340	2,480	2,050	
7					
8			第1四半期売上実績		21,050
9					
10					

5 Enter を押すと、

6 指定したセル範囲の合計が求められます。

Memo
セル範囲をドラッグして指定する

離れた位置にあるセルや、別のワークシートに合計を求める場合は、セル範囲をドラッグして指定します。

Keyword
SUM関数

<オートSUM>を利用して合計を求めたセルには、引数（P.218参照）に指定された数値やセル範囲の合計を求める「SUM関数」が入力されています。<オートSUM>は、<ホーム>タブの<編集>グループから利用することもできます。

書式：＝SUM（数値1, [数値2] ,…）

3 複数の列や行の合計をまとめて求める

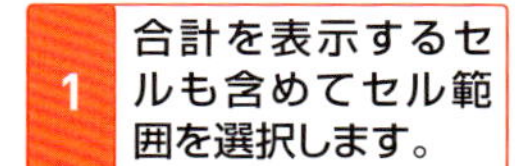

1 合計を表示するセルも含めてセル範囲を選択します。

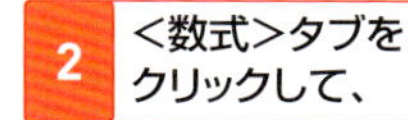

2 <数式>タブをクリックして、

3 <オートSUM>のここをクリックすると、

ファイル ホーム 挿入 描画 ページレイアウト 数式 データ 校閲 表示

関数の挿入 オートSUM 最近使った関数 財務 論理 文字列操作 日付/時刻 検索/行列 数学/三角 その他の関数

関数ライブラリ

A3

	A	B	C	D	E	F	G
3		大阪	京都	奈良	合計		
4	1月	3,160	2,150	2,120			
5	2月	2,360	1,780	1,610			
6	3月	3,340	2,480	2,050			
7	合計						
8	月平均						

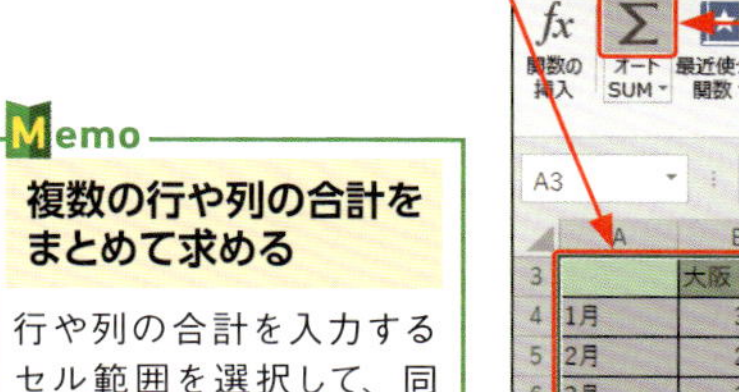

Memo

複数の行や列の合計をまとめて求める

行や列の合計を入力するセル範囲を選択して、同様に操作すると、複数の行や列の合計をまとめて求めることができます。

B4 3160

	A	B	C	D	E	F	G
3		大阪	京都	奈良	合計		
4	1月	3,160	2,150	2,120	7,430		
5	2月	2,360	1,780	1,610	5,750		
6	3月	3,340	2,480	2,050	7,870		
7	合計	8,860	6,410	5,780	21,050		
8	月平均						
9							

4 列の合計と行の合計がまとめて求められます。

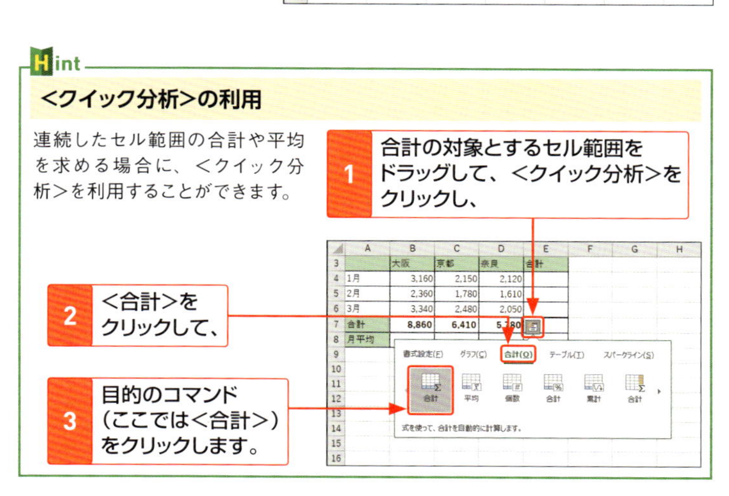

Hint

<クイック分析>の利用

連続したセル範囲の合計や平均を求める場合に、<クイック分析>を利用することができます。

1 合計の対象とするセル範囲をドラッグして、<クイック分析>をクリックし、

2 <合計>をクリックして、

3 目的のコマンド(ここでは<合計>)をクリックします。

4 平均を求める

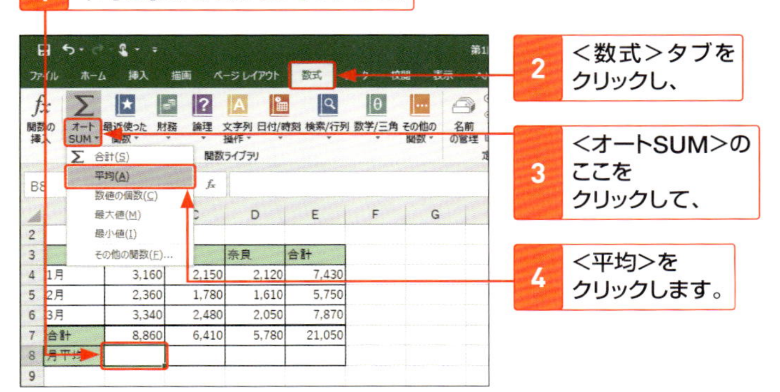

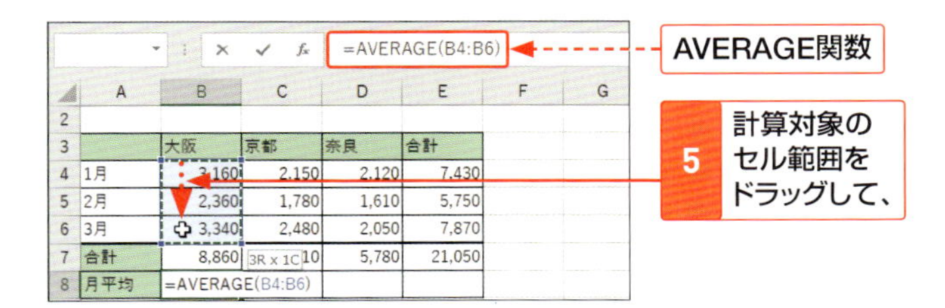

6 Enterを押すと、

	A	B	C	D	E
3		大阪	京都	奈良	合計
4	1月	3,160	2,150	2,120	7,430
5	2月	2,360	1,780	1,610	5,750
6	3月	3,340	2,480	2,050	7,870
7	合計	8,860	6,410	5,780	21,050
8	月平均	2,953			

7 指定したセル範囲の平均が求められます。

Keyword

AVERAGE関数

「AVERAGE関数」は、引数に指定された数値やセル範囲の平均を求める関数です。

書式：＝AVERAGE（数値1,［数値2］,…）

第3章 数式や関数の利用

関数を入力する

関数とは、**特定の計算を自動的に行うためにExcelにあらかじめ用意されている機能**のことです。関数を利用すれば、面倒な計算や各種作業をかんたんに効率的に行うことができます。

■ **関数の書式**

関数は、先頭に「=」(等号) を付けて関数名を入力し、後ろに引数をカッコ「( )」で囲んで指定します。引数とは、計算や処理に必要な数値やデータのことです。引数の数が複数ある場合は、引数と引数の間を「,」(カンマ) で区切ります。引数に連続する範囲を指定する場合は、開始セルと終了セルを「:」(コロン) で区切ります。関数名や記号はすべて半角で入力します。

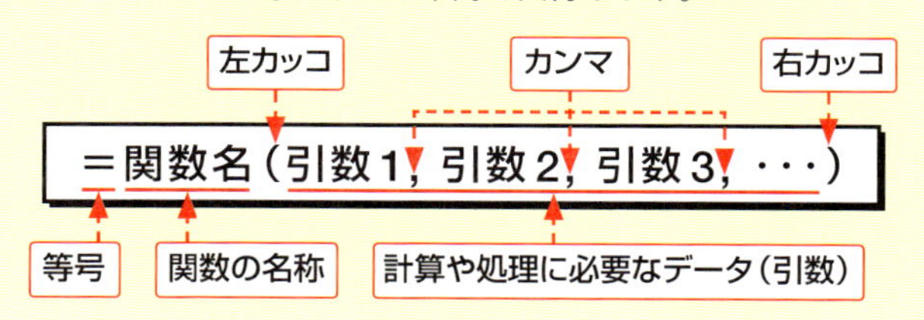

1 <関数ライブラリ>から関数を入力する

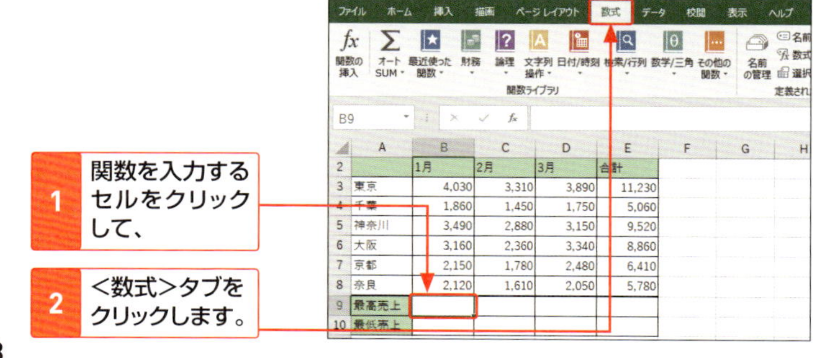

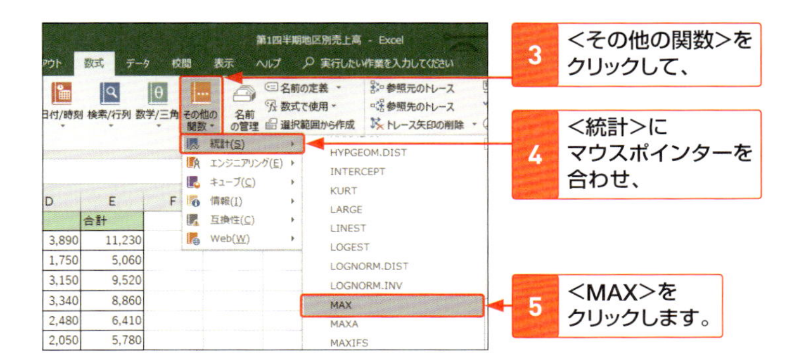

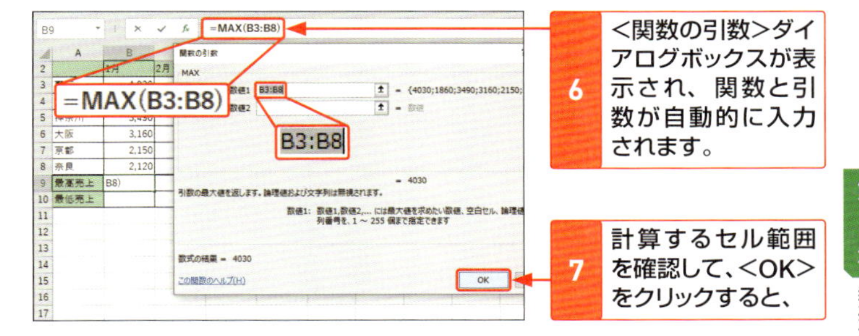

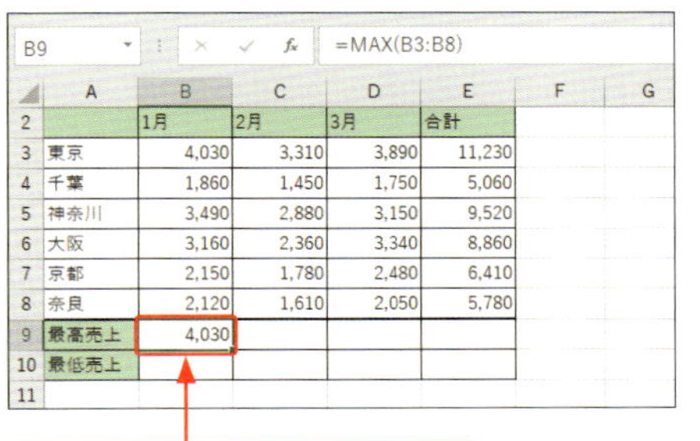

	A	B	C	D	E
2		1月	2月	3月	合計
3	東京	4,030	3,310	3,890	11,230
4	千葉	1,860	1,450	1,750	5,060
5	神奈川	3,490	2,880	3,150	9,520
6	大阪	3,160	2,360	3,340	8,860
7	京都	2,150	1,780	2,480	6,410
8	奈良	2,120	1,610	2,050	5,780
9	最高売上	4,030			
10	最低売上				

8 関数が入力され、計算結果が表示されます。

Memo

引数の指定

関数が入力されたセルの上方向または左方向のセルに数値が入力されていると、それらのセルが自動的に引数として選択されます。

Keyword

MAX関数

「MAX関数」は、引数に指定された数値やセル範囲の最大値を求める関数です。
書式：＝MAX（引数1,［引数2］,…）

2 <関数の挿入>から関数を入力する

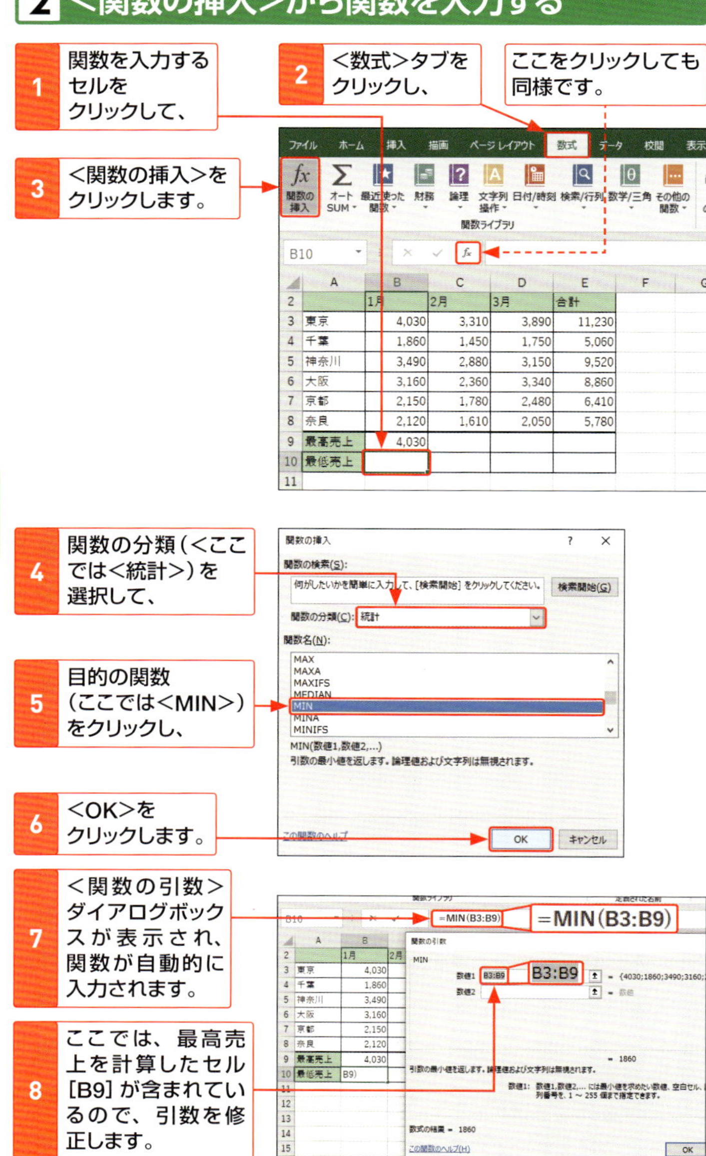

1 関数を入力するセルをクリックして、

2 <数式>タブをクリックし、

3 <関数の挿入>をクリックします。

4 関数の分類(<ここでは<統計>)を選択して、

5 目的の関数(ここでは<MIN>)をクリックし、

6 <OK>をクリックします。

7 <関数の引数>ダイアログボックスが表示され、関数が自動的に入力されます。

8 ここでは、最高売上を計算したセル[B9]が含まれているので、引数を修正します。

9 引数に指定するセル範囲をドラッグして選択し直します。

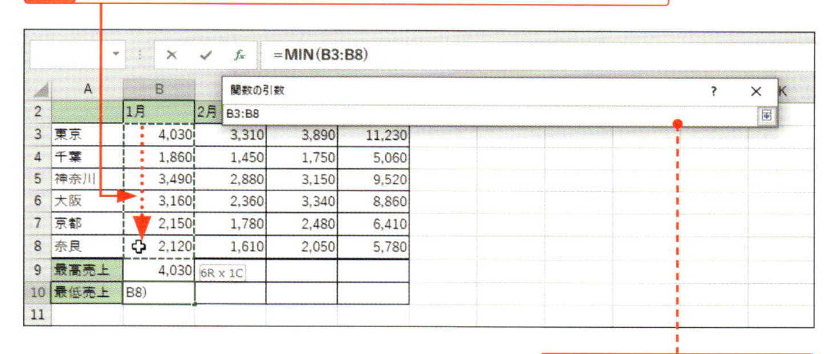

セル範囲のドラッグ中は、ダイアログボックスが折りたたまれます。

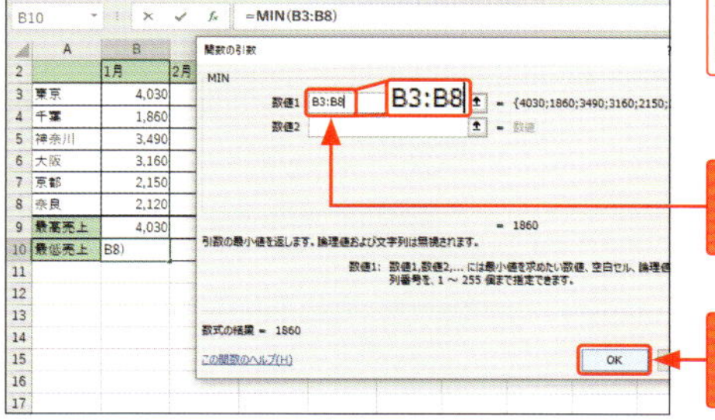

10 引数が修正されたことを確認して、

11 <OK>をクリックすると、

B10　=MIN(B3:B8)

	A	B	C	D	E
2		1月	2月	3月	合計
3	東京	4,030	3,310	3,890	11,230
4	千葉	1,860	1,450	1,750	5,060
5	神奈川	3,490	2,880	3,150	9,520
6	大阪	3,160	2,360	3,340	8,860
7	京都	2,150	1,780	2,480	6,410
8	奈良	2,120	1,610	2,050	5,780
9	最高売上	4,030			
10	最低売上	1,860			
11					
12					

12 関数が入力され、計算結果が表示されます。

Keyword

MIN関数

「MIN関数」は、引数に指定された数値やセル範囲の最小値を求める関数です。
書式：＝MIN（引数1, [引数2] ,…）

3 関数を直接入力する

1 関数を入力するセルをクリックし、「=」(等号)に続けて関数を1文字以上(ここでは「M」)入力すると、

2 「数式オートコンプリート」が表示されます。

3 入力したい関数(ここでは<MAX>)をダブルクリックすると、

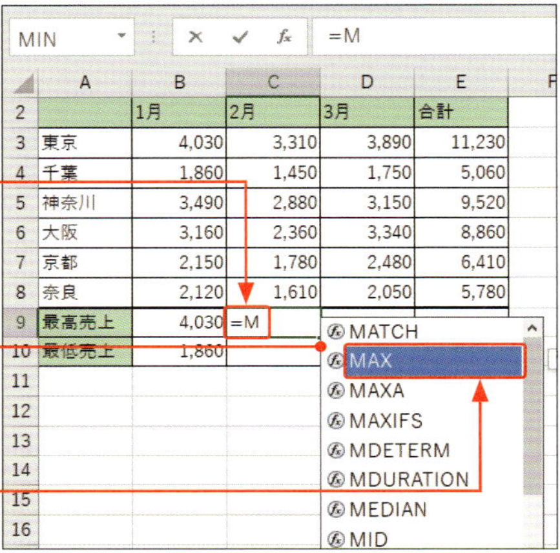

MIN | =M

	A	B	C	D	E
2		1月	2月	3月	合計
3	東京	4,030	3,310	3,890	11,230
4	千葉	1,860	1,450	1,750	5,060
5	神奈川	3,490	2,880	3,150	9,520
6	大阪	3,160	2,360	3,340	8,860
7	京都	2,150	1,780	2,480	6,410
8	奈良	2,120	1,610	2,050	5,780
9	最高売上	4,030	=M		
10	最低売上	1,860			

MATCH
MAX
MAXA
MAXIFS
MDETERM
MDURATION
MEDIAN
MID

4 関数名と「(」(左カッコ)が入力されます。

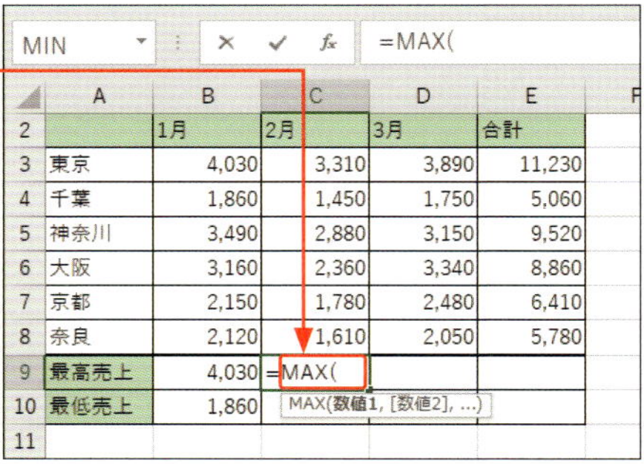

MIN | =MAX(

	A	B	C	D	E
2		1月	2月	3月	合計
3	東京	4,030	3,310	3,890	11,230
4	千葉	1,860	1,450	1,750	5,060
5	神奈川	3,490	2,880	3,150	9,520
6	大阪	3,160	2,360	3,340	8,860
7	京都	2,150	1,780	2,480	6,410
8	奈良	2,120	1,610	2,050	5,780
9	最高売上	4,030	=MAX(		
10	最低売上	1,860	MAX(数値1, [数値2], ...)		

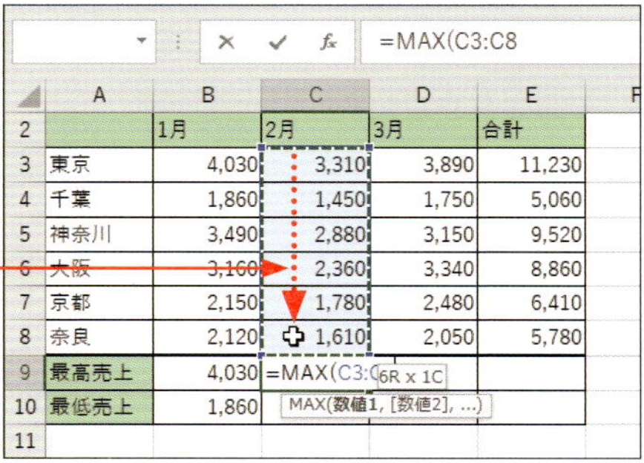

Memo 数式バーに関数を入力する

関数は、数式バーに入力することもできます。関数を入力したいセルをクリックしてから、数式バーをクリックして入力します。数式オートコンプリートも表示されます。

5 引数をドラッグして指定し、

=MAX(C3:C8

	A	B	C	D	E
2		1月	2月	3月	合計
3	東京	4,030	3,310	3,890	11,230
4	千葉	1,860	1,450	1,750	5,060
5	神奈川	3,490	2,880	3,150	9,520
6	大阪	3,160	2,360	3,340	8,860
7	京都	2,150	1,780	2,480	6,410
8	奈良	2,120	1,610	2,050	5,780
9	最高売上	4,030	=MAX(C3:C 6R x 1C		
10	最低売上	1,860	MAX(数値1, [数値2], ...)		

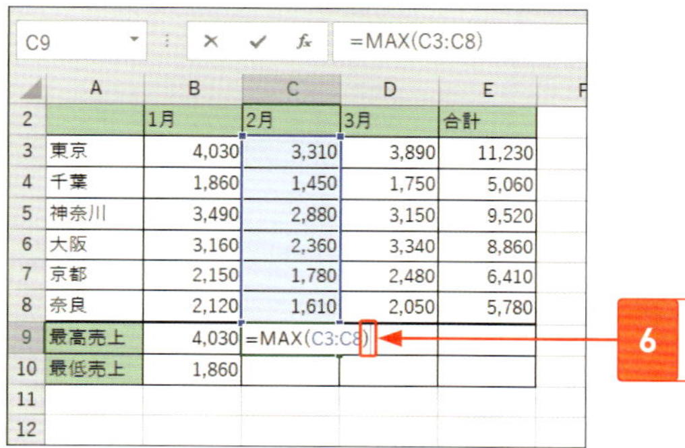

C9 =MAX(C3:C8)

	A	B	C	D	E
2		1月	2月	3月	合計
3	東京	4,030	3,310	3,890	11,230
4	千葉	1,860	1,450	1,750	5,060
5	神奈川	3,490	2,880	3,150	9,520
6	大阪	3,160	2,360	3,340	8,860
7	京都	2,150	1,780	2,480	6,410
8	奈良	2,120	1,610	2,050	5,780
9	最高売上	4,030	=MAX(C3:C8)		
10	最低売上	1,860			
11					
12					

6 「)」（右カッコ）を入力して、

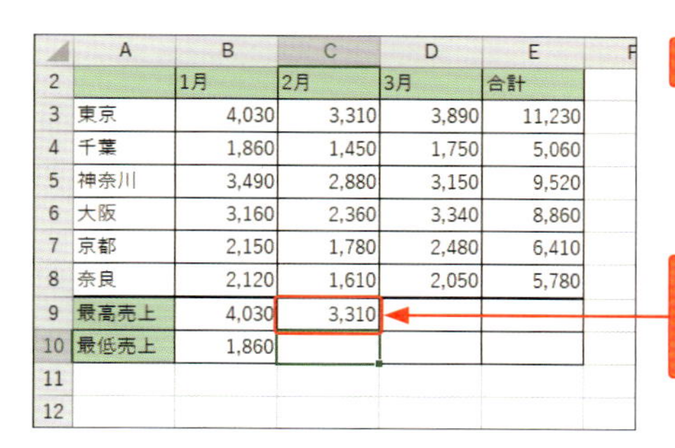

	A	B	C	D	E
2		1月	2月	3月	合計
3	東京	4,030	3,310	3,890	11,230
4	千葉	1,860	1,450	1,750	5,060
5	神奈川	3,490	2,880	3,150	9,520
6	大阪	3,160	2,360	3,340	8,860
7	京都	2,150	1,780	2,480	6,410
8	奈良	2,120	1,610	2,050	5,780
9	最高売上	4,030	3,310		
10	最低売上	1,860			
11					
12					

7 Enter を押すと、

8 関数が入力され、計算結果が表示されます。

関数の入力方法

Excelで関数を入力するには、次の3通りの方法があります。

①＜数式＞タブの＜関数ライブラリ＞グループの各コマンドを使う。
②＜数式＞タブや＜数式＞バーの＜関数の挿入＞コマンドを使う。
③数式バーやセルに直接関数を入力する。

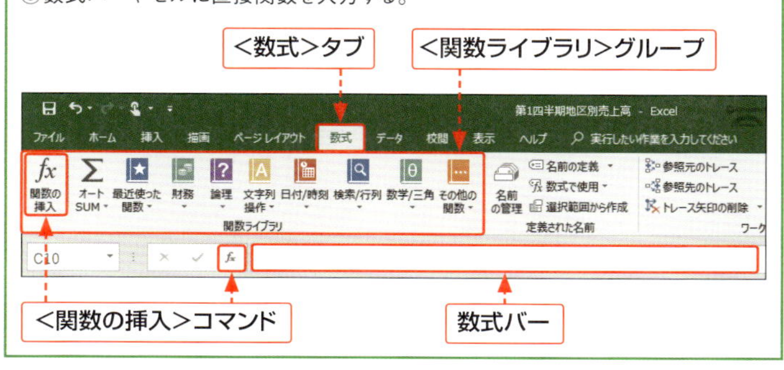

計算結果を切り上げる／切り捨てる

数値を指定した桁数で四捨五入したり、切り上げたり、切り捨てたりする処理は頻繁に行われます。**四捨五入はROUND関数**を、**切り上げはROUNDUP関数**を、**切り捨てはINT関数**を使います。

1 数値を四捨五入する

1 結果を表示するセル（ここでは[D3]）をクリックして、<数式>タブ→<数学／三角>→<ROUND>の順にクリックします。

2 <数値>にもとデータのあるセル（ここでは[C3]）を指定して、

3 <桁数>に小数点以下の桁数（ここでは「0」）を入力します。

4 <OK>をクリックすると、

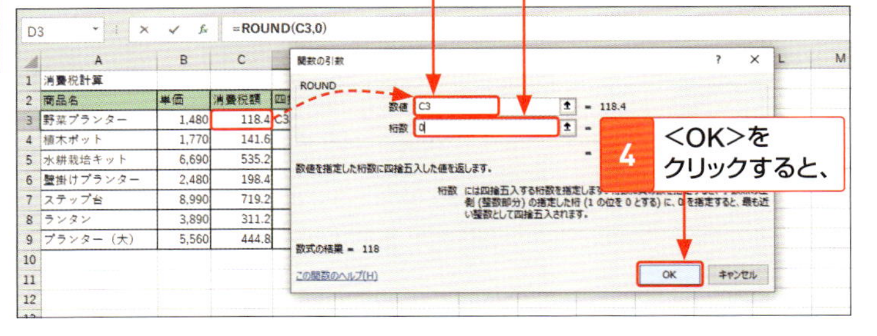

5 数値が四捨五入されます。

D3　=ROUND(C3,0)

	A	B	C	D	E	F
1	消費税計算					
2	商品名	単価	消費税額	四捨五入	切り上げ	切り捨て
3	野菜プランター	1,480	118.4	118		
4	植木ポット	1,770	141.6	142		
5	水耕栽培キット	6,690	535.2	535		
6	壁掛けプランター	2,480	198.4	198		
7	ステップ台	8,990	719.2	719		
8	ランタン	3,890	311.2	311		
9	プランター（大）	5,560	444.8	445		
10						
11						

6 ほかのセルにも数式をコピーします。

Keyword

ROUND関数

「ROUND関数」は、指定した桁数で数値を四捨五入する関数です。桁数「0」を指定すると小数点以下第1位で四捨五入されます。

書式：＝ROUND（数値, 桁数）

2 数値を切り上げる

1 結果を表示するセル（ここでは [E3]）をクリックして、<数式>タブ→<数学／三角>→<ROUNDUP>の順にクリックします。

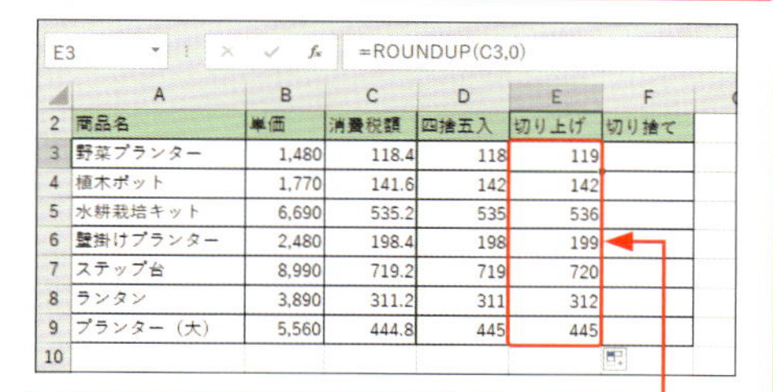

	A	B	C	D	E	F
2	商品名	単価	消費税額	四捨五入	切り上げ	切り捨て
3	野菜プランター	1,480	118.4	118	119	
4	植木ポット	1,770	141.6	142	142	
5	水耕栽培キット	6,690	535.2	535	536	
6	壁掛けプランター	2,480	198.4	198	199	
7	ステップ台	8,990	719.2	719	720	
8	ランタン	3,890	311.2	311	312	
9	プランター（大）	5,560	444.8	445	445	
10						

2 左ページの手順 2 ～ 6 と同様に操作すると、数値が切り上げられます。

> **Keyword**
> ### ROUNDUP関数
> 「ROUNDUP関数」は、指定した桁数で数値を切り上げる関数です。引数「0」を指定すると小数点以下第1位で切り上げられます。
> 書式：＝ROUNDUP（数値,桁数）

3 数値を切り捨てる

1 結果を表示するセル（ここでは [F3]）をクリックして、<数式>タブ→<数学／三角>→<INT>の順にクリックします。

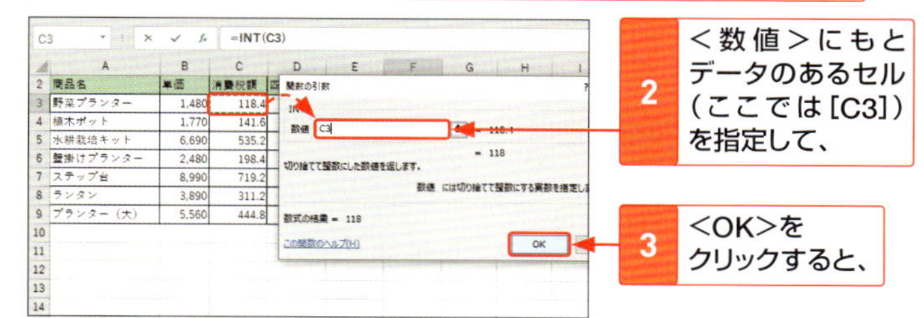

2 ＜数値＞にもとデータのあるセル（ここでは [C3]）を指定して、

3 <OK>をクリックすると、

4 数値が切り捨てられます。

	A	B	C	D	E	F
2	商品名	単価	消費税額	四捨五入	切り上げ	切り捨て
3	野菜プランター	1,480	118.4	118	119	118
4	植木ポット	1,770	141.6	142	142	141
5	水耕栽培キット	6,690	535.2	535	536	535
6	壁掛けプランター	2,480	198.4	198	199	198
7	ステップ台	8,990	719.2	719	720	719
8	ランタン	3,890	311.2	311	312	311
9	プランター（大）	5,560	444.8	445	445	444
10						

5 ほかのセルにも数式をコピーします。

> **Keyword**
> ### INT関数
> 「INT関数」は、指定した数値を超えない最大の整数を求める関数です。
> 書式：＝INT（数値）

StepUp

数式のエラーを解決する

セルに入力した数式や関数の計算結果が正しく得られない場合は、セル上にエラーインジケーターとエラー値が表示されます。エラー値は原因によって異なるので、表示されたエラー値を手がかりにエラーを解決します。

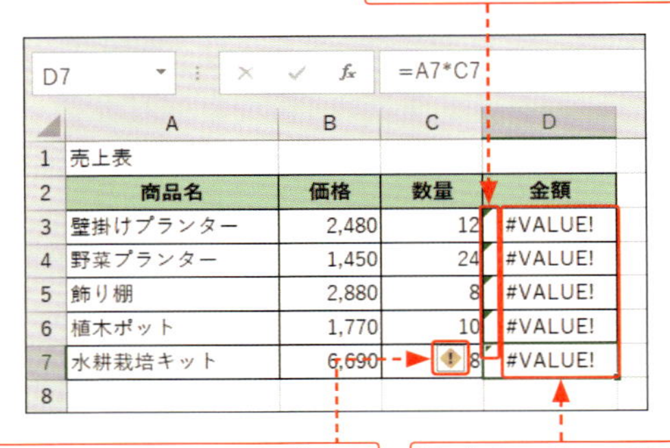

エラー値	原因と解決方法
#VALUE!	数式の参照先や関数の引数の型、演算子の種類などが間違っている場合に表示されます。間違っている参照先や引数を修正します。
####	セルの幅が狭くて計算結果を表示できない場合や、時間の計算が負になった場合などに表示されます。セルの幅を広げたり、数式を修正します。
#NAME?	関数名やセル範囲の指定などが間違っている場合に表示されます。関数名やセル範囲を正しいものに修正します。
#DIV/0!	割り算の除数（割るほうの数）の値が「0」または未入力で空白の場合に表示されます。セルの値や参照先を修正します。
#N/A	VLOOKUP関数、LOOKUP関数、HLOOKUP関数、MATCH関数などの関数で、検索した値が検索範囲内に存在しない場合に表示されます。検索値を修正します。
#NULL!	指定したセル範囲に共通部分がない場合や参照するセル範囲が間違っている場合に表示されます。参照しているセル範囲を修正します。
#NUM!	引数として指定できる数値の範囲がExcelで処理できる数値の範囲を超えている場合に表示されます。処理できる数値の範囲に収まるように修正します。
#REF!	数式中で参照しているセルが、行や列の削除などで削除された場合に表示されます。参照先を修正します。

第4章

文字とセルの書式

文字のスタイルを変更する

文字には**太字**や**斜体**を設定したり、**下線**を付けたりと、さまざまな書式を設定することができます。適宜設定すると、特定の文字を目立たせたり、表にメリハリを付けたりすることができます。

1 文字を太字にする

1 文字を太字にするセルをクリックします。

2 <ホーム>タブをクリックして、

3 <太字>をクリックすると、

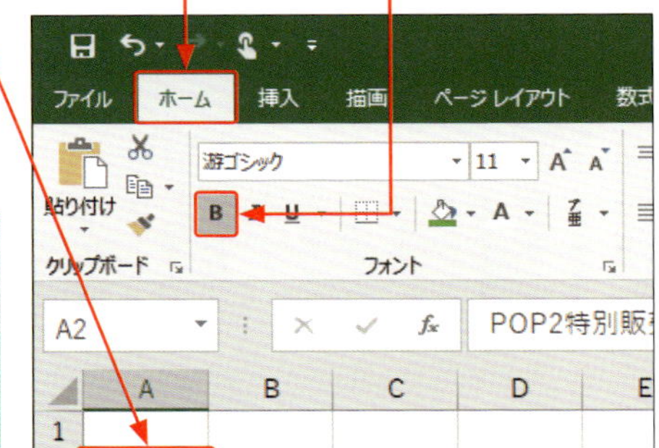

Hint 太字を解除するには?

太字の設定を解除するには、セルをクリックして、<太字>を再度クリックします。

4 文字が太字になります。

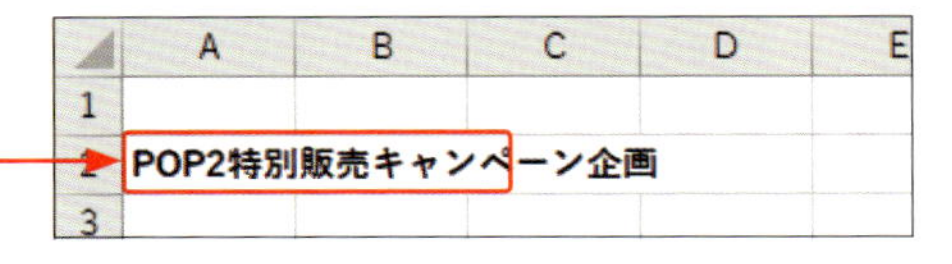

StepUp 文字の一部分に書式を設定するには?

セルを編集できる状態にして、文字の一部分を選択してから太字や斜体などを設定すると、選択した部分の文字だけに書式を設定することができます。

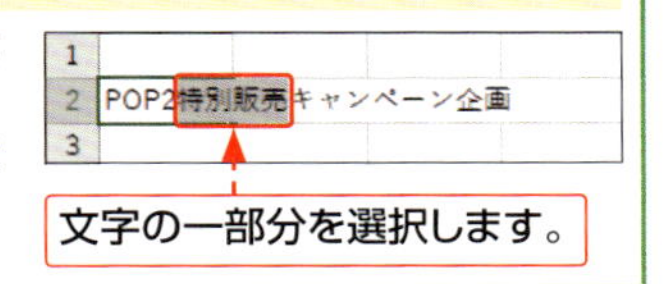

第4章 文字とセルの書式

2 文字を斜体にする

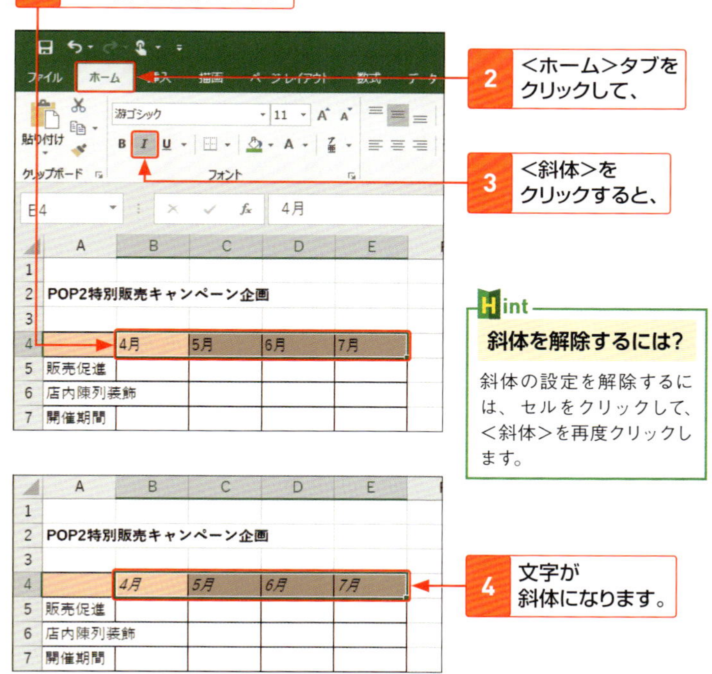

Hint 斜体を解除するには?

斜体の設定を解除するには、セルをクリックして、<斜体>を再度クリックします。

StepUp 取り消し線を引く

<セルの書式設定>ダイアログボックスの<フォント>を表示して(P.231参照)、<文字飾り>の<取り消し線>をクリックしてオンにすると、文字に取り消し線を引くことができます。

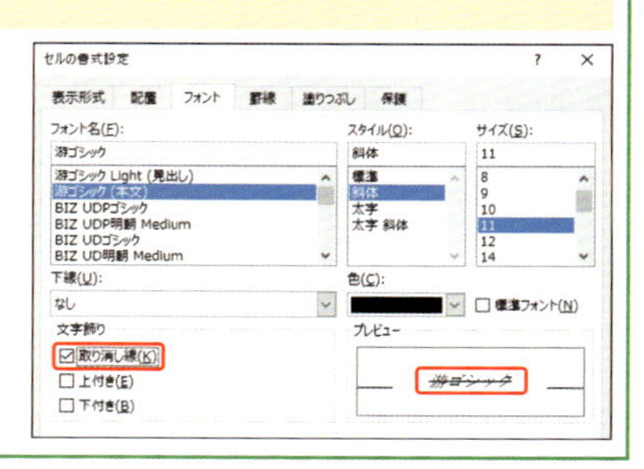

3 文字に下線を付ける

1 文字に下線を付けるセルをクリックします。

2 <ホーム>タブをクリックして、

3 <下線>をクリックすると、

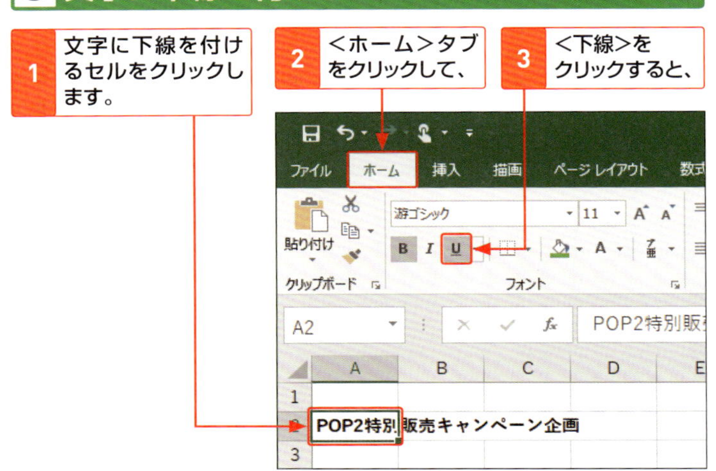

4 文字に下線が付きます。

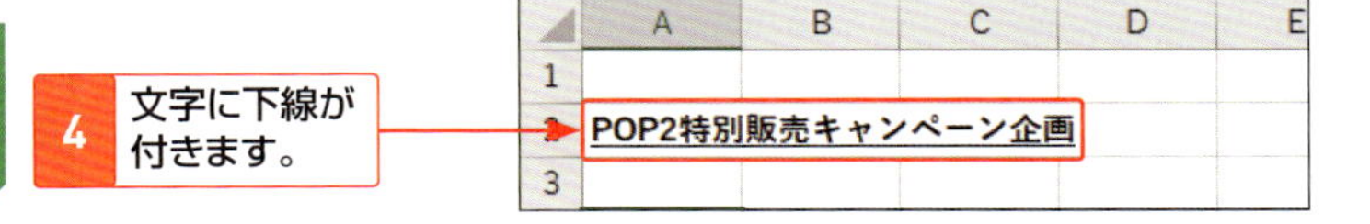

StepUp 文字色と異なる色で下線を引くには?

上記の手順で引いた下線は、文字色と同色になります。違う色で下線を引きたい場合は、文字の下に直線を描画して、線の色を設定するとよいでしょう。直線の描画と編集については、P.136、P.139を参照してください。

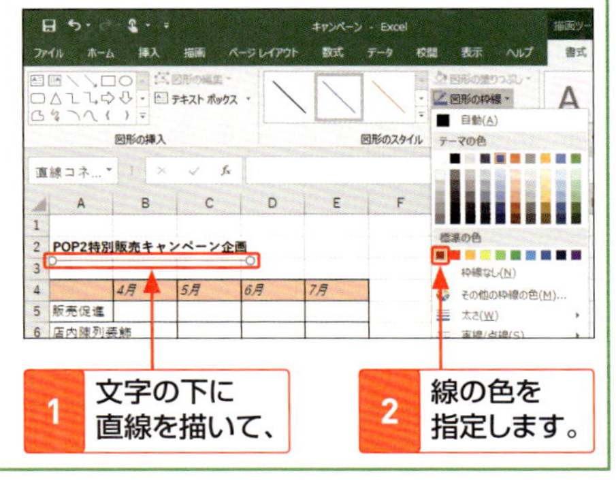

4 上付き／下付き文字にする

1 上付き（あるいは下付き）にする文字を選択して、

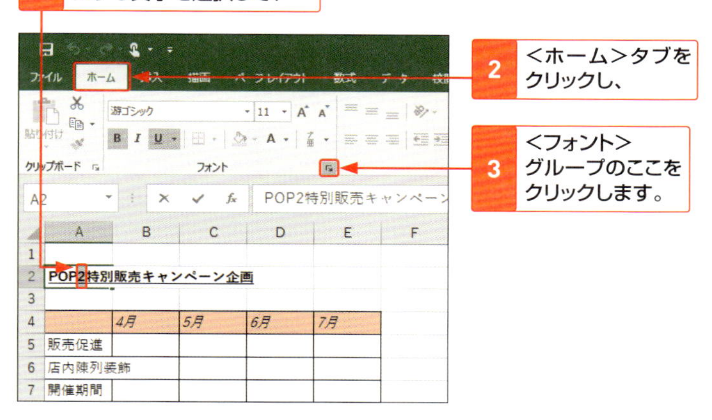

2 <ホーム>タブをクリックし、

3 <フォント>グループのここをクリックします。

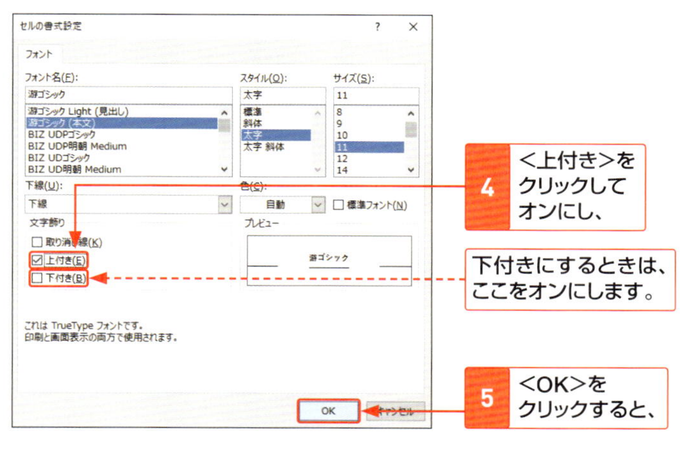

4 <上付き>をクリックしてオンにし、

下付きにするときは、ここをオンにします。

5 <OK>をクリックすると、

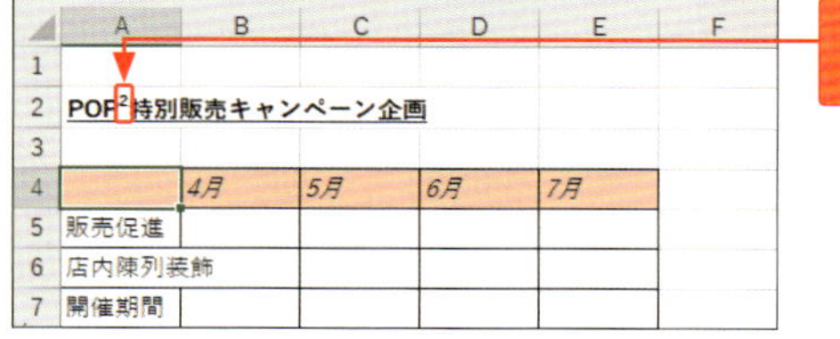

6 文字が上付きに設定されます。

第4章 文字とセルの書式

文字サイズやフォントを変更する

セルに入力されている文字の**文字サイズ**や**フォント**は、**任意に変更する**ことができます。表の見出しなどの文字サイズやフォントを変更すると、その部分を目立たせることができます。

1 文字サイズを変更する

1 文字サイズを変更するセルをクリックします。

	A	B	C	D	E
1					
2	発売1周年記念期間限定キャンペーン				
3					

2 <ホーム>タブをクリックして、

3 <フォントサイズ>のここをクリックし、

4 文字サイズにマウスポインターを合わせると、文字サイズが一時的に適用されて表示されます。

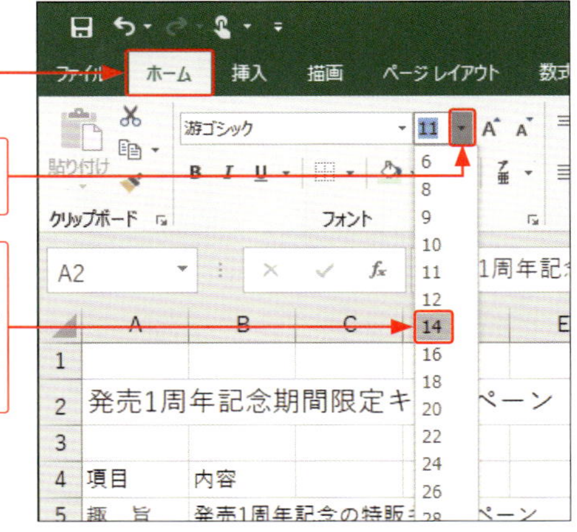

5 文字サイズをクリックすると、文字サイズの適用が確定されます。

	A	B	C	D	E
1					
2	発売1周年記念期間限定キャンペーン				
3					

Memo

初期設定の文字サイズ

Excelの既定の文字サイズは、「11ポイント」です。

2 フォントを変更する

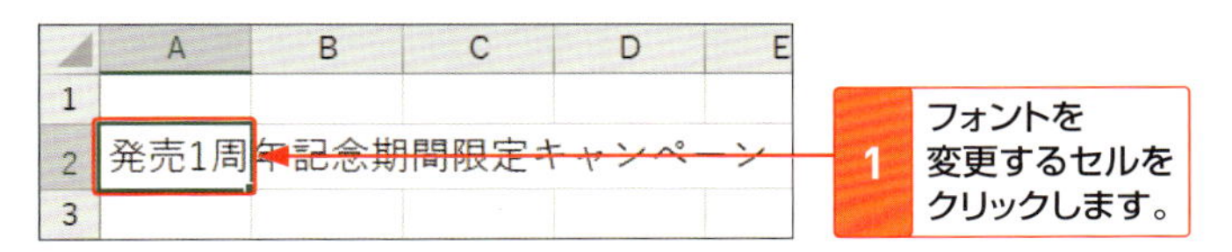

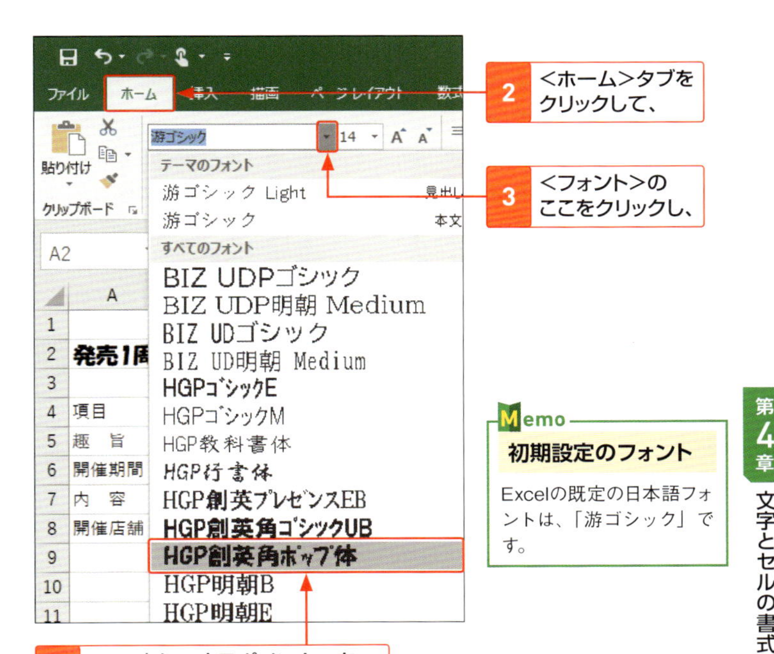

4 フォントにマウスポインターを合わせると、フォントが一時的に適用されて表示されます。

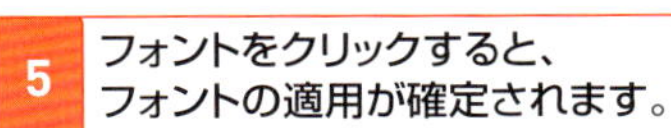

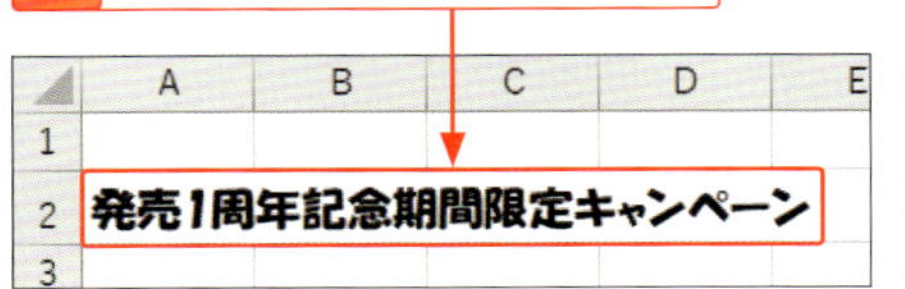

Memo

初期設定のフォント

Excelの既定の日本語フォントは、「游ゴシック」です。

StepUp

文字の一部を変更するには?

セルを編集できる状態にして、文字の一部分を選択すると、選択した部分のフォントや文字サイズだけを変更できます。

文字の配置を変更する

セル内の**文字の配置は任意に変更**することができます。セル内に文字が入りきらない場合は、**文字を折り返し**たり、**セル幅に合わせて縮小**したりできます。また、文字を**縦書きにする**こともできます。

1 文字をセルの中央に揃える

1 文字配置を変更するセル範囲を選択します。

2 <ホーム>タブをクリックして、

3 <中央揃え>をクリックすると、

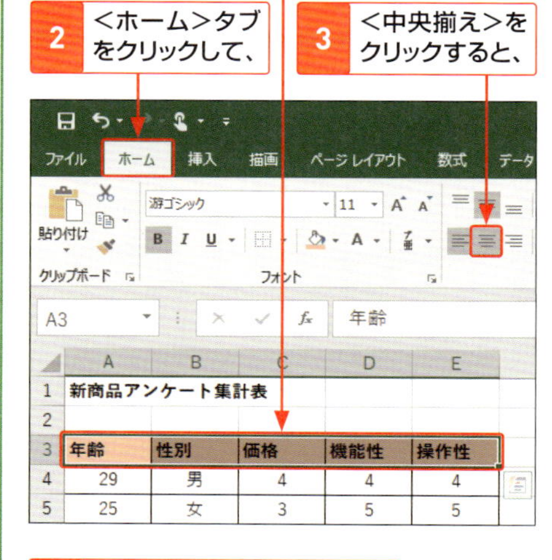

4 文字が中央揃えになります。

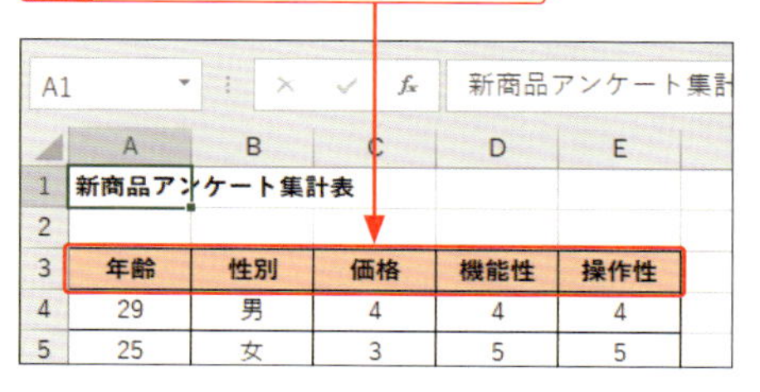

StepUp 文字の左右上下の配置

<ホーム>タブの<配置>グループの各コマンドを利用すると、セル内の文字を左揃えや中央揃え、右揃えに設定したり、上揃えや上下中央揃え、下揃えに設定することができます。

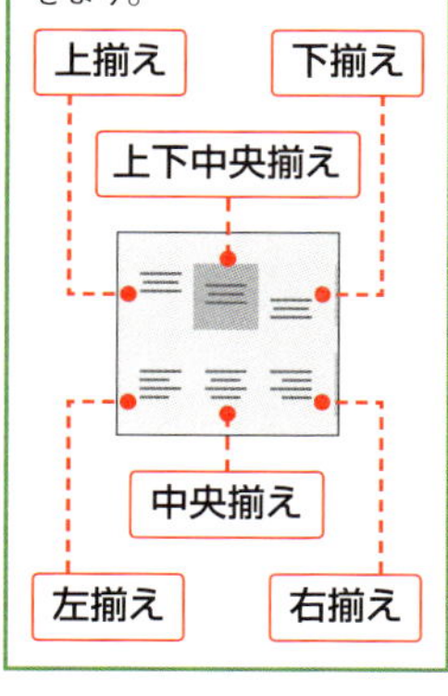

2 セルに合わせて文字を折り返す

1 セル内に文字が収まっていないセルをクリックします。

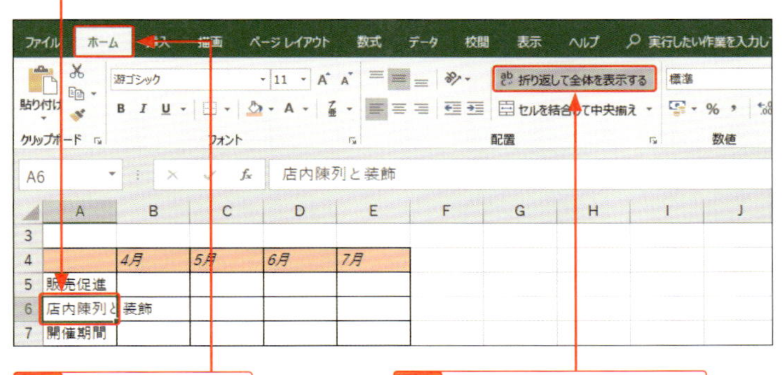

2 <ホーム>タブをクリックして、

3 <折り返して全体を表示する>をクリックすると、

4 文字が折り返され、文字全体が表示されます。

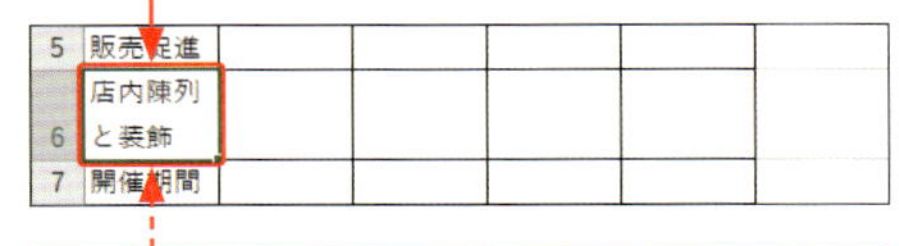

行の高さは、折り返した文字に合わせて自動的に調整されます。

Hint 折り返した文字をもとに戻すには?

折り返した文字をもとに戻すには、セルをクリックして、<折り返して全体を表示する>を再度クリックします。

StepUp 指定した位置で折り返すには?

指定した位置で文字を折り返したい場合は、セル内をダブルクリックして、折り返したい位置にカーソルを移動し、Alt+Enterを押します。

	A	B	C	D
2	POP[2]特別販売キャンペーン企画			
3				
4		4月	5月	6月
5	販売促進			
6	店内陳列と			
7	装飾			
8				

改行したい位置で Alt+Enter を押します。

3 文字の大きさをセルの幅に合わせる

1 文字の大きさを調整するセルをクリックして、

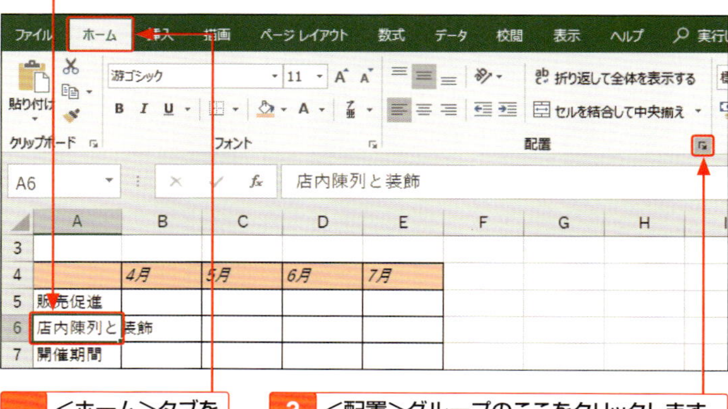

2 <ホーム>タブをクリックし、

3 <配置>グループのここをクリックします。

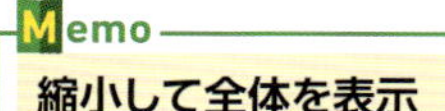

Memo 縮小して全体を表示

手順**4**、**5**の方法で操作すると、セル内に収まらない文字が自動的に縮小して表示されます。セル幅を広げると、文字の大きさはもとに戻ります。

4 <縮小して全体を表示する>をクリックしてオンにし、

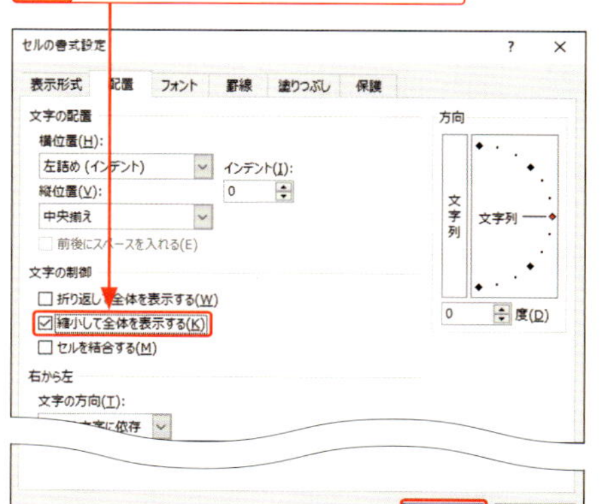

5 <OK>をクリックすると、

		4月	5月	6月	7月
5	販売促進				
6	店内陳列と装飾				
7	開催期間				

6 文字がセルの幅に合わせて、自動的に縮小されます。

4 文字を縦書きにする

1 文字を縦書きにするセル範囲を選択して、

2 ＜ホーム＞タブをクリックします。

3 ＜方向＞をクリックして、

4 ＜縦書き＞をクリックすると、

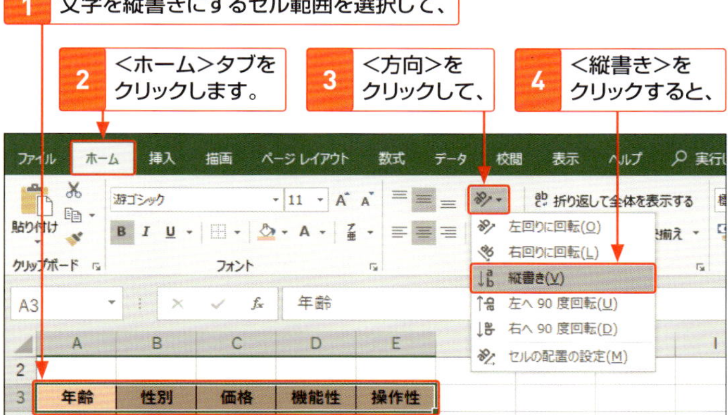

5 文字が縦書き表示になります。

	A	B	C	D	E
2					
3	年齢	性別	価格	機能性	操作性
4	29	男	4	4	4
5	25	女	3	5	5

Hint

文字を回転する

手順 4 で＜左回りに回転＞または＜右回りに回転＞をクリックすると、それぞれの方向に45度単位の回転ができます。

StepUp

インデントを設定する

「インデント」とは、文字とセルの枠線との間隔を広くする機能のことです。セル範囲を選択して、＜ホーム＞タブの＜インデントを増やす＞をクリックすると、クリックするごとに、セル内のデータが1文字分ずつ右へ移動します。インデントを解除するには、＜インデントを減らす＞をクリックします。

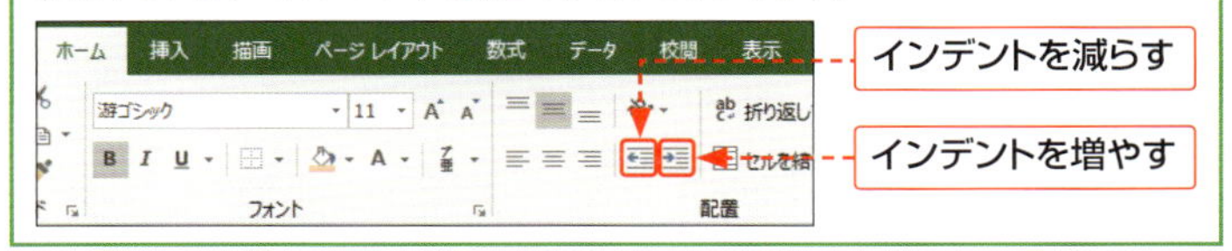

文字の表示形式を変更する

表示形式は、データを目的に合った形式で表示するための機能です。この機能を利用して、数値を通貨スタイルやパーセンテージスタイル、桁区切りスタイルなどで表示することができます。

表示形式と表示結果

Excelでは、セルに対して「表示形式」を設定することで、実際にセルに入力したデータを、さまざまな見た目で表示させることができます。表示形式には、下図のようなものがあります。

入力データ　表示形式　セル上の表示

1234.56

表示形式を設定するには、<ホーム>タブの<数値>グループの各コマンドを利用します。また、<セルの書式設定>ダイアログボックスの<表示形式>を利用すると、さらに詳細な設定が行えます。

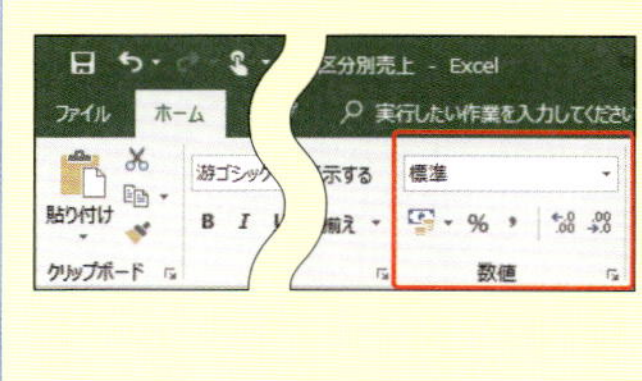

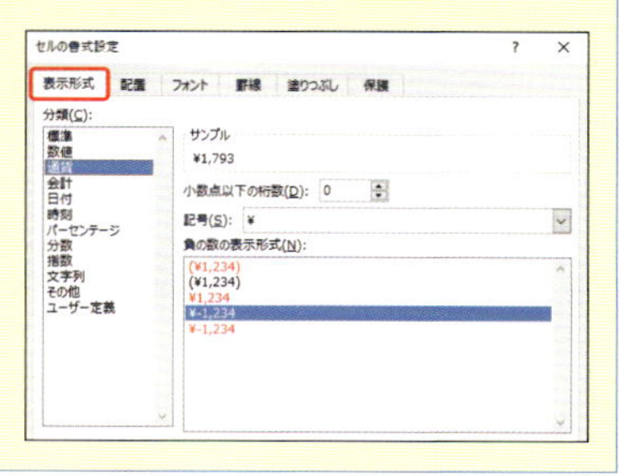

1 数値に「¥」を付けて表示する

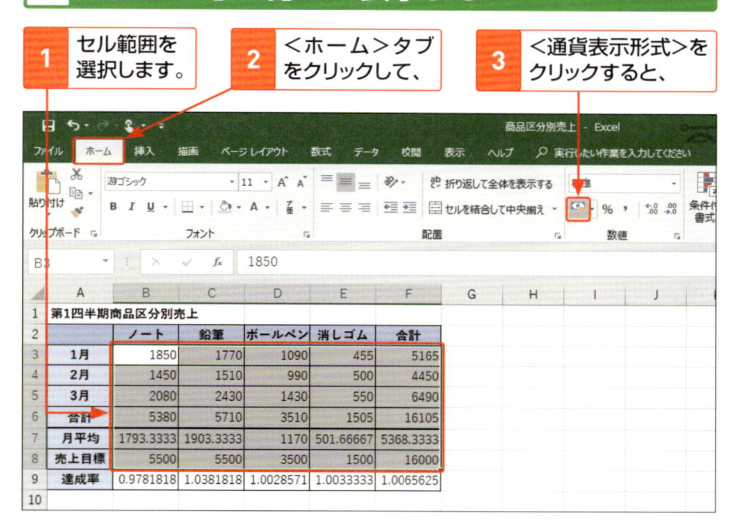

	A	B	C	D	E	F
1	第1四半期商品区分別売上					
2		ノート	鉛筆	ボールペン	消しゴム	合計
3	1月	1850	1770	1090	455	5165
4	2月	1450	1510	990	500	4450
5	3月	2080	2430	1430	550	6490
6	合計	5380	5710	3510	1505	16105
7	月平均	1793.3333	1903.3333	1170	501.66667	5368.3333
8	売上目標	5500	5500	3500	1500	16000
9	達成率	0.9781818	1.0381818	1.0028571	1.0033333	1.0065625

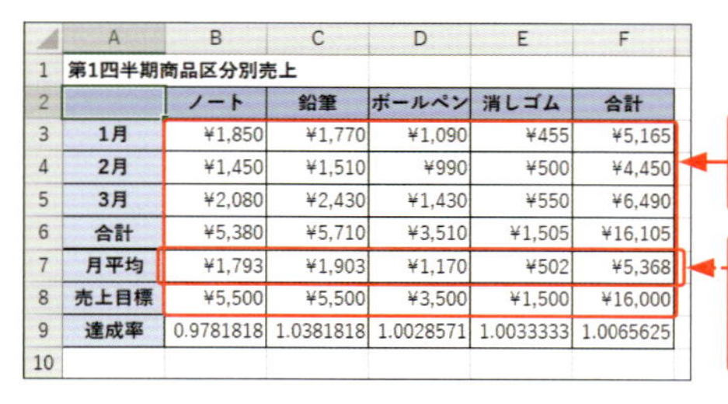

	A	B	C	D	E	F
1	第1四半期商品区分別売上					
2		ノート	鉛筆	ボールペン	消しゴム	合計
3	1月	¥1,850	¥1,770	¥1,090	¥455	¥5,165
4	2月	¥1,450	¥1,510	¥990	¥500	¥4,450
5	3月	¥2,080	¥2,430	¥1,430	¥550	¥6,490
6	合計	¥5,380	¥5,710	¥3,510	¥1,505	¥16,105
7	月平均	¥1,793	¥1,903	¥1,170	¥502	¥5,368
8	売上目標	¥5,500	¥5,500	¥3,500	¥1,500	¥16,000
9	達成率	0.9781818	1.0381818	1.0028571	1.0033333	1.0065625

4 数値が通貨スタイルに変更されます。

小数点以下の数値は四捨五入されて表示されます。

Hint

別の通貨記号を使うには?

「¥」以外の通貨記号を使いたい場合は、<通貨表示形式>の▾をクリックして、通貨記号を指定します。メニュー最下段の<その他の通貨表示形式>をクリックすると、そのほかの通貨記号が選択できます。

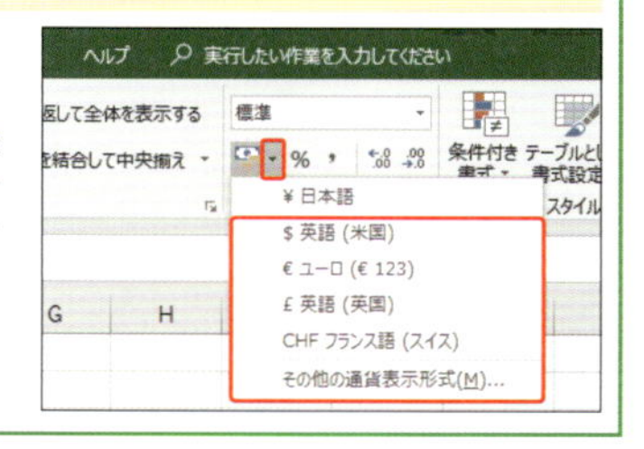

第4章 文字とセルの書式

2 数値をパーセンテージで表示する

1 セル範囲を選択します。

2 <ホーム>タブをクリックして、

3 <パーセントスタイル>をクリックすると、

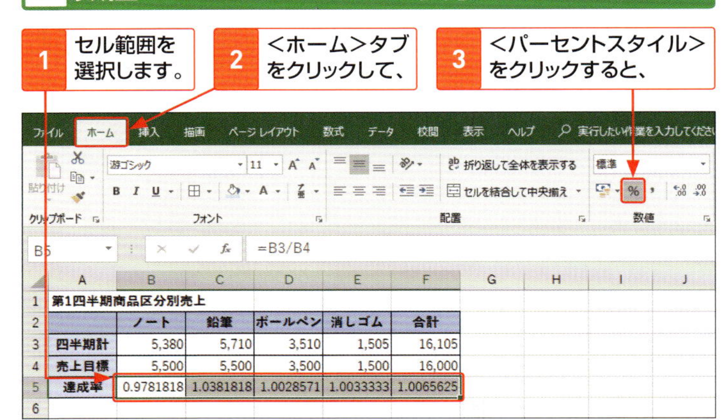

	A	B	C	D	E	F
1	第1四半期商品区分別売上					
2		ノート	鉛筆	ボールペン	消しゴム	合計
3	四半期計	5,380	5,710	3,510	1,505	16,105
4	売上目標	5,500	5,500	3,500	1,500	16,000
5	達成率	0.9781818	1.0381818	1.0028571	1.0033333	1.0065625
6						

4 パーセンテージスタイルに変更されます。

下のHint参照

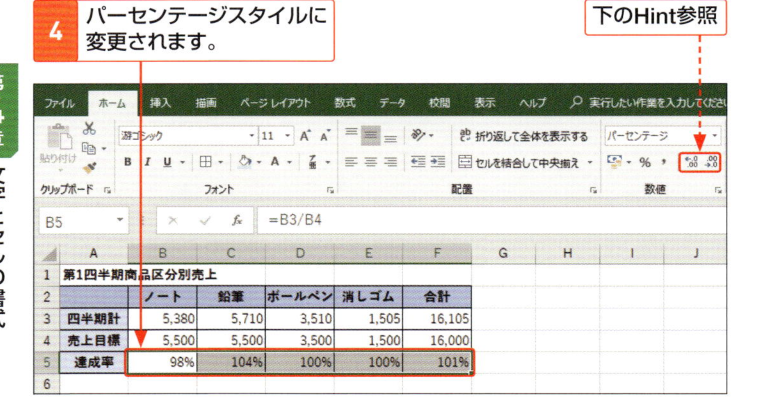

	A	B	C	D	E	F
1	第1四半期商品区分別売上					
2		ノート	鉛筆	ボールペン	消しゴム	合計
3	四半期計	5,380	5,710	3,510	1,505	16,105
4	売上目標	5,500	5,500	3,500	1,500	16,000
5	達成率	98%	104%	100%	100%	101%
6						

Hint

小数点以下の表示桁数

数値をパーセンテージスタイルに変更すると、小数点以下の桁数が「0」(ゼロ)のパーセンテージスタイルになります。小数点以下の表示桁数を増やす場合は、<ホーム>タブの<数値>グループにある<小数点以下の表示桁数を増やす>を、減らす場合は<小数点以下の表示桁数を減らす>をクリックします。

3 数値を3桁区切りで表示する

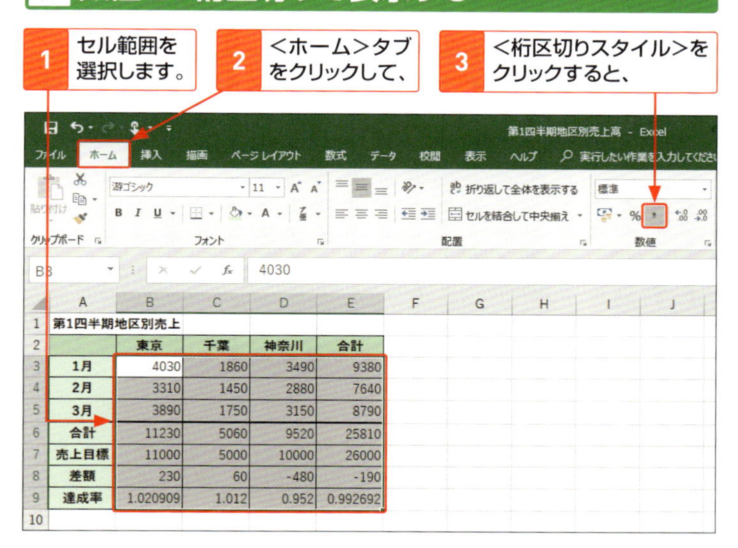

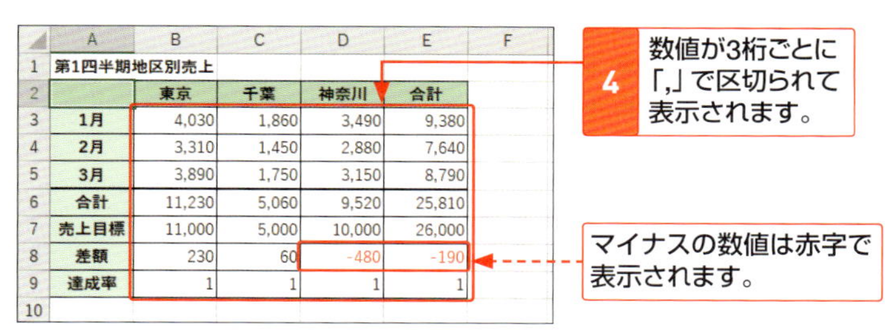

Hint

表示形式を標準に戻すには?

表示形式を変更したセルを標準スタイルに戻したいときは、<数値>グループの<数値の書式>から<標準>を指定します。

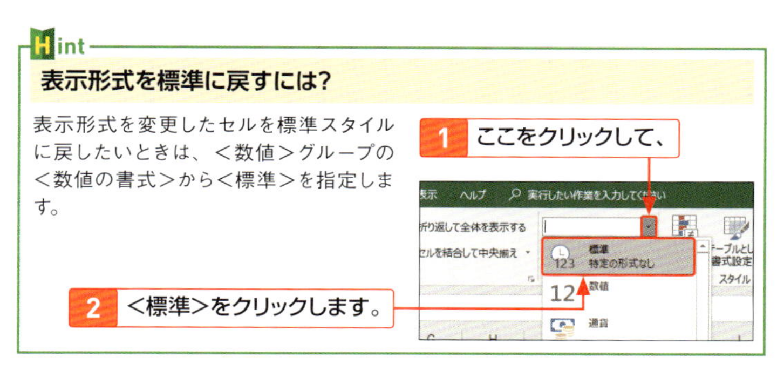

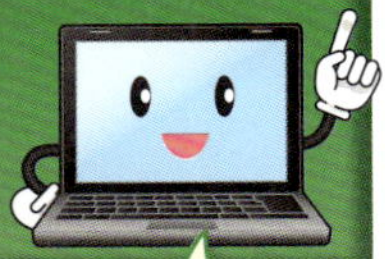

列幅や行の高さを調整する

数値や文字がセルに収まりきらない場合や、表の体裁を整えたい場合は、列幅や行の高さを変更します。セルのデータに合わせて列幅を調整することもできます。

1 ドラッグして列幅を変更する

1 幅を変更する列番号の境界にマウスポインターを合わせ、形が✛に変わった状態で、

	A	B	C	D	E
1					
2	発売1周年記念期間限定キャンペーン				
3					
4	項目	内容			
5	趣　旨	発売1周年記念の特販キャンペーン			
6	開催期間	4月1日～4月30日まで			
7	内　容	期間中売上上位3店舗に金一封進呈			
8	開催店舗	札幌、東京、横浜の各店舗			

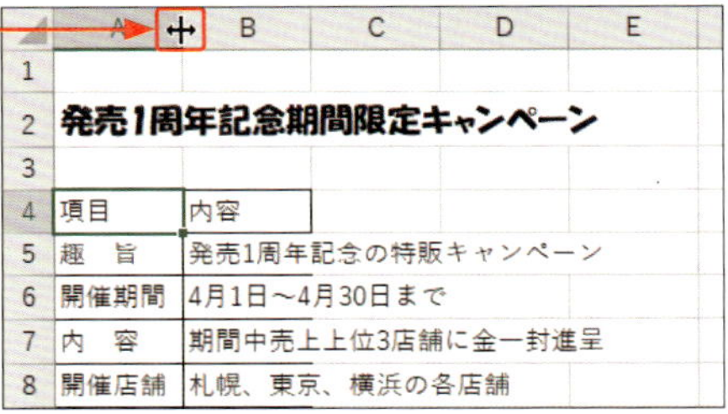

ドラッグ中に列幅が数値で表示されます。

A4　項目
幅: 12.75 (107 ピクセル)

2 ドラッグすると、

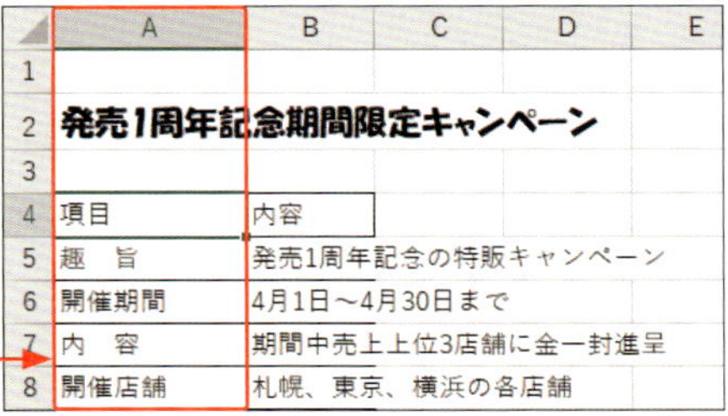

3 列幅が変更されます。

	A	B	C	D	E
1					
2	発売1周年記念期間限定キャンペーン				
3					
4	項目	内容			
5	趣　旨	発売1周年記念の特販キャンペーン			
6	開催期間	4月1日～4月30日まで			
7	内　容	期間中売上上位3店舗に金一封進呈			
8	開催店舗	札幌、東京、横浜の各店舗			

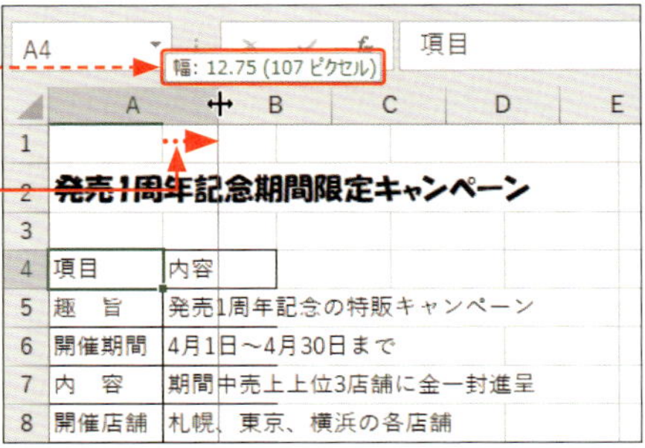

Memo

行の高さの変更

行番号の境界にマウスポインターを合わせて、形が✛に変わった状態でドラッグすると、行の高さを変更できます。

2 セルのデータに列幅を合わせる

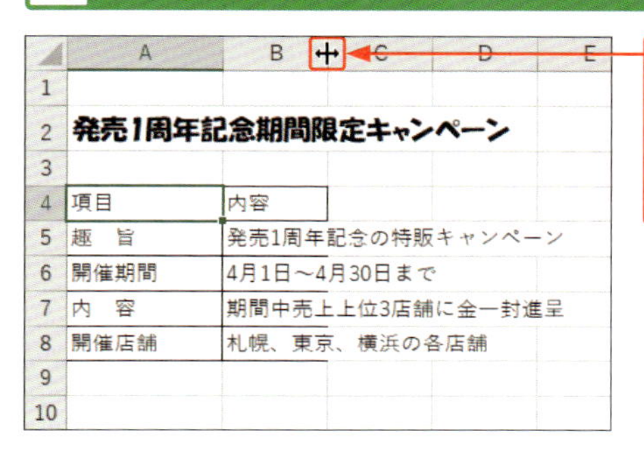

1 列番号の境界にマウスポインターを合わせ、形が✛に変わった状態でダブルクリックすると、

2 セルのデータに合わせて、列幅が変更されます。

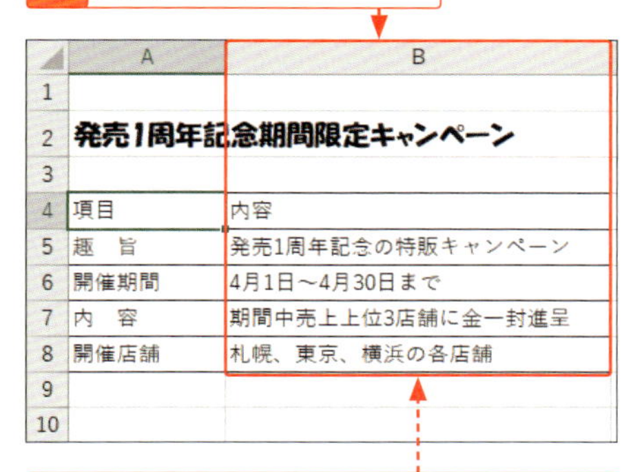

対象となる列内のセルで、もっとも長い文字に合わせて列幅が自動的に調整されます。

Hint

複数の行や列を同時に変更するには?

複数の行または列を選択した状態で境界をドラッグすると、複数の行の高さや列幅を同時に変更できます。

Hint

列幅や行の高さの表示単位

変更中の列幅や行の高さは、マウスポインターの右上に数値で表示されます。列幅はセル内に表示できる半角文字の「文字数」で（左ページの手順**2**の図参照）、行の高さは「ポイント数」で表されます。カッコの中にはピクセル数が表示されます。

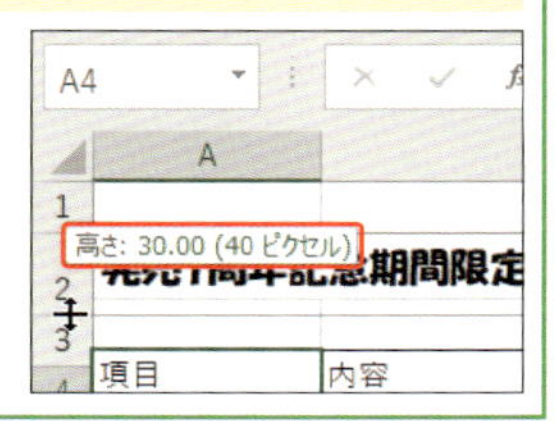

第4章 文字とセルの書式

値や数式のみを貼り付ける

データや表をコピーして、<貼り付け>のメニューを利用すると、計算結果の値だけを貼り付けたり、もとの列幅を保持して貼り付けるといったことがかんたんにできます。

1 値のみを貼り付ける

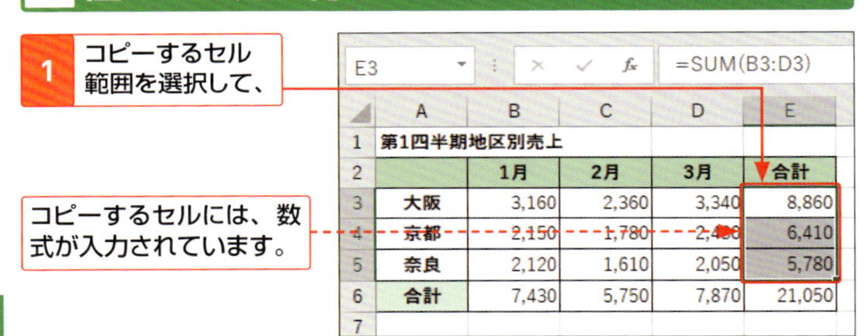

	A	B	C	D	E
1	第1四半期地区別売上				
2		1月	2月	3月	合計
3	大阪	3,160	2,360	3,340	8,860
4	京都	2,150	1,780	2,480	6,410
5	奈良	2,120	1,610	2,050	5,780
6	合計	7,430	5,750	7,870	21,050
7					

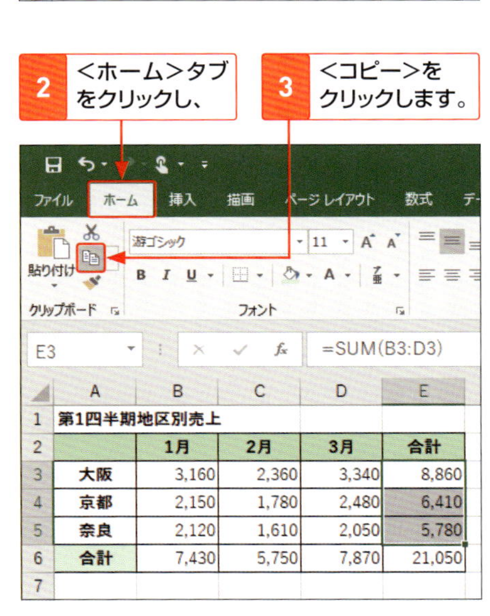

	A	B	C	D	E
1	第1四半期地区別売上				
2		1月	2月	3月	合計
3	大阪	3,160	2,360	3,340	8,860
4	京都	2,150	1,780	2,480	6,410
5	奈良	2,120	1,610	2,050	5,780
6	合計	7,430	5,750	7,870	21,050
7					

Memo

ほかのシートへの値の貼り付け

セル参照を利用している数式の結果を別のシートに貼り付けると、セル参照が貼り付け先のシートのセルに変更されて、正しい計算が行えません。このような場合は、値だけを貼り付けます。

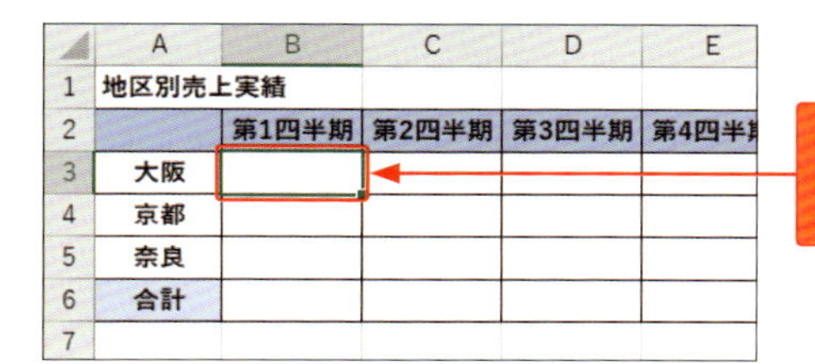

4 別シートの貼り付け先のセルをクリックします。

5 <ホーム>タブの<貼り付け>のここをクリックして、

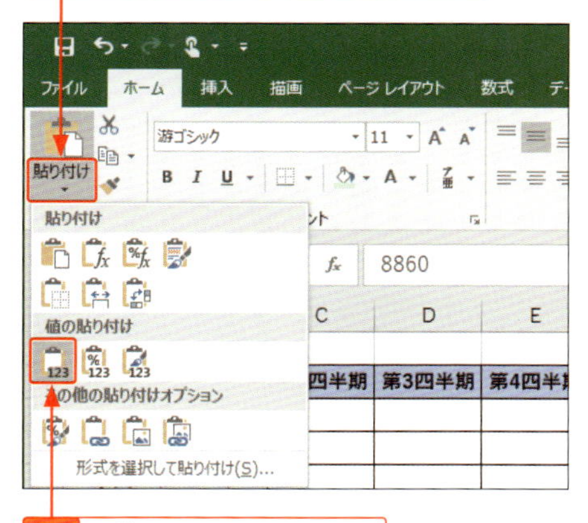

6 <値>をクリックすると、

7 計算結果の値だけが貼り付けられます。

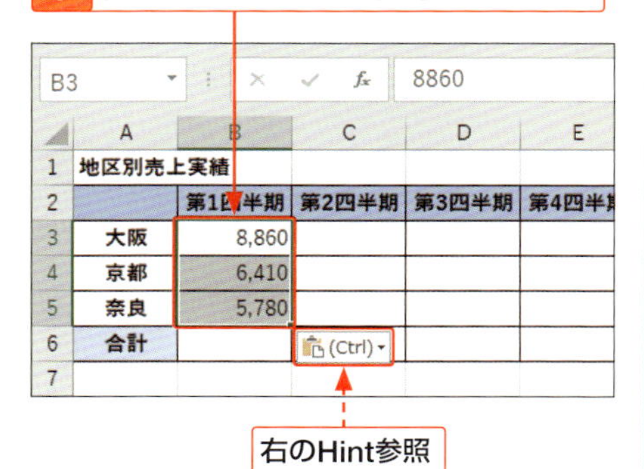

右のHint参照

Hint

<貼り付けのオプション>の利用

貼り付けたあとに表示される<貼り付けのオプション> (Ctrl) をクリックすると、貼り付けたあとで結果を手直しするためのメニューが表示されます。メニューの内容については、P.247を参照してください。

第4章 文字とセルの書式

2 もとの列幅を保ったまま貼り付ける

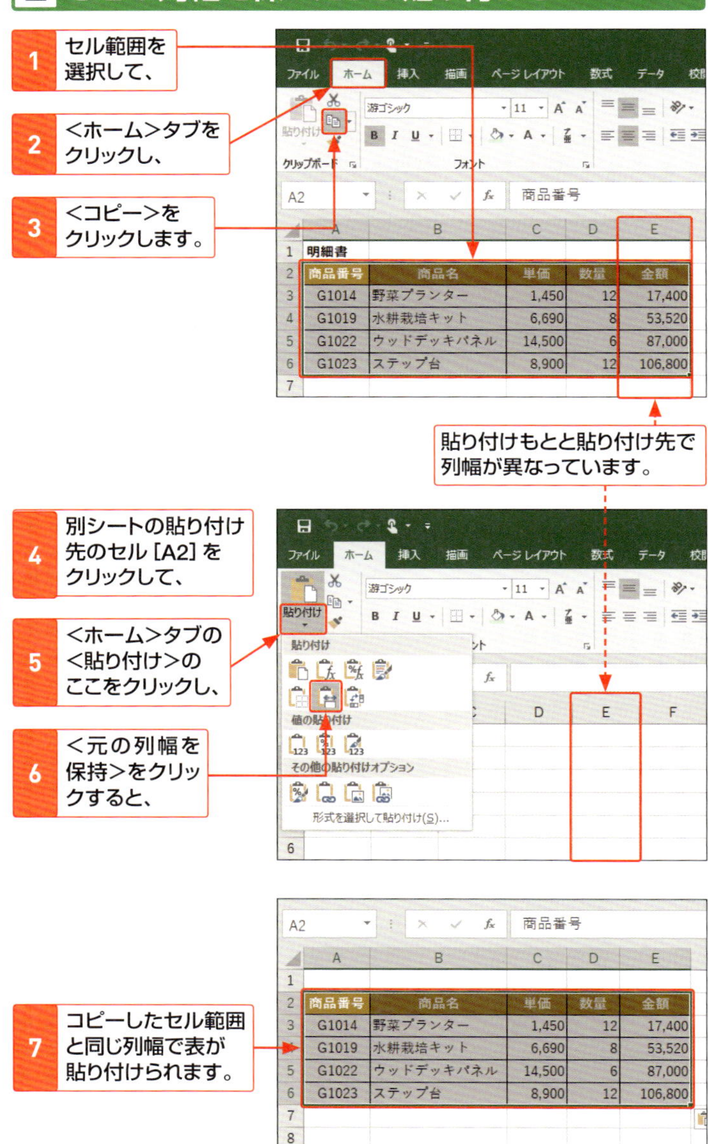

＜貼り付け＞で利用できる機能

＜貼り付け＞の下半分をクリックして表示されるメニューや、データを貼り付けたあとに表示される＜貼り付けのオプション＞(Ctrl)のメニューには、以下の機能が用意されています。

グループ	アイコン	項 目	概 要
貼り付け		貼り付け	セルのデータすべてを貼り付けます。
		数式	セルの数式だけを貼り付けます。
		数式と数値の書式	セルの数式と数値の書式を貼り付けます。
		元の書式を保持	もとの書式を保持して貼り付けます。
		罫線なし	罫線を除く、書式や値を貼り付けます。
		元の列幅を保持	もとの列幅を保持して貼り付けます。
		行列を入れ替える	行と列を入れ替えてすべてのデータを貼り付けます。
値の貼り付け	123	値	セルの値だけを貼り付けます。
	% 123	値と数値の書式	セルの値と数値の書式を貼り付けます。
	123	値と元の書式	セルの値ともとの書式を貼り付けます。
その他の貼り付けオプション	%	書式設定	セルの書式のみを貼り付けます。
		リンク貼り付け	もとのデータを参照して貼り付けます。
		図	もとのデータを図として貼り付けます。
		リンクされた図	もとのデータをリンクされた図として貼り付けます。

条件に基づいて書式を設定する

条件付き書式を利用すると、**条件に一致するセルに書式を設定**して目立たせることができます。また、**データを相対評価**して、カラーバーやアイコンでセルの値を視覚的に表現することもできます。

1 特定の値より大きい数値に色を付ける

1 セル範囲[B3:D5]を選択して、

2 <ホーム>タブをクリックします。

	A	B	C	D	E	F
1	第1四半期地区別売上					
2		東京	千葉	神奈川	合計	
3	1月	4,030	1,860	3,490	9,380	
4	2月	3,310	1,450	2,880	7,640	
5	3月	3,890	1,750	3,150	8,790	
6	合計	11,230	5,060	9,520	25,810	

Keyword

条件付き書式

「条件付き書式」とは、指定した条件に基づいてセルを強調表示したり、データを相対的に評価して視覚化する機能のことです。

3 <条件付き書式>をクリックして、

4 <セルの強調表示ルール>にマウスポインターを合わせ、

5 <指定の値より大きい>をクリックします。

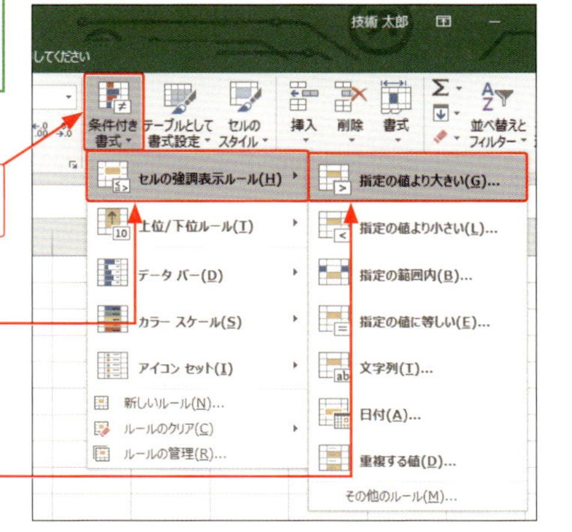

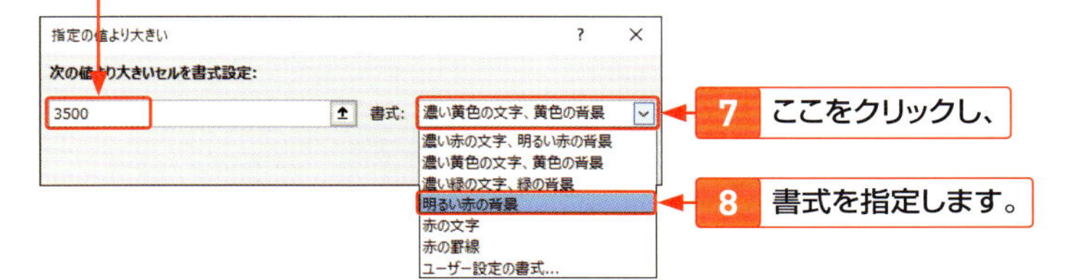

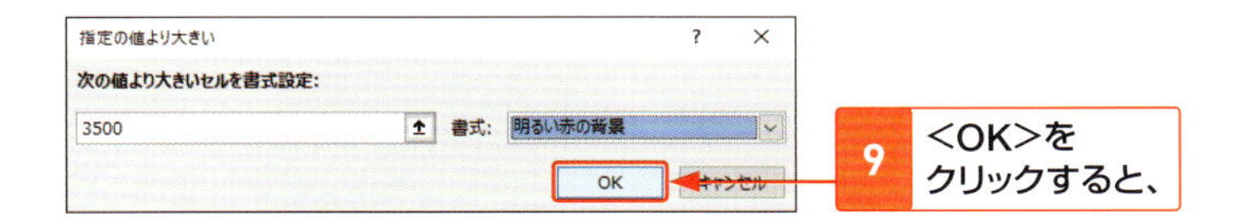

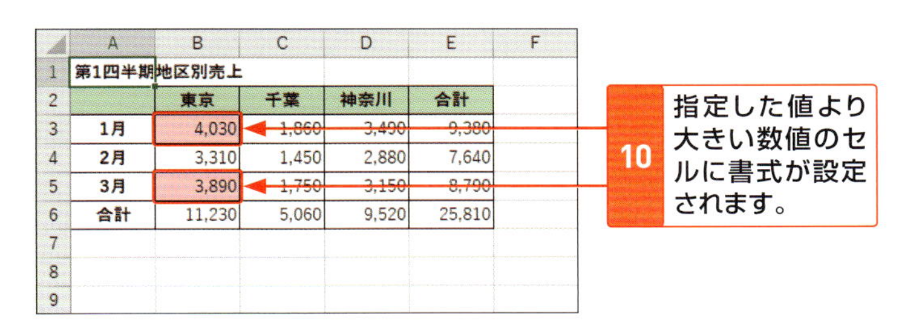

	A	B	C	D	E	F
1	第1四半期地区別売上					
2		東京	千葉	神奈川	合計	
3	1月	4,030	1,860	3,490	9,380	
4	2月	3,310	1,450	2,880	7,640	
5	3月	3,890	1,750	3,150	8,790	
6	合計	11,230	5,060	9,520	25,810	
7						
8						
9						

Hint

<クイック分析>を利用する

条件付き書式は、<クイック分析>を使って設定することもできます。目的のセル範囲を選択して、右下に表示される<クイック分析>をクリックし、<書式設定>から目的のコマンドをクリックします。

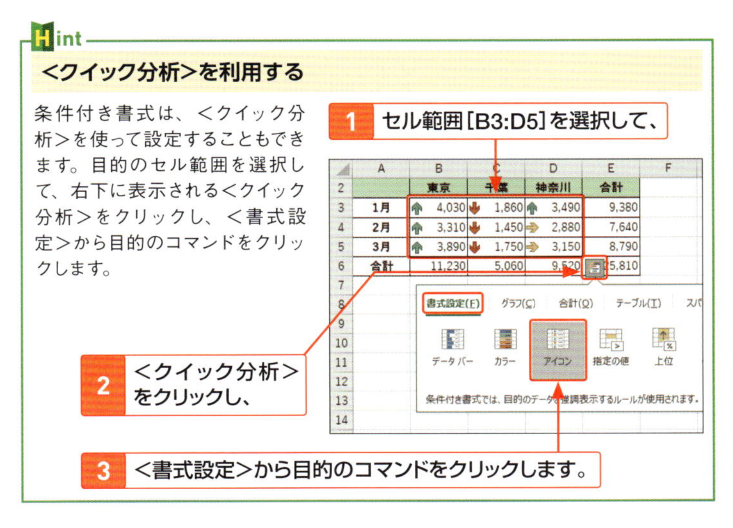

	A	B	C	D	E	F
2		東京	千葉	神奈川	合計	
3	1月	4,030	1,860	3,490	9,380	
4	2月	3,310	1,450	2,880	7,640	
5	3月	3,890	1,750	3,150	8,790	
6	合計	11,230	5,060	9,520	25,810	

2 数値の大小に応じて色を付ける

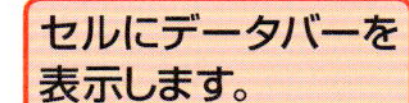

1 セル範囲［D3:D8］を選択して、

2 ＜ホーム＞タブをクリックします。

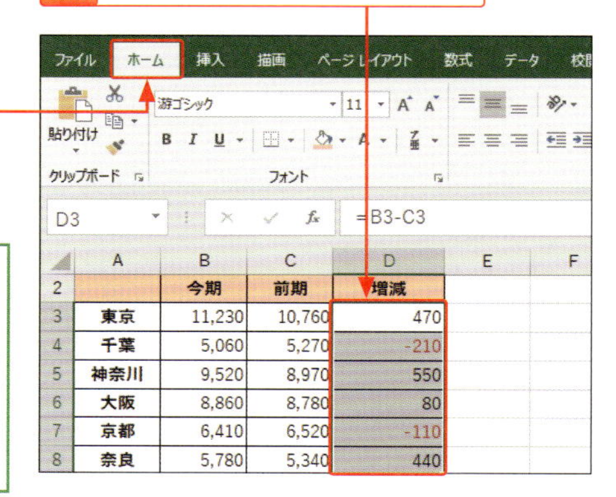

Keyword

データバー

「データバー」とは、値の大小に応じてセルにグラデーションや単色でカラーバーを表示する機能のことです。

3 ＜条件付き書式＞をクリックして、

4 ＜データバー＞にマウスポインターを合わせ、

5 目的のデータバーをクリックすると、

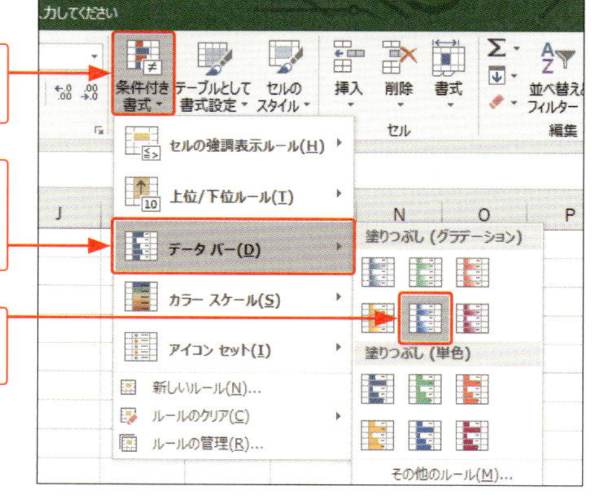

6 値の大小に応じたカラーバーが表示されます。

	A	B	C	D
2		今期	前期	増減
3	東京	11,230	10,760	470
4	千葉	5,060	5,270	-210
5	神奈川	9,520	8,970	550
6	大阪	8,860	8,780	80
7	京都	6,410	6,520	-110
8	奈良	5,780	5,340	440

Hint

条件付き書式を解除するには?

書式を解除したいセルを選択して、＜条件付き書式＞→＜ルールのクリア＞→＜選択したセルからルールをクリア＞の順にクリックします。

第5章

セル・シート・ブックの操作

セルを挿入する／削除する

行単位や列単位だけでなく、セル単位でも挿入や削除を行うことができます。**セル単位で挿入や削除を行う**場合は、**挿入や削除後のセルの移動方向を指定する**必要があります。

1 セルを挿入する

1 セルを挿入したい範囲を選択します。

2 <ホーム>タブの<挿入>のここをクリックして、

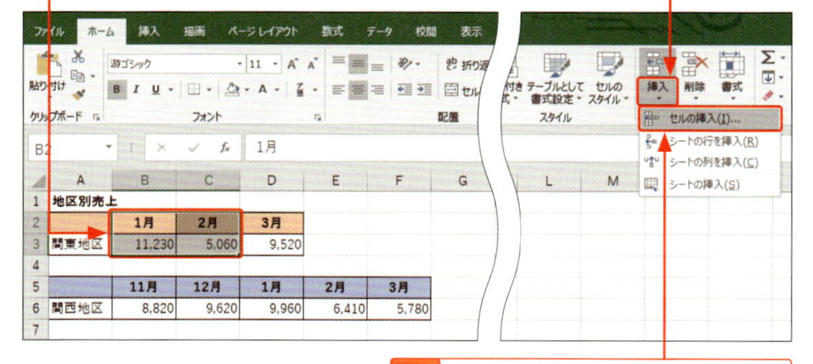

3 <セルの挿入>をクリックします。

4 挿入後のセルの移動方向をクリックしてオンにし、

5 <OK>をクリックすると、

6 選択した場所にセルが挿入されて、

7 選択していたセル以降が右方向に移動します。

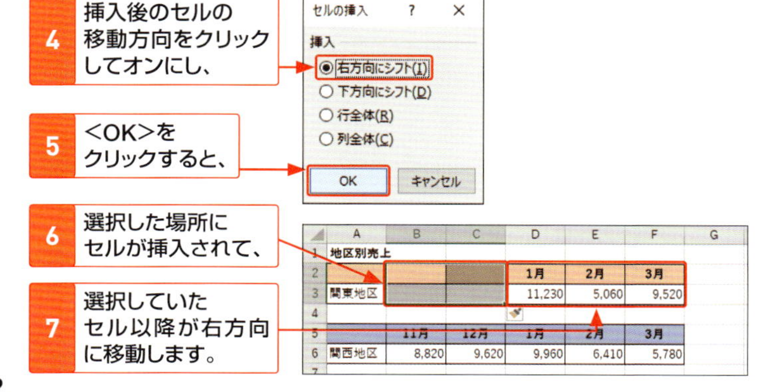

2 セルを削除する

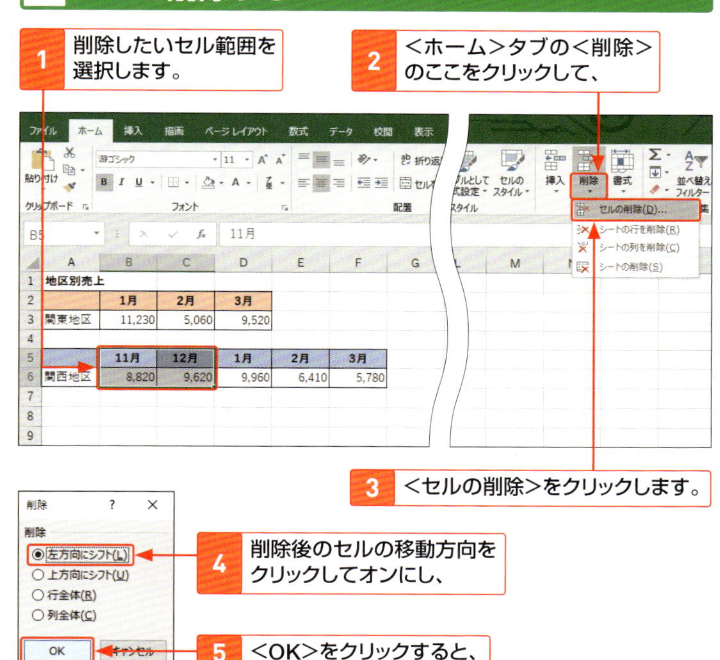

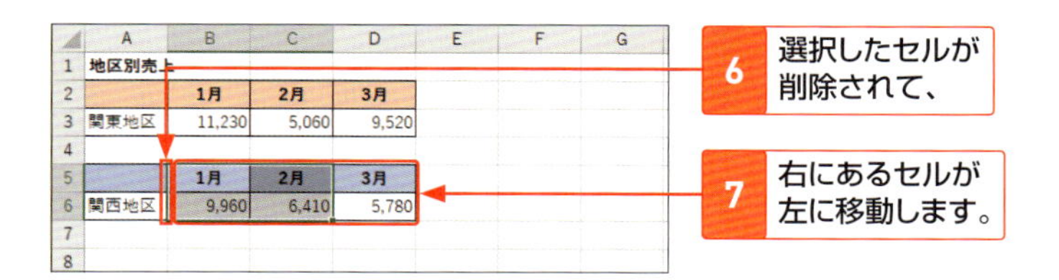

Hint

挿入したセルの書式を設定する

挿入したセルの上のセル（または左のセル）に書式が設定されていると、<挿入オプション>が表示されます。これを利用すると、挿入したセルの書式を変更することができます。

セルを結合する

隣り合う複数のセルは、結合して1つのセルとして扱うことができます。結合したセル内の文字の配置は、通常のセルと同じように任意に設定することができます。

1 セルを結合して文字を中央に揃える

1 隣接する複数のセルを選択します。

2 <ホーム>タブをクリックして、

3 <セルを結合して中央揃え>をクリックすると、

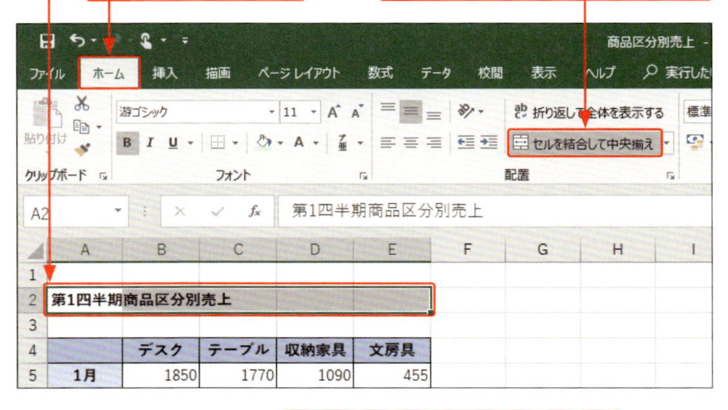

4 セルが結合され、文字が自動的に中央揃えになります。

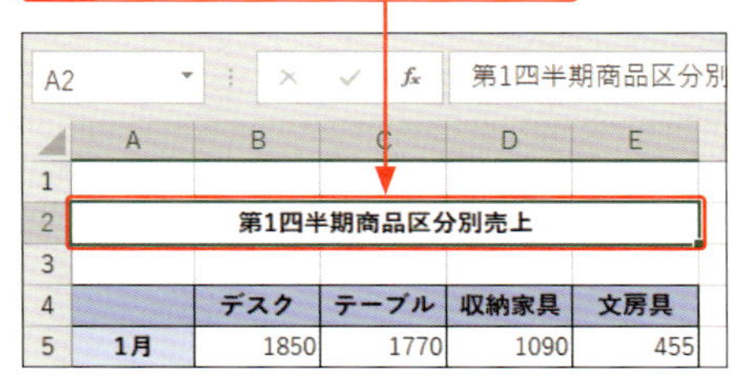

Memo

結合するセルにデータがある場合には?

結合するセルの選択範囲に複数のデータが存在する場合は、左上端のセルのデータのみが保持されます。

2 文字配置を維持したままセルを結合する

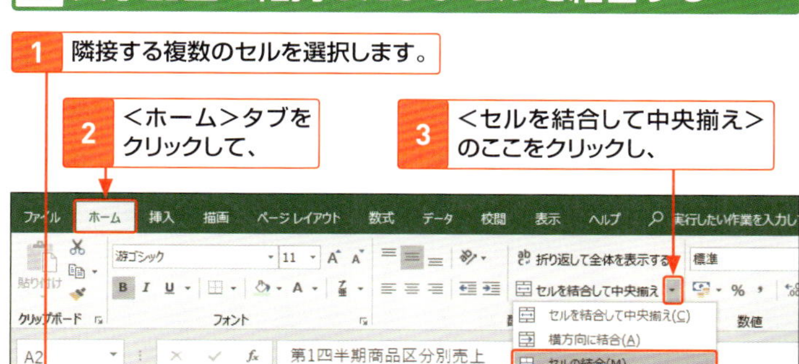

4 <セルの結合>をクリックすると、

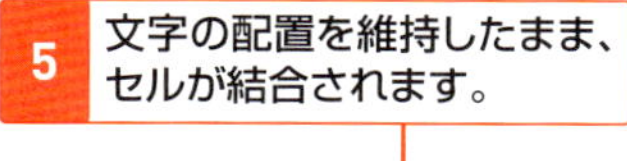

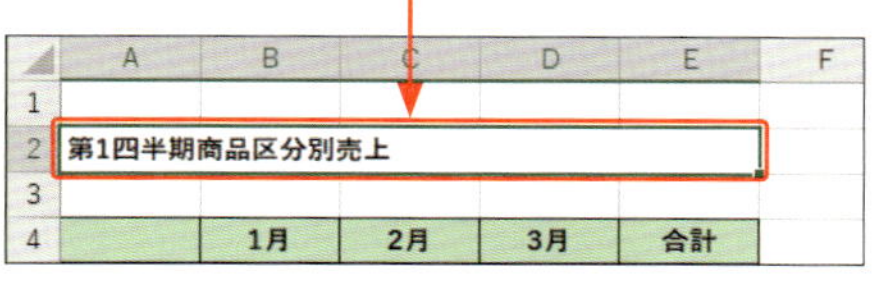

Hint セル結合の解除

セルの結合を解除するには、目的のセルを選択して、<セルを結合して中央揃え>を再度クリックします。

StepUp セルを横方向に結合する

結合したいセル範囲を選択して、上記の手順4で<横方向に結合>をクリックすると、同じ行のセルどうしを一気に結合することができます。

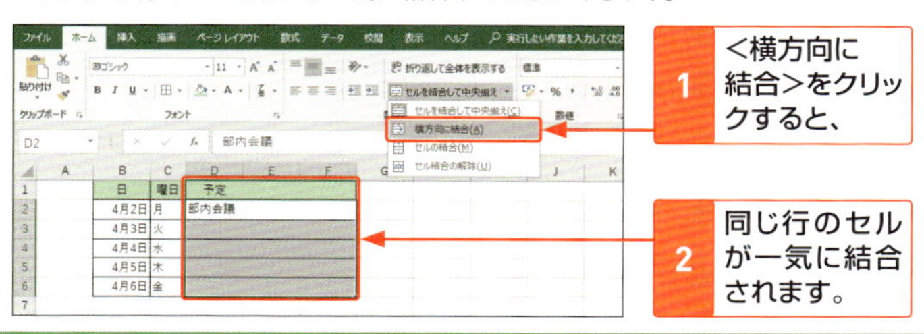

行や列を挿入する／削除する

表を作成したあとで項目を追加する必要が生じた場合は、**行や列を挿入**してデータを追加します。また、不要な項目がある場合は、**行単位や列単位で削除**することができます。

1 行や列を挿入する

行を挿入する

1 行番号をクリックして、行を選択します。

2 <ホーム>タブをクリックして、

3 <挿入>のここをクリックし、

4 <シートの行を挿入>をクリックすると、

5 選択した行の上に行が挿入されます。

	A	B	C	D	E
1	第1四半期商品区分別売上				
2		デスク	テーブル	収納家具	文房具
3	1月	1,850	1,770	1,090	455
4	2月	1,450	1,510	990	500
5	3月	2,080	2,430	1,430	550
6	合計	5,380	5,710	3,510	1,505

	A	B	C	D	E
1	第1四半期商品区分別売上				
2		デスク	テーブル	収納家具	文房具
3	1月	1,850	1,770	1,090	455
4	2月	1,450	1,510	990	500
5					
6	3月	2,080	2,430	1,430	550
7	合計	5,380	5,710	3,510	1,505

右ページのStepUp参照

Memo 列の挿入

列を挿入する場合は、列番号をクリックして列を選択し、手順4で<シートの列を挿入>をクリックします。

2 行や列を削除する

列を削除する

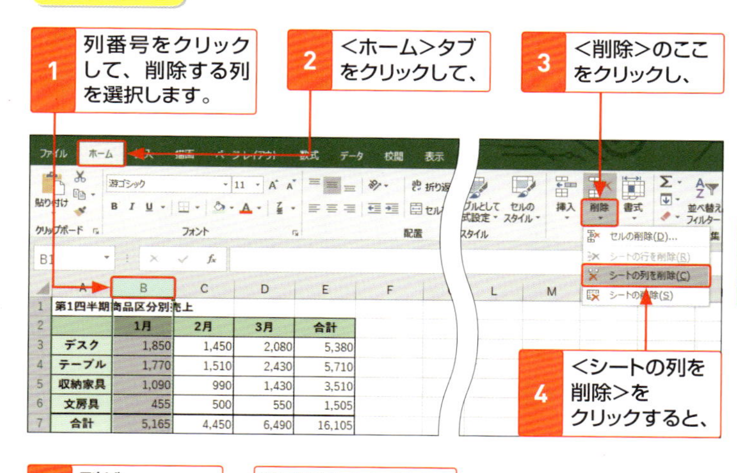

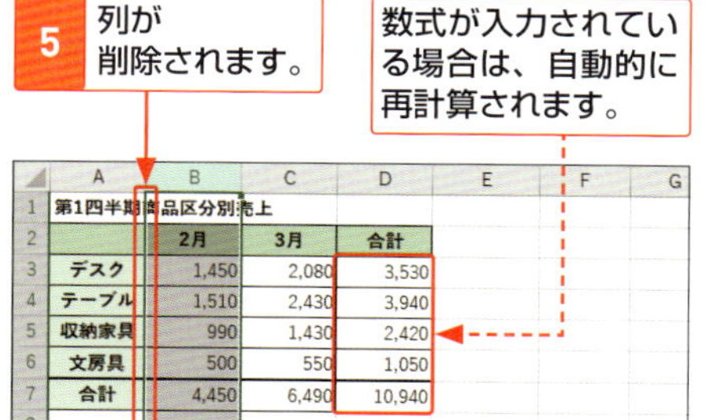

> **Memo**
>
> **行の削除**
>
> 行を削除する場合は、行番号をクリックして行を選択し、手順4で<シートの行を削除>をクリックします。

> **StepUp**
>
> **挿入した行や列の書式を設定できる**
>
> 挿入した周囲のセルに書式が設定されていた場合、挿入した行や列には、上の行(または左の列)の書式が適用されます。書式を変更したい場合は、行や列を挿入した際に表示される<挿入オプション>をクリックして設定します。
>
> **行を挿入した場合**
>
> 上と同じ書式を適用(A)
> 下と同じ書式を適用(B)
> 書式のクリア(C)
>
> **列を挿入した場合**
>
> 左側と同じ書式を適用(L)
> 右側と同じ書式を適用(R)
> 書式のクリア(C)
>
> 挿入した行や列の書式を変更できます。

見出しの行を固定する

大きな表の場合、スクロールすると見出しが見えなくなり、データが何を表すのかわからなくなることがあります。**見出しの行や列を固定すると、常に表示させておく**ことができます。

1 見出しの行を固定する

この見出しの行を固定します。

	A	B	C	D	E	F	G	
1	顧客No.	名前	フリガナ	郵便番号	都道府県	市区町村	建物	
2	1	阿川 香住	アガワ カスミ	112-0012	東京都	文京区大塚x-x-x		03-3
3	2	浅田 真弓	アサダ マユミ	252-0318	神奈川県	相模原市上鶴間x-x	鶴間コープ201	042-
4	3	飯田 真弓	イイダ マユミ	252-0318	神奈川県	相模原市鶴間x-x		042-

1 ＜表示＞タブをクリックします。

2 ＜ウィンドウ枠の固定＞をクリックして、

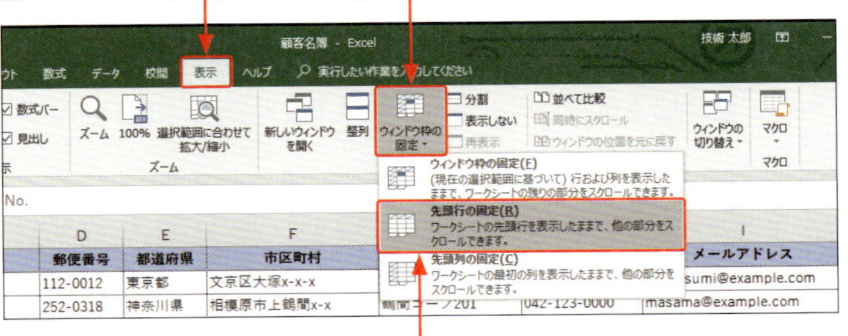

3 ＜先頭行の固定＞をクリックすると、

4 先頭の見出しの行が固定されて、境界線が表示されます。

境界線より下のウィンドウ枠内がスクロールします。

	A	B	C	D	H	I	J
1	顧客No.	名前	フリガナ	郵便番号	電話番号	メールアドレス	
11	10	大田 正己	オオタ マサミ	102-0075	3-4334-0000	mayuoota@example.com	
12	11	小海 隼也	オオミ シュンヤ	134-0088	5275-0000	ue-zyun@example.com	
13	12	尾形 慶子	オガタ ケイコ	167-0053	678-0000	k-ogata@example.com	
14	13	緒川 新一	オガワ シンイチ	162-0811	4567-0000	sinookawa@example.com	
15	14	小川 慎一	オガワ シンイチ	151-0051	3-5268-0000	sinoga@example.com	

2 行と列を同時に固定する

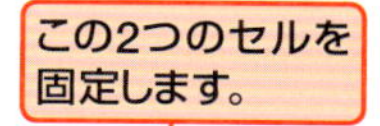

1 このセルをクリックして、

2 <表示>タブをクリックします。

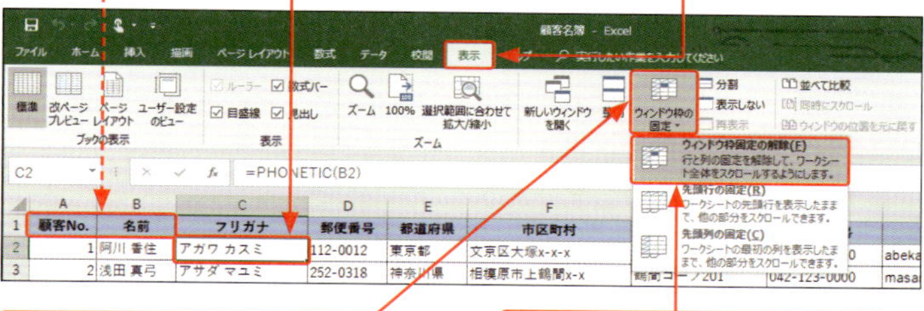

3 <ウィンドウ枠の固定>をクリックして、

4 <ウィンドウ枠の固定>をクリックすると、

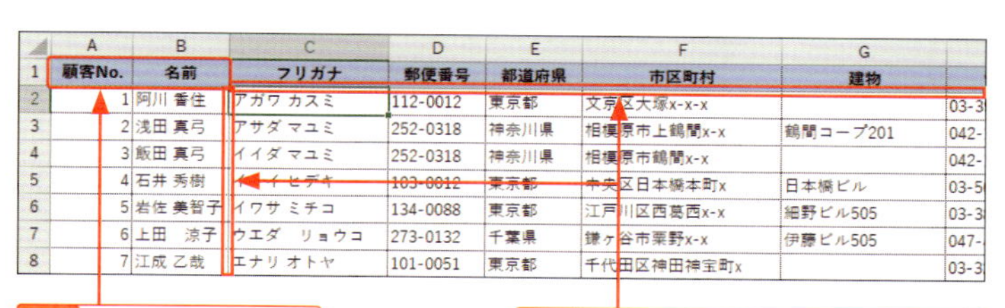

5 この2つのセルが固定され、

6 選択したセルの上側と左側に境界線が表示されます。

7 このペアの矢印だけが連動してスクロールします。

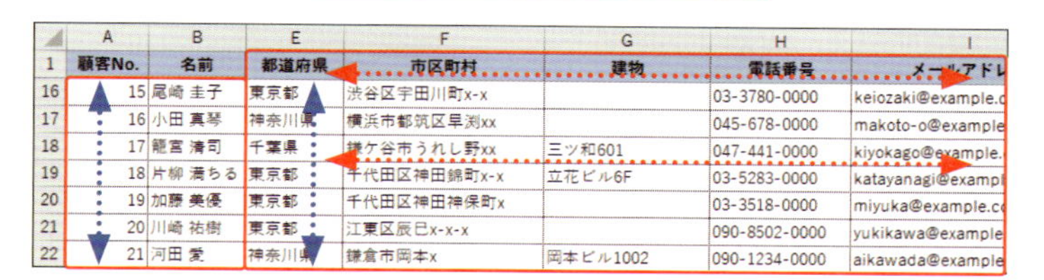

Hint 見出し行の固定を解除するには?

見出し行の固定を解除するには、<表示>タブの<ウィンドウ枠の固定>をクリックして、<ウィンドウ枠固定の解除>をクリックします。

ワークシートを追加する／削除する

新規に作成したブックには１枚のワークシートが表示されています。ワークシートは、必要に応じて追加したり、不要になった場合は削除したりすることができます。

1 ワークシートを追加する

1 <新しいシート>をクリックすると、

14	13	緒川　新一	オガワ　シンイチ	162-0811
15	14	小川 慎一	オガワ シンイチ	151-0051
16	15	尾崎 圭子	オザキ ケイコ	150-8081
17	16	小田 真琴	オダ マコト	224-0025

Sheet1　⊕

準備完了

2 新しいワークシートがシートの後ろに追加されます。

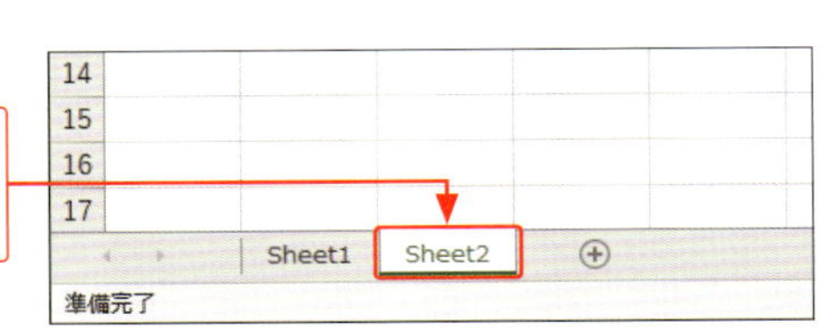

2 ワークシートを切り替える

1 切り替えたいワークシートのシート見出し（ここでは「Sheet1」）をクリックすると、

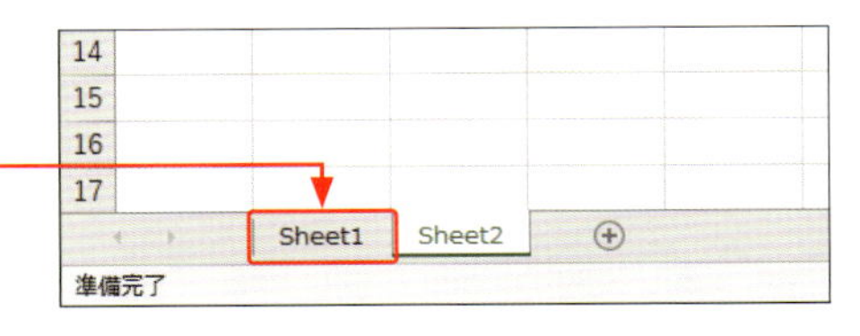

2 ワークシートが「Sheet1」に切り替わります。

14	13	緒川　新一	オガワ　シンイチ	162-0811
15	14	小川 慎一	オガワ シンイチ	151-0051
16	15	尾崎 圭子	オザキ ケイコ	150-8081
17	16	小田 真琴	オダ マコト	224-0025

Sheet1　Sheet2　⊕

準備完了

3 ワークシートを削除する

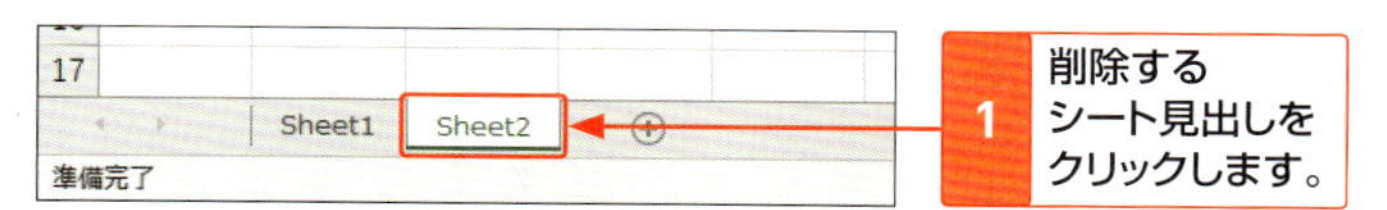

1 削除するシート見出しをクリックします。

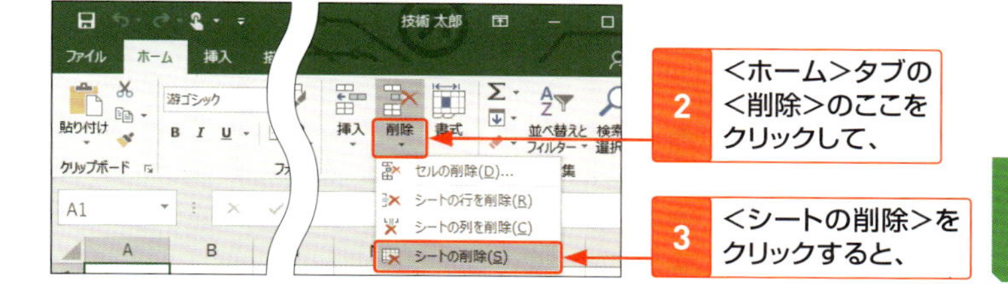

2 <ホーム>タブの<削除>のここをクリックして、

3 <シートの削除>をクリックすると、

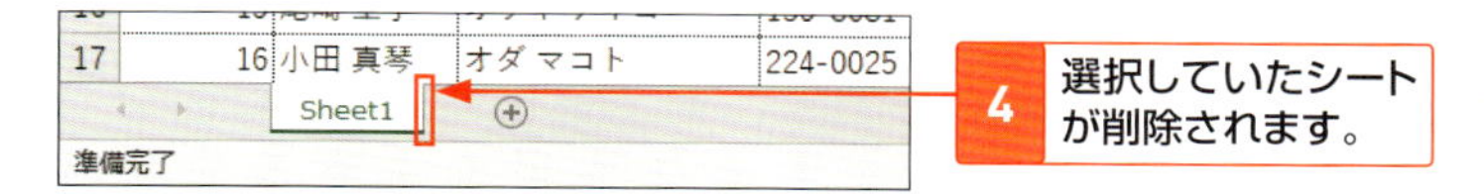

4 選択していたシートが削除されます。

4 ワークシート名を変更する

1 シート見出しをダブルクリックすると、

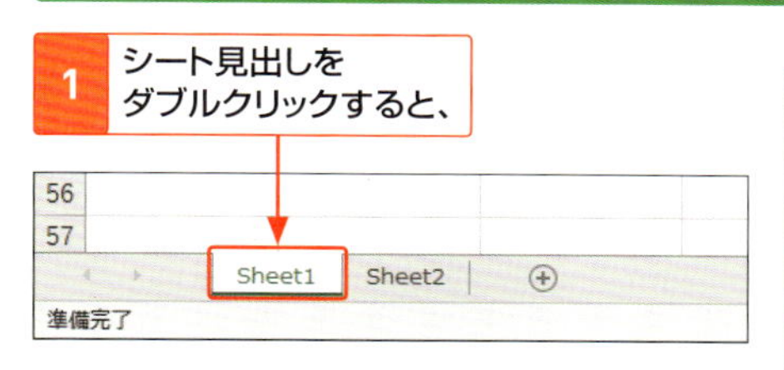

2 ワークシート名が選択されます。

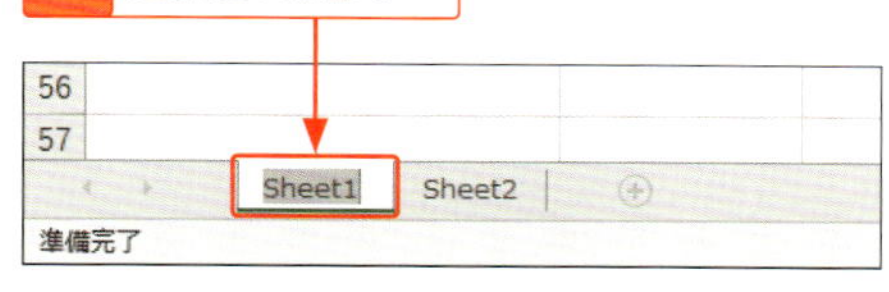

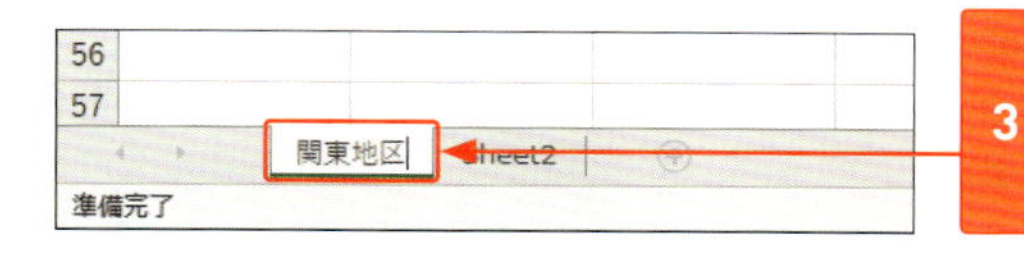

3 ワークシート名を入力して Enter を押すと、ワークシート名が変更されます。

Hint

ワークシート名で使えない文字

ワークシート名には半角・全角の「¥」「＊」「?」「：」「'」「/」「[ ]」は使用できません。また、ワークシート名を空白（何も文字を入力しない状態）にすることはできません。

データを並べ替える

データベース形式の表では、**データを昇順や降順で並べ替え**たり、**五十音順で並べ替え**たりすることができます。並べ替えを行う際は、基準となるフィールド（列）を指定します。

データベース形式の表とは?

「データベース形式の表」とは、列ごとに同じ種類のデータが入力され、先頭行に列の見出しとなる列ラベル（列見出し）が入力されている一覧表のことです。

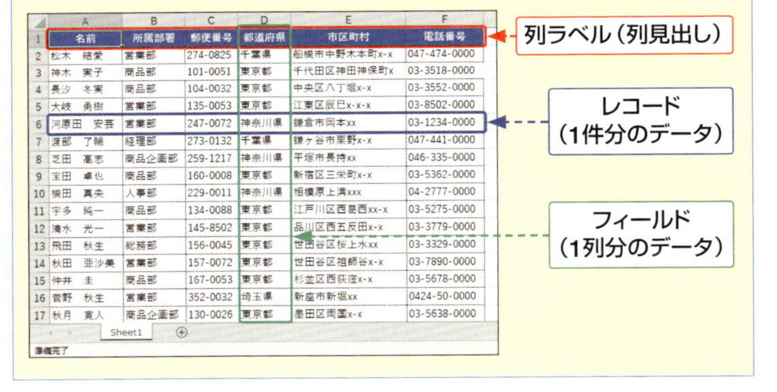

	A	B	C	D	E	F
1	名前	所属部署	郵便番号	都道府県	市区町村	電話番号
2	松木　結愛	営業部	274-0825	千葉県	船橋市中野木本町x-x	047-474-0000
3	神木　実子	商品部	101-0051	東京都	千代田区神田神保町x	03-3518-0000
4	長汐　冬実	商品部	104-0032	東京都	中央区八丁堀x-x	03-3552-0000
5	大岐　勇樹	営業部	135-0053	東京都	江東区辰巳x-x-x	03-8502-0000
6	河原田　安芸	営業部	247-0072	神奈川県	鎌倉市岡本xx	03-1234-0000
7	渡部　了輔	経理部	273-0132	千葉県	鎌ヶ谷市粟野x-x	047-441-0000
8	芝田　高志	商品企画部	259-1217	神奈川県	平塚市長持xx	046-335-0000
9	宝田　卓也	商品部	160-0008	東京都	新宿区三栄町x-x	03-5362-0000
10	槇田　真央	人事部	229-0011	神奈川県	相模原上溝xxx	04-2777-0000
11	宇多　純一	商品部	134-0088	東京都	江戸川区西葛西xx-x	03-5275-0000
12	清水　光一	営業部	145-8502	東京都	品川区西五反田x-x	03-3779-0000
13	飛田　秋生	総務部	156-0045	東京都	世田谷区桜上水xx	03-3329-0000
14	秋田　亜沙美	営業部	157-0072	東京都	世田谷区祖師谷x-x	03-7890-0000
15	仲井　圭	商品部	167-0053	東京都	杉並区西荻窪x-x	03-5678-0000
16	菅野　秋生	営業部	352-0032	埼玉県	新座市新堀xx	0424-50-0000
17	秋月　寛人	商品企画部	130-0026	東京都	墨田区両国x-x	03-5638-0000

1 データを昇順や降順で並べ替える

Memo

データを並べ替えるには?

データベース形式の表を並べ替えるには、基準となるフィールドのセルをあらかじめ選択しておく必要があります。

1 並べ替えの基準となるフィールドの任意のセルをクリックします。

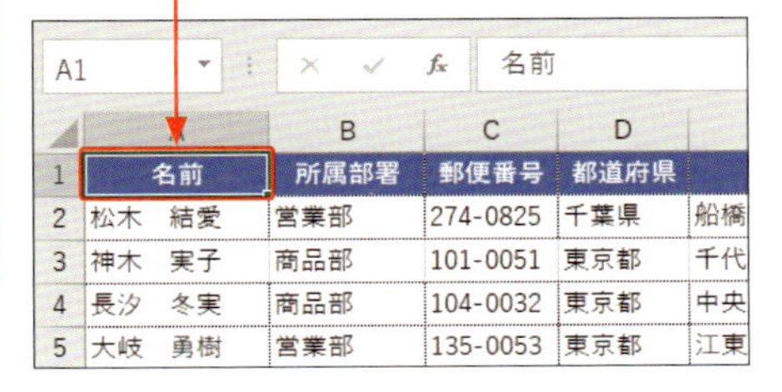

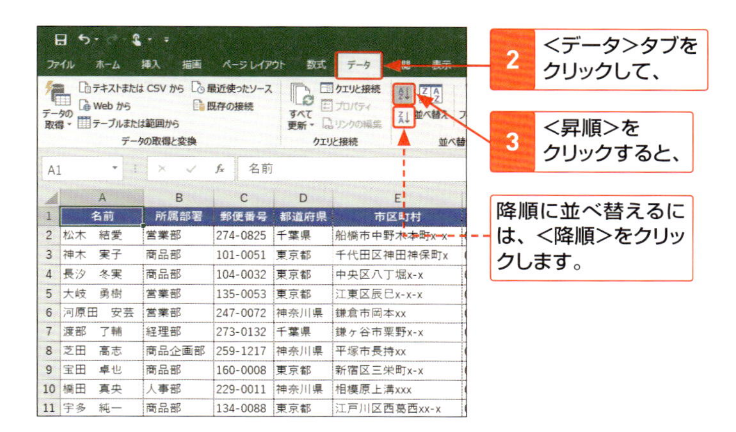

	A	B	C	D	E
1	名前	所属部署	郵便番号	都道府県	市区町村
2	松木　結愛	営業部	274-0825	千葉県	船橋市中野木本町x-x
3	神木　実子	商品部	101-0051	東京都	千代田区神田神保町x
4	長汐　冬実	商品部	104-0032	東京都	中央区八丁堀x-x
5	大岐　勇樹	営業部	135-0053	東京都	江東区辰巳x-x-x
6	河原田　安芸	営業部	247-0072	神奈川県	鎌倉市岡本xx
7	渡部　了輔	経理部	273-0132	千葉県	鎌ヶ谷市粟野x-x
8	芝田　高志	商品企画部	259-1217	神奈川県	平塚市長持xx
9	宝田　卓也	商品部	160-0008	東京都	新宿区三栄町x-x
10	橋田　真央	人事部	229-0011	神奈川県	相模原上溝xxx
11	宇多　純一	商品部	134-0088	東京都	江戸川区西葛西xx-x

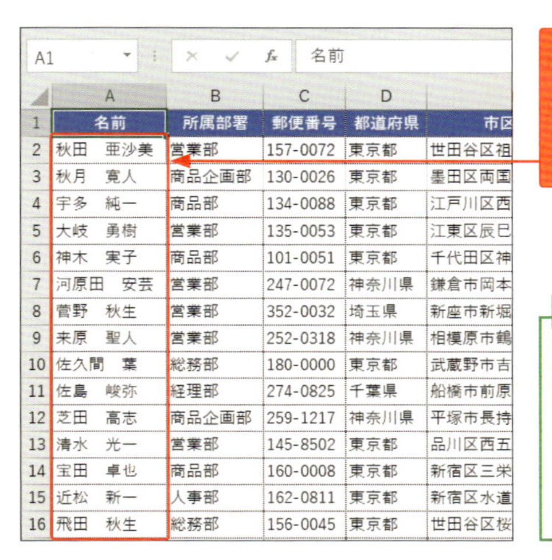

	A	B	C	D	
1	名前	所属部署	郵便番号	都道府県	市区
2	秋田　亜沙美	営業部	157-0072	東京都	世田谷区祖
3	秋月　寛人	商品企画部	130-0026	東京都	墨田区両国
4	宇多　純一	商品部	134-0088	東京都	江戸川区西
5	大岐　勇樹	営業部	135-0053	東京都	江東区辰巳
6	神木　実子	商品部	101-0051	東京都	千代田区神
7	河原田　安芸	営業部	247-0072	神奈川県	鎌倉市岡本
8	菅野　秋生	営業部	352-0032	埼玉県	新座市新堀
9	来原　聖人	営業部	252-0318	神奈川県	相模原市鶴
10	佐久間　葉	総務部	180-0000	東京都	武蔵野市吉
11	佐島　峻弥	経理部	274-0825	千葉県	船橋市前原
12	芝田　高志	商品企画部	259-1217	神奈川県	平塚市長持
13	清水　光一	営業部	145-8502	東京都	品川区西五
14	宝田　卓也	商品部	160-0008	東京都	新宿区三栄
15	近松　新一	人事部	162-0811	東京都	新宿区水道
16	飛田　秋生	総務部	156-0045	東京都	世田谷区桜

4 指定したセルを含むフィールドを基準にして、表全体が昇順に並べ替えられます。

Hint

昇順と降順の並べ替えのルール

昇順では、0～9、A～Z、日本語の順で、降順では逆の順番で並べ替えられます。

Hint

データが正しく並べ替えられない!

データベース形式の表内のセルが結合されていたり、空白の行や列があったりする場合は、表全体のデータを並べ替えることはできません。並べ替えを行う際は、表内にこのような行や列、セルがないかどうかを確認しておきます。
また、ほかのアプリで作成したファイルのデータをコピーした場合は、ふりがな情報が保存されていないため、正しく並べ替えができないことがあります。

条件に合ったデータを取り出す

データの数が多い表では、目的のデータを探すのに手間がかかります。このような場合は、オートフィルターを利用すると、条件に合ったデータをかんたんに取り出すことができます。

1 フィルターを利用してデータを抽出する

Keyword

オートフィルター

「オートフィルター」とは、フィールドの項目を基準として、指定した条件に合ったデータだけを抽出して表示する機能のことです。

Hint

オートフィルターを解除するには?

オートフィルターを解除するには、再度<フィルター>をクリックします。

1 表内のセルをクリックします。

2 <データ>タブをクリックして、

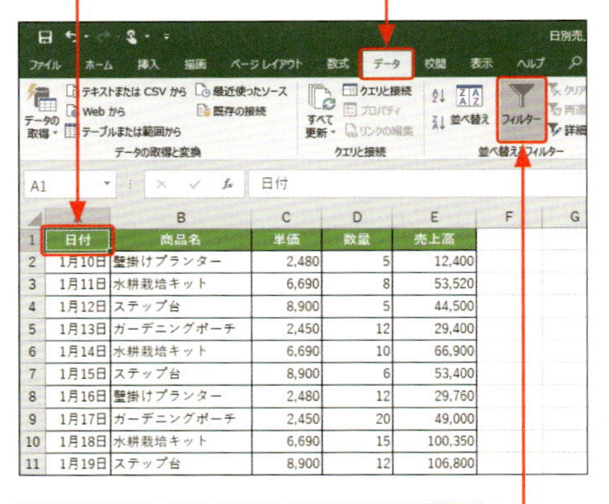

	A	B	C	D	E
1	日付	商品名	単価	数量	売上高
2	1月10日	壁掛けプランター	2,480	5	12,400
3	1月11日	水耕栽培キット	6,690	8	53,520
4	1月12日	ステップ台	8,900	5	44,500
5	1月13日	ガーデニングポーチ	2,450	12	29,400
6	1月14日	水耕栽培キット	6,690	10	66,900
7	1月15日	ステップ台	8,900	6	53,400
8	1月16日	壁掛けプランター	2,480	12	29,760
9	1月17日	ガーデニングポーチ	2,450	20	49,000
10	1月18日	水耕栽培キット	6,690	15	100,350
11	1月19日	ステップ台	8,900	12	106,800

3 <フィルター>をクリックすると、

4 すべての列ラベルにフィルターボタンが表示され、オートフィルターが利用できるようになります。

	A	B	C	D	E
1	日付	商品名	単価	数量	売上高
2	1月10日	壁掛けプランター	2,480	5	12,400
3	1月11日	水耕栽培キット	6,690	8	53,520
4	1月12日	ステップ台	8,900	5	44,500
5	1月13日	ガーデニングポーチ	2,450	12	29,400
6	1月14日	水耕栽培キット	6,690	10	66,900
7	1月15日	ステップ台	8,900	6	53,400
8	1月16日	壁掛けプランター	2,480	12	29,760
9	1月17日	ガーデニングポーチ	2,450	20	49,000
10	1月18日	水耕栽培キット	6,690	15	100,350
11	1月19日	ステップ台	8,900	12	106,800
12	1月20日	ガーデニングポーチ	2,450	24	58,800
13	1月21日	壁掛けプランター	2,480	12	29,760
14	1月22日	水耕栽培キット	6,690	10	66,900

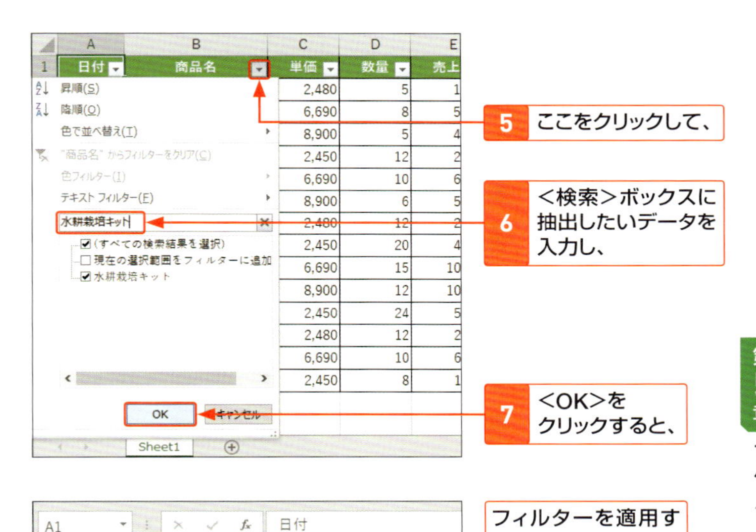

Hint フィルターの条件をクリアするには?

データを抽出したあとに、オートフィルターを設定したまま、すべてのデータを表示するには、をクリックして、<"商品名"からフィルターをクリア>をクリックします。

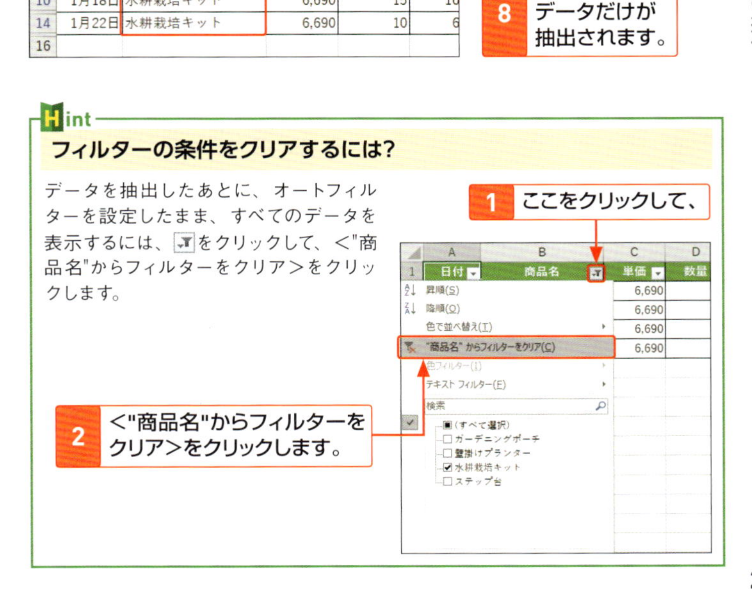

2 複数の条件を指定してデータを抽出する

「単価」が2,000以上4,000以下のデータを抽出します。

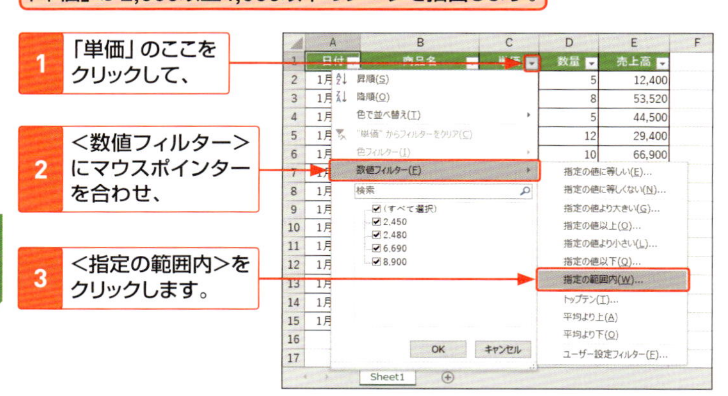

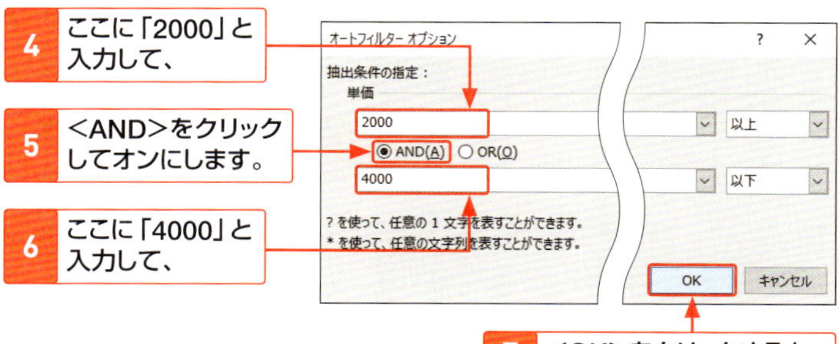

8 「単価」が「2,000以上かつ4,000以下」のデータが抽出されます。

	A	B	C	D	E	F
1	日付	商品名	単価	数量	売上高	
2	1月10日	壁掛けプランター	2,480	5	12,400	
5	1月13日	ガーデニングポーチ	2,450	12	29,400	
8	1月16日	壁掛けプランター	2,480	12	29,760	
9	1月17日	ガーデニングポーチ	2,450	20	49,000	
12	1月20日	ガーデニングポーチ	2,450	24	58,800	
13	1月21日	壁掛けプランター	2,480	12	29,760	
15	1月23日	ガーデニングポーチ	2,450	8	19,600	
16						

StepUp

2つの条件を指定する

手順5で<OR>をオンにすると、「8,000以上または3,000以下」などの条件でデータを抽出できます。ANDは「かつ」、ORは「または」と読み替えるとわかりやすいでしょう。

第6章

グラフ・図形の利用

グラフを作成する

グラフは、グラフのもとになるセル範囲を選択して、<おすすめグラフ>か、グラフの種類に対応したコマンドをクリックして、目的のグラフを選択するだけで、かんたんに作成できます。

1 <おすすめグラフ>を利用する

1 グラフのもとになるセル範囲を選択して、

2 <挿入>タブをクリックし、

3 <おすすめグラフ>をクリックします。

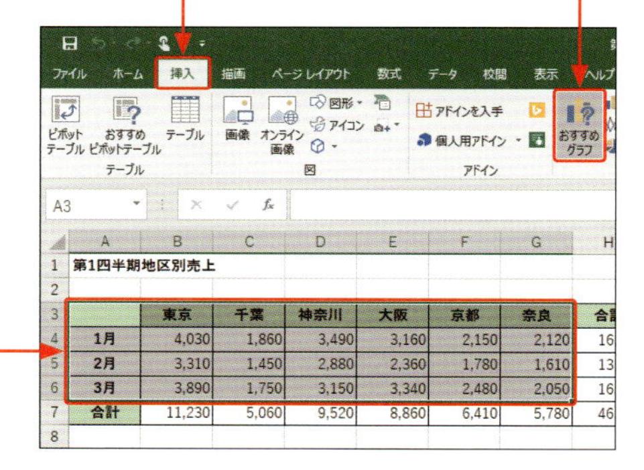

4 利用しているデータに適したグラフの候補が表示されるので、

5 作成したいグラフをクリックして、

6 <OK>をクリックすると、

7 グラフが作成されます。

	A	B	C	D	E
1	第1四半期地区別売上				
2					
3		東京	千葉	神奈川	大阪
4	1月	4,030	1,860	3,490	3,160
5	2月	3,310	1,450	2,880	2,360
6	3月	3,890	1,750	3,150	3,340
7	合計	11,230	5,060	9,520	8,860

グラフ タイトル

4,500 / 4,000 / 3,500 / 3,000 / 2,500 / 2,000 / 1,500 / 1,000 / 500 / 0

東京 千葉 神奈川 大阪 京都 奈良

■1月 ■2月 ■3月

8 ここをクリックして
タイトルを入力し、

9 タイトル以外をクリックすると、
タイトルが表示されます。

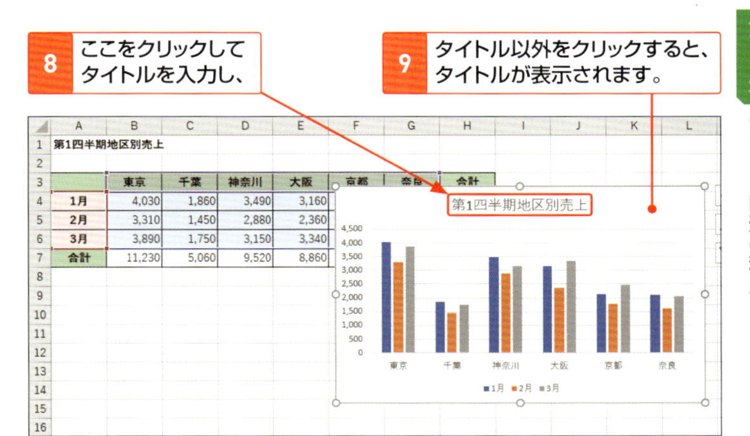

グラフの種類に対応したコマンドを使う

グラフは、＜挿入＞タブの＜グラフ＞グループに用意されているコマンドを使って作成することもできます。グラフのもとになるセル範囲を選択して、グラフの種類に対応したコマンドをクリックし、目的のグラフを選択します。

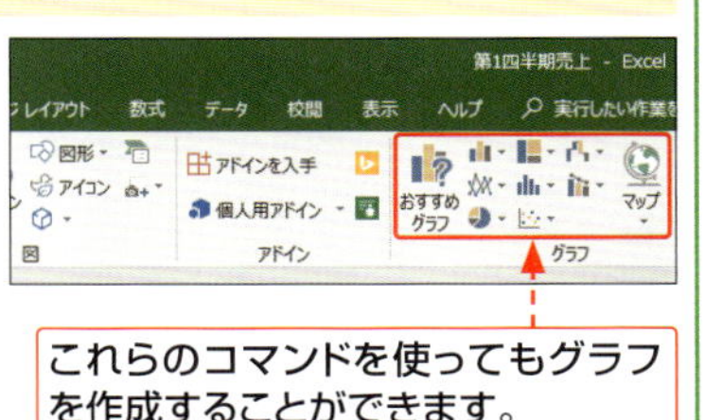

これらのコマンドを使ってもグラフを作成することができます。

グラフの位置やサイズを変更する

グラフは、グラフのもとデータがあるワークシートに表示されますが、ほかのシートやグラフだけのシートに移動することができます。グラフ全体やグラフ要素のサイズを変更することもできます。

1 グラフを移動する

1 グラフエリア（P.275のMemo参照）の何もないところをクリックしてグラフを選択し、

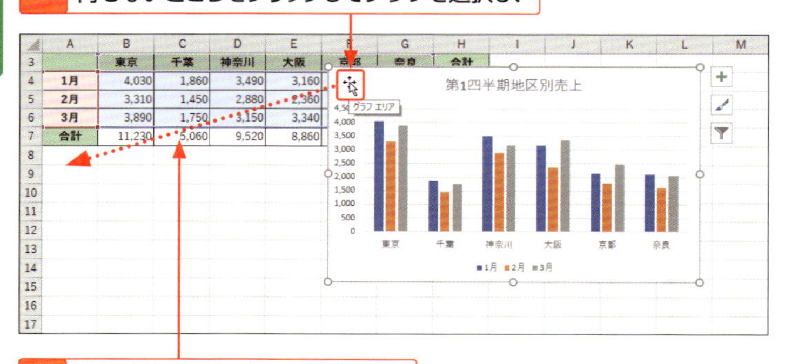

2 移動する場所までドラッグすると、

3 グラフが移動します。

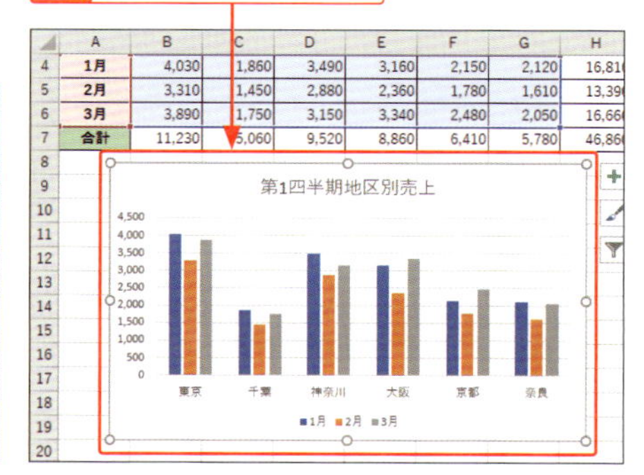

Memo グラフ要素を移動する

グラフ要素（P.275のMemo参照）も移動することができます。グラフ要素をクリックして、周囲に表示される枠線上にマウスポインターを合わせてドラッグします。

2 グラフのサイズを変更する

1 サイズを変更したいグラフをクリックします。

2 サイズ変更ハンドルにマウスポインターを合わせて、

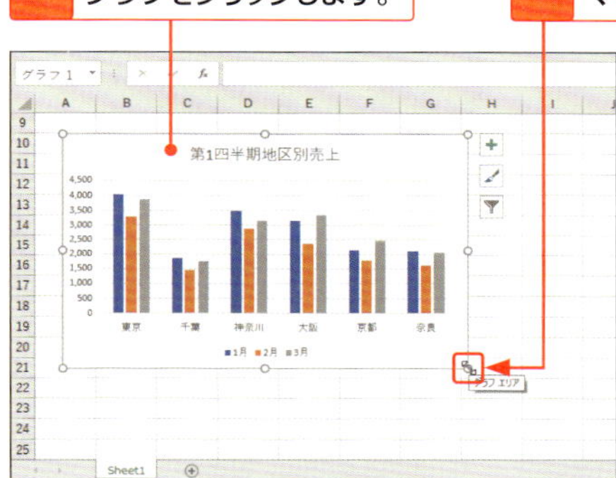

Memo

グラフ要素のサイズを変更する

グラフタイトルや凡例など、グラフ要素のサイズを変更することもできます。グラフ要素をクリックし、サイズ変更ハンドルをドラッグします。

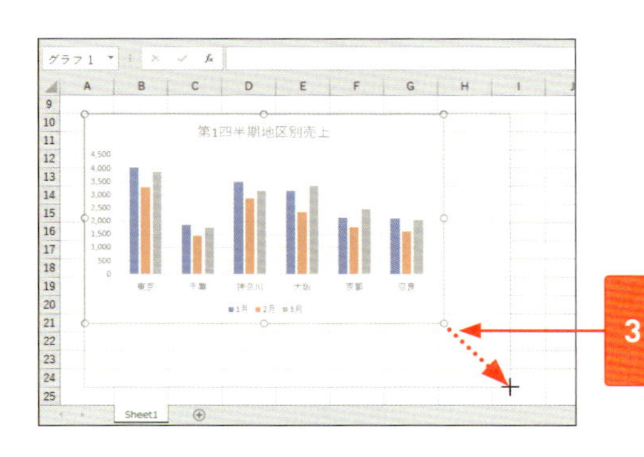

3 変更したい大きさになるまでドラッグすると、

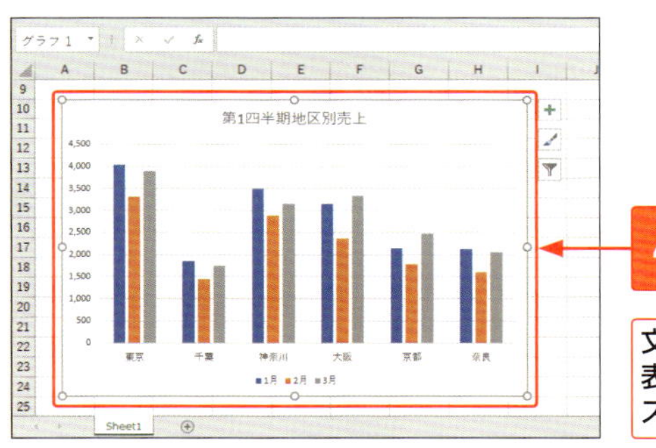

4 グラフのサイズが変更されます。

文字サイズや凡例などの表示サイズはもとのサイズのままです。

第6章 グラフ・図形の利用

3 グラフをほかのシートに移動する

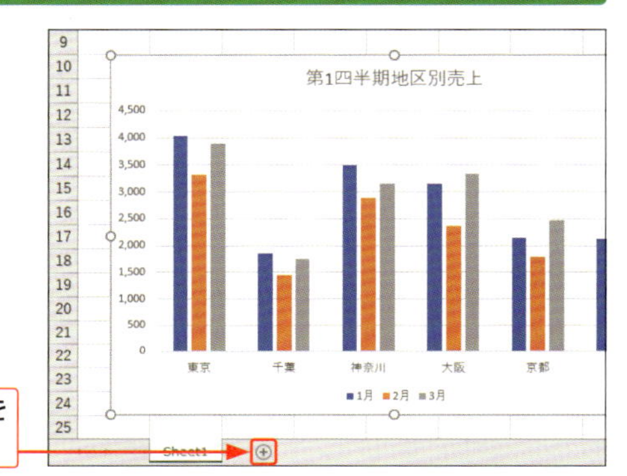

1 ＜新しいシート＞をクリックして、

2 新しいシートを作成しておきます。

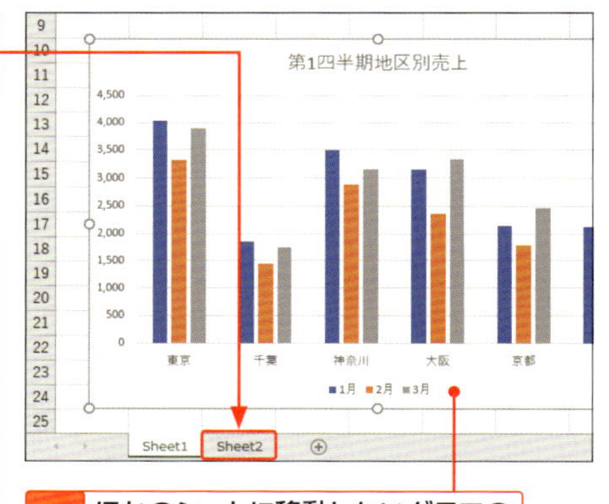

3 ほかのシートに移動したいグラフのグラフエリアをクリックして、

> **Memo**
> **ほかのシートに移動する場合**
>
> グラフをほかのシートに移動する場合は、移動先のシートをあらかじめ作成しておく必要があります。

4 ＜デザイン＞タブをクリックし、

5 ＜グラフの移動＞をクリックします。

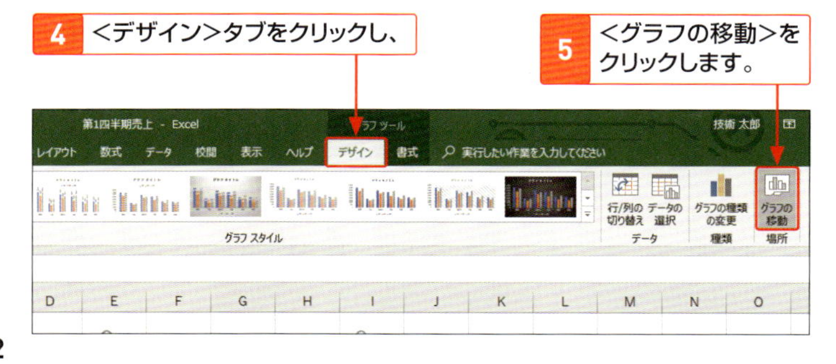

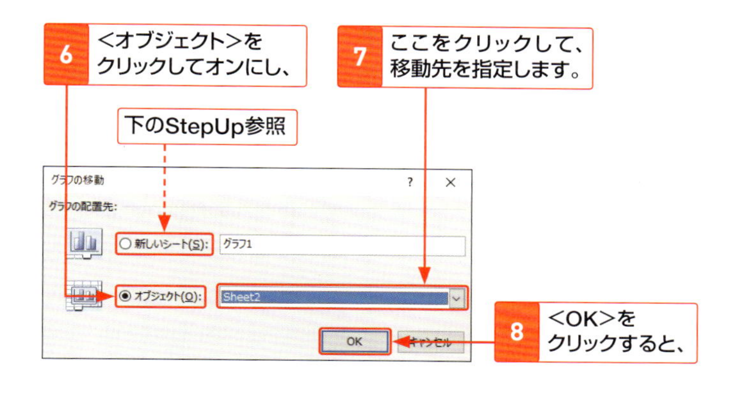

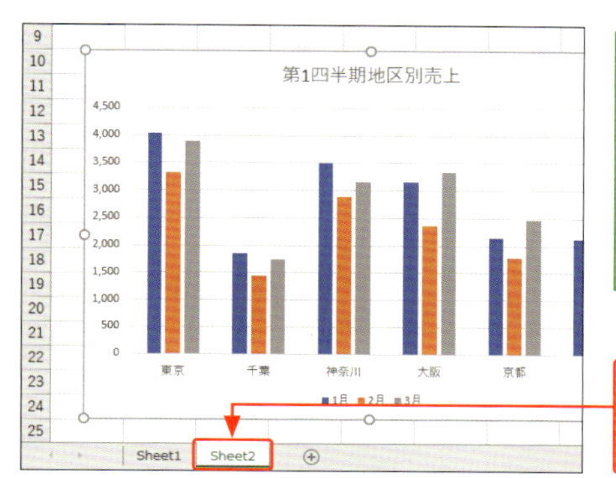

Memo

もとデータの変更はグラフに反映される

グラフのもとになったデータが変更されると、グラフの内容も自動的に変更されます。

StepUp

グラフシートの作成

<グラフの移動>ダイアログボックスでグラフの移動先に<新しいシート>を指定すると、指定した名前の新しいシートが作成され、グラフが移動します。この方法で作成したシートは、グラフだけが表示されるグラフシートです。

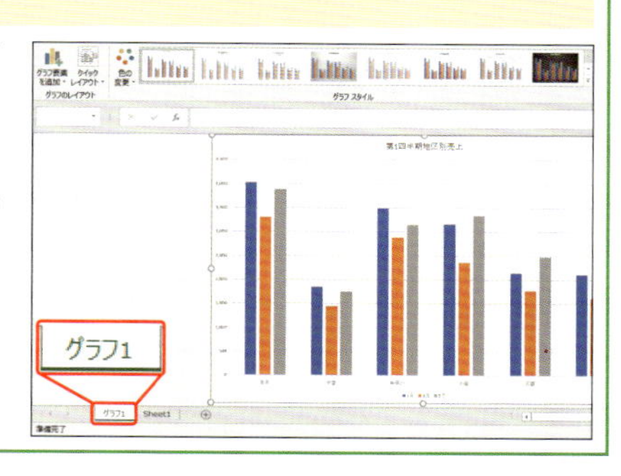

軸ラベルを表示する

作成した直後のグラフには、グラフタイトルと凡例だけが表示されていますが、**必要に応じてほかの要素を追加**することができます。ここでは、**縦軸ラベルを追加**します。

1 縦軸ラベルを表示する

Keyword
軸ラベル

「軸ラベル」とは、グラフの横方向と縦方向の軸に付ける名前のことです。

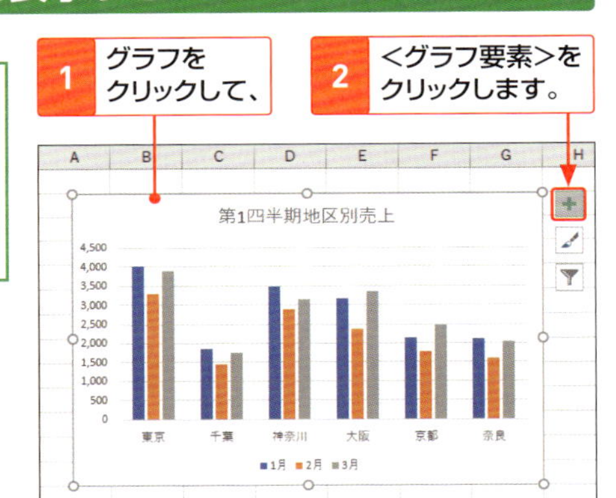

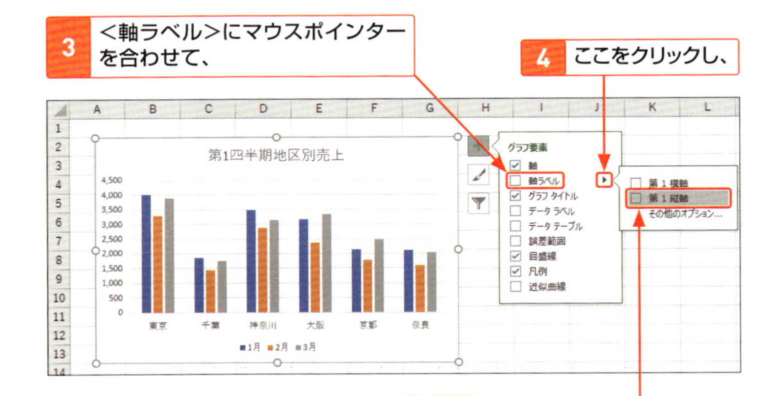

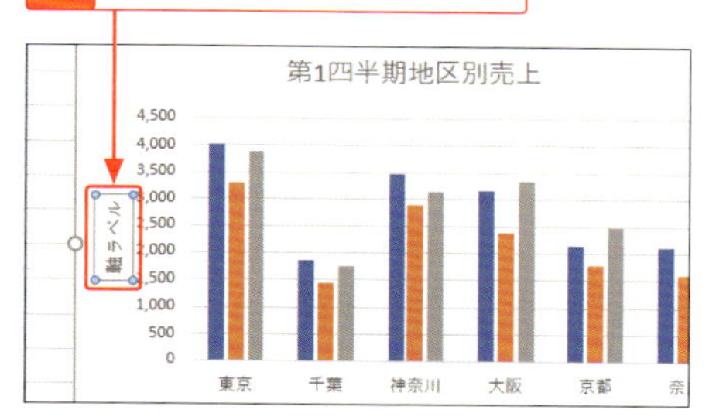

Hint 横軸ラベルを表示するには？

横軸ラベルを表示する場合は、手順 5 で＜第1横軸＞をクリックしてオンにします。

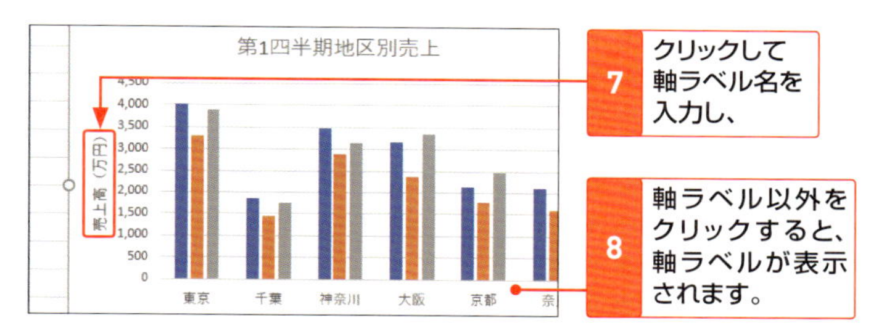

Memo グラフの構成要素

グラフを構成する部品のことを「グラフ要素」といいます。それぞれのグラフ要素は、グラフのもとになったデータと関連しています。ここで、各グラフ要素の名称を確認しておきましょう。

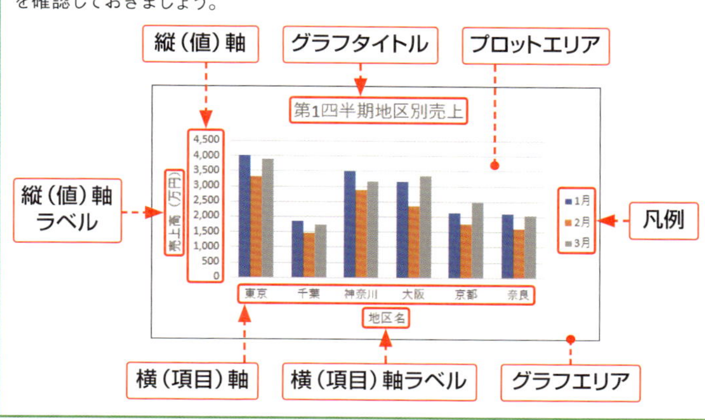

グラフのレイアウトやデザインを変更する

グラフのレイアウトやデザインは、あらかじめ用意されている<クイックレイアウト>や<グラフスタイル>から好みの設定を選ぶだけで、かんたんに変更することができます。

1 グラフのレイアウトを変更する

1 グラフをクリックして、

2 <デザイン>タブをクリックします。

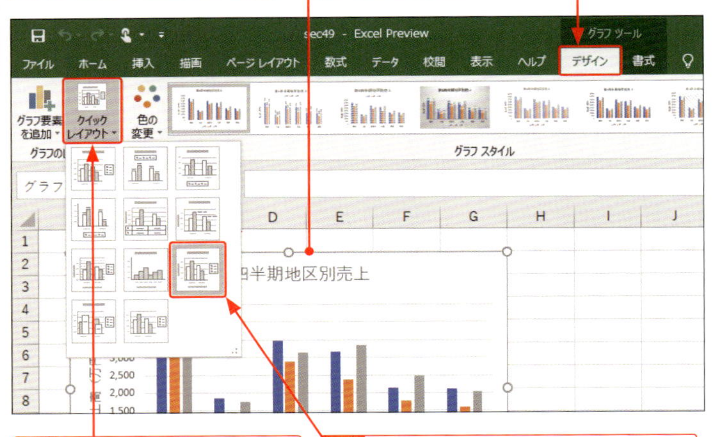

3 <クイックレイアウト>をクリックして、

4 使用したいレイアウト(ここでは<レイアウト9>)をクリックすると、

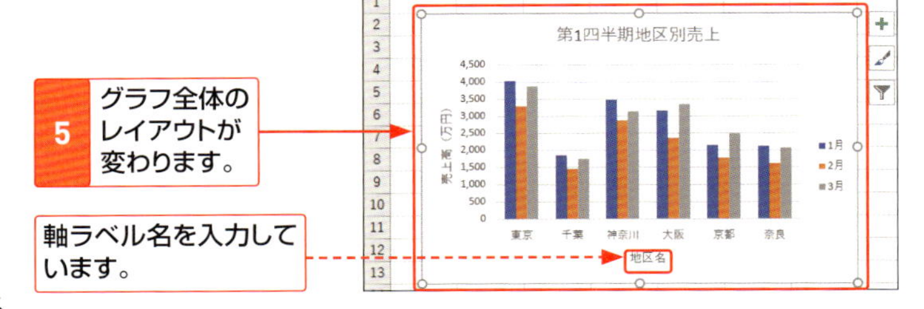

5 グラフ全体のレイアウトが変わります。

軸ラベル名を入力しています。

2 グラフのスタイルを変更する

1 グラフをクリックして、

2 <デザイン>タブをクリックし、

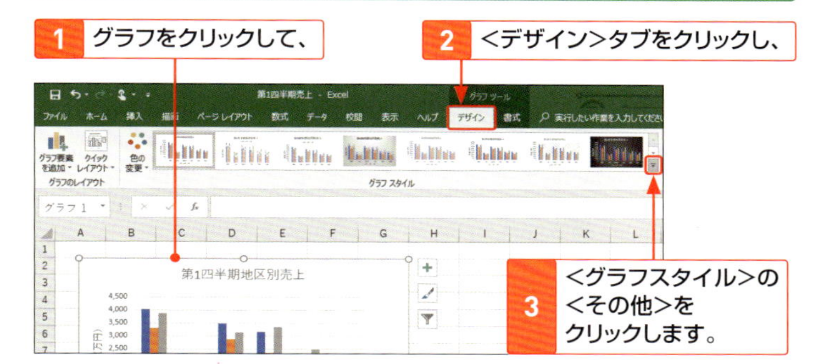

3 <グラフスタイル>の<その他>をクリックします。

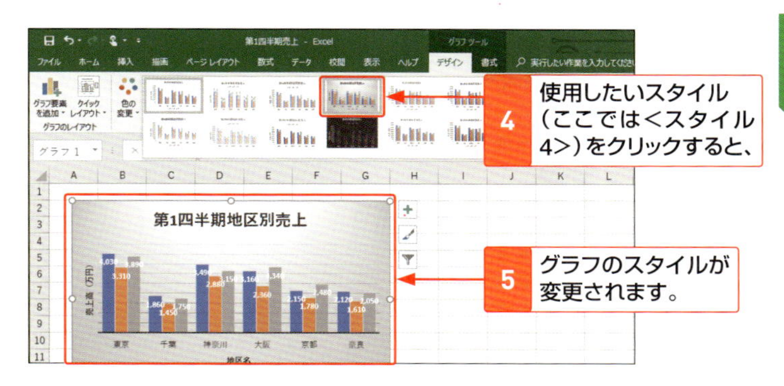

4 使用したいスタイル（ここでは<スタイル4>）をクリックすると、

5 グラフのスタイルが変更されます。

StepUp

グラフの色を変更する

グラフ全体の色味を変更することもできます。グラフをクリックして、<デザイン>タブの<色の変更>をクリックし、使用したい色をクリックします。

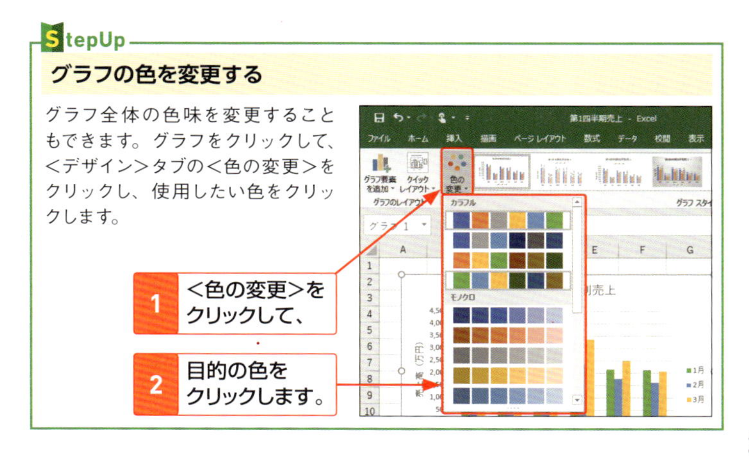

1 <色の変更>をクリックして、

2 目的の色をクリックします。

グラフの種類を変更する

グラフの種類は、グラフを作成したあとでも、変更することができます。グラフの種類を変更しても、変更前のグラフに設定したレイアウトやスタイルはそのまま引き継がれます。

1 グラフ全体の種類を変更する

1 グラフをクリックして、

2 <デザイン>タブをクリックし、

3 <グラフの種類の変更>をクリックすると、

4 <グラフの種類の変更>ダイアログボックスの<すべてのグラフ>が表示されます。

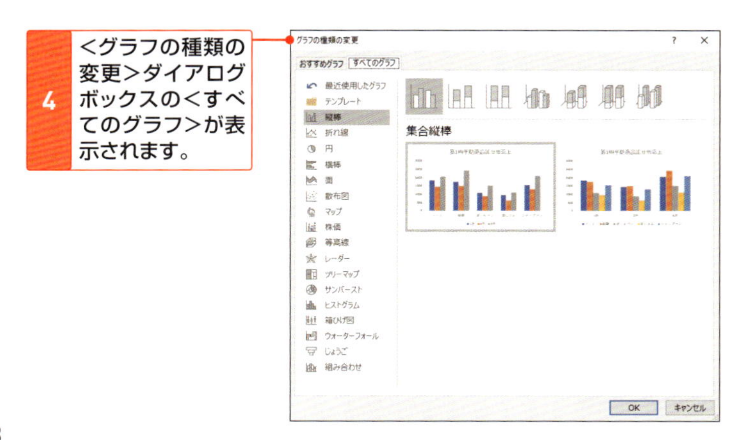

5 グラフの種類をクリックして、

6 目的のグラフをクリックし、

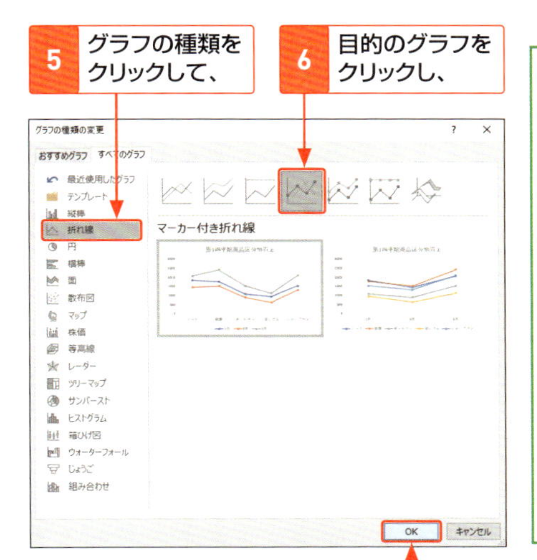

7 <OK>をクリックすると、

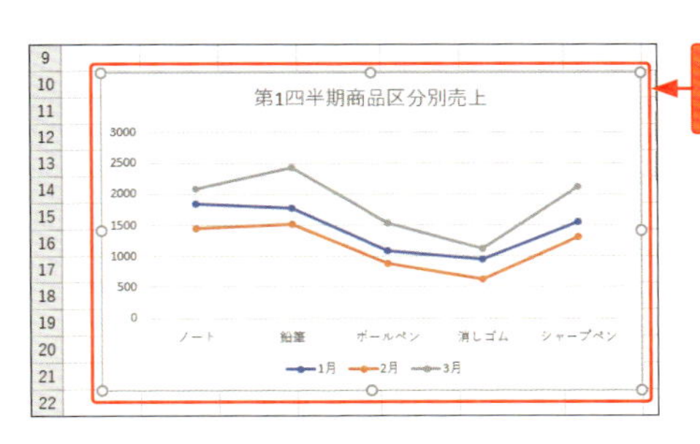

8 グラフの種類が変更されます。

StepUp

Excel 2019で追加されたグラフ

Excelには、棒グラフや折れ線グラフ、円グラフ、面グラフ、レーダーチャートなど、17種類のグラフが用意されています。Excel 2019では、「マップグラフ」と「じょうごグラフ」が追加されました。「マップグラフ」は、国や都道府県別の値や分類項目を地図上に表示できます。「じょうごグラフ」は、データセット内の複数の段階で値を表示します。

Memo

グラフのスタイル

グラフの種類を変更すると、<グラフスタイル>に表示されるスタイル一覧も、グラフの種類に合わせたものに変更されます。グラフの種類を変更したあとで、好みに応じてスタイルを変更するとよいでしょう。

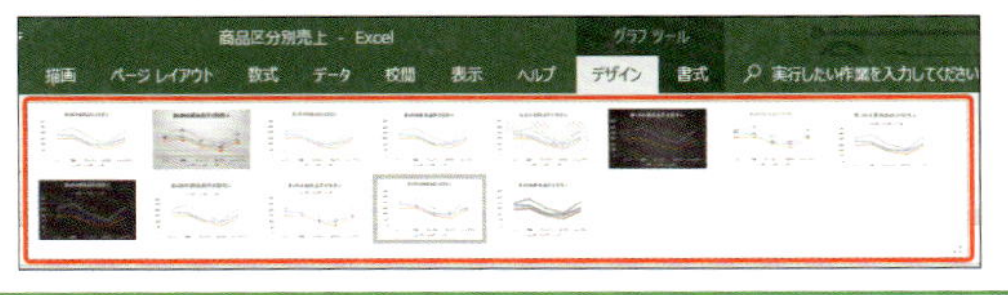

3Dモデルを挿入する

Excel 2019では、3Dモデルをワークシートに挿入することができます。オンラインソースを利用すると、Web上の共有サイトから3Dモデルをダウンロードして利用できます。

1 オンラインソースから3Dモデルを挿入する

1 <挿入>タブをクリックして、

2 <3Dモデル>のここをクリックし、

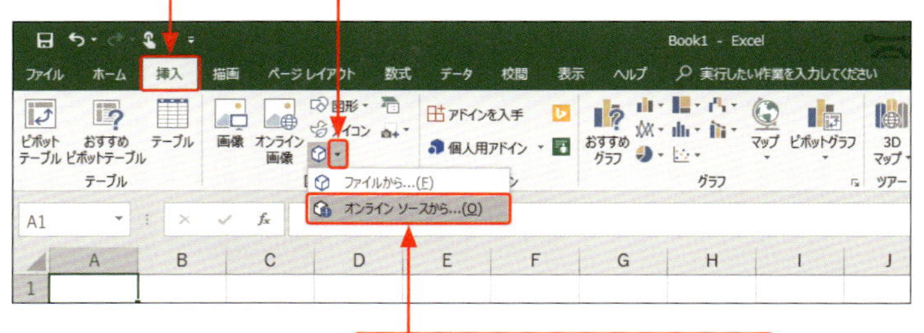

3 <オンラインソースから>をクリックします。

4 キーワードを入力して検索するか、いずれかのカテゴリをクリックします。

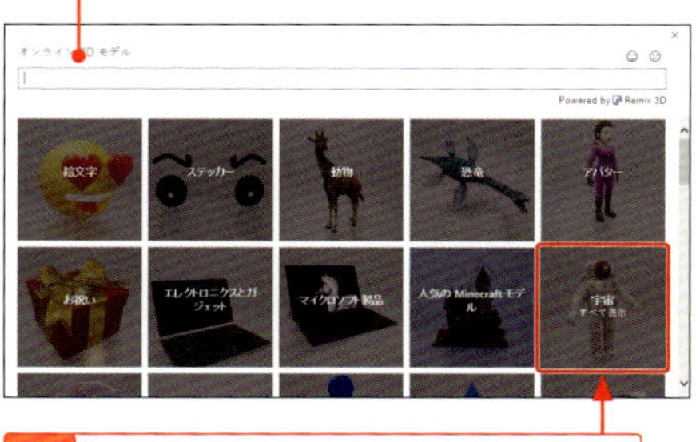

5 ここでは、<宇宙>をクリックします。

Memo

オンライン3Dモデル

手順4のダイアログボックスに表示されている3Dモデルは、「Remix 3D」というWebサイトで公開されているデータです。利用する場合は著作権に注意しましょう。

6 クリックしたカテゴリ内の3Dモデルが表示されるので、挿入したい3Dモデルをクリックして、

7 ＜挿入＞をクリックすると、

8 3Dモデルが挿入されます。

9 サイズ変更ハンドルをドラッグすると、画像が拡大／縮小されます。

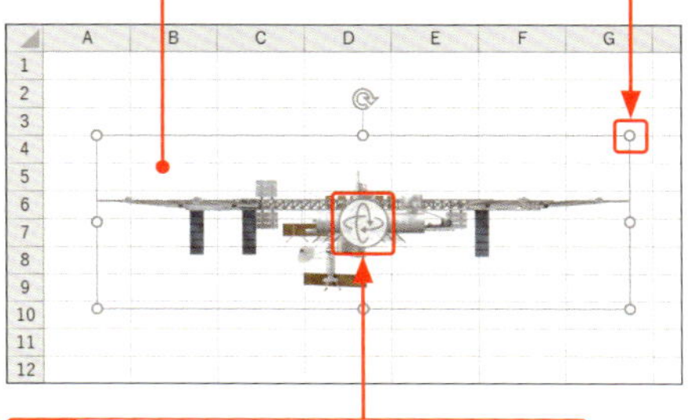

10 3Dコントロールをドラッグすると、

11 画像を任意に回転したり傾けたりすることができます。

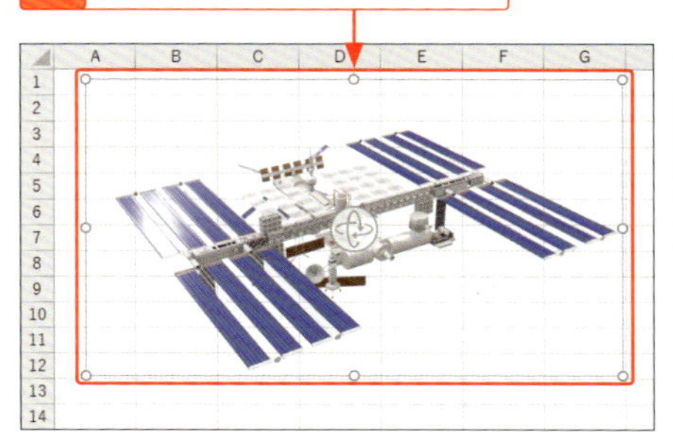

Memo

3Dモデルの外観を変更する

3Dモデルをクリックすると表示される＜書式設定＞タブの＜3Dモデルビュー＞を利用しても、3Dモデルをさまざまな角度で表示させることができます。

テキストボックスを挿入する

テキストボックスを利用すると、**セルの位置やサイズに影響されることなく、自由に文字を配置**することができます。入力した文字は、通常のセル内の文字と同様に編集することができます。

1 テキストボックスを作成する

1 <挿入>タブをクリックして、

2 <テキスト>をクリックし、

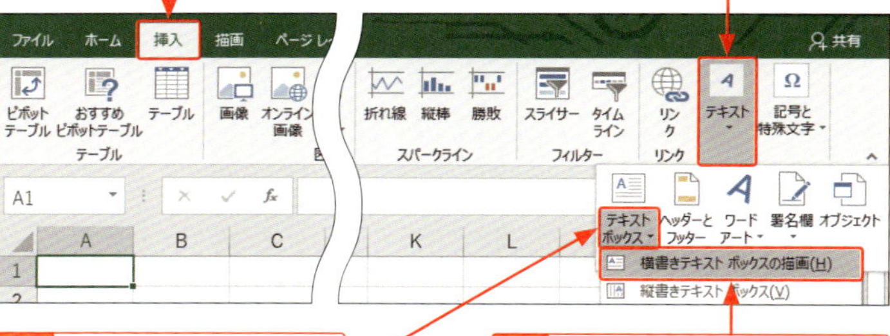

3 <テキストボックス>のここをクリックして、

4 <横書きテキストボックスの描画>をクリックします。

5 テキストボックスを挿入したい位置で対角線上にドラッグすると、

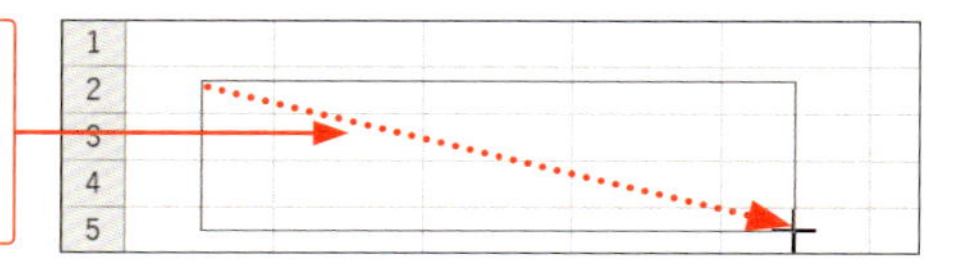

6 横書きのテキストボックスが作成されるので、

7 文字を入力します。

Memo

画面のサイズが大きい場合

画面のサイズが大きい場合は、<挿入>タブの<テキストボックス>から<縦書きテキストボックスの描画>をクリックします。

2 文字の配置を変更する

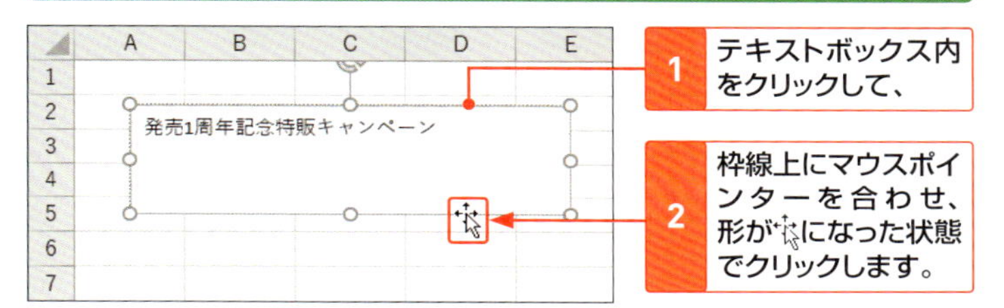

1 テキストボックス内をクリックして、

2 枠線上にマウスポインターを合わせ、形が✥になった状態でクリックします。

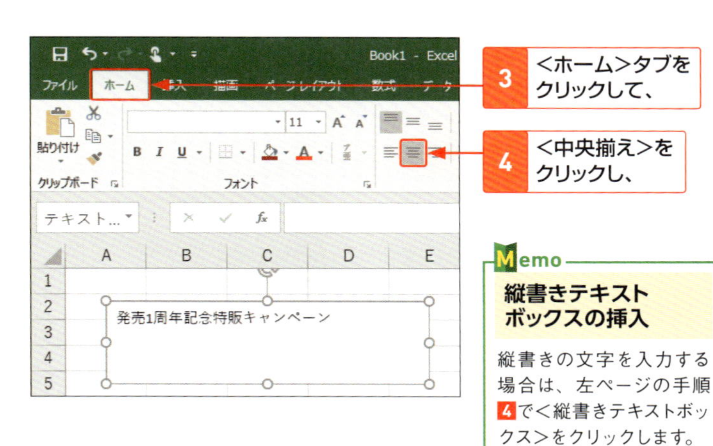

3 <ホーム>タブをクリックして、

4 <中央揃え>をクリックし、

Memo

縦書きテキストボックスの挿入

縦書きの文字を入力する場合は、左ページの手順4で<縦書きテキストボックス>をクリックします。

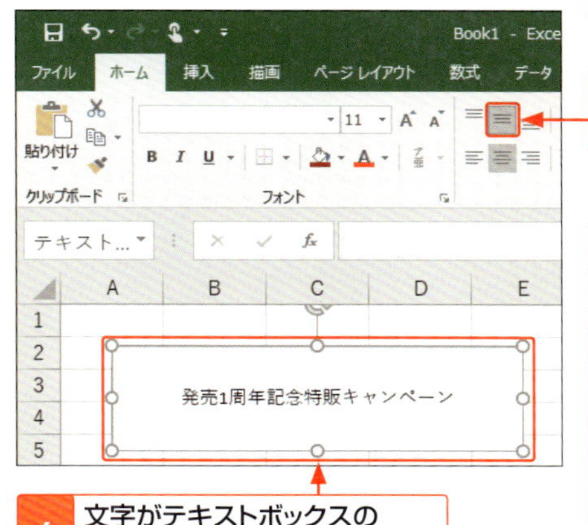

5 <上下中央揃え>をクリックすると、

6 文字がテキストボックスの上下左右中央に配置されます。

Memo

テキストボックスの編集

テキストボックスは図形やイラストと同様に、サイズやスタイルの変更、移動ができます。中の文字もセル内の文字と同様に、サイズや種類を変更できます。

INDEX 索引（Wordの部）

Word

アルファベット

あ行

か行

さ行

た行

な行

は行

ま行

や行

ら行／わ行

INDEX 索引（Excelの部）

Excel

記号・数字

アルファベット

あ行

か行

さ行

た行

な行

は行

ま行

や行

ら行

わ行

■ お問い合わせの例

> **FAX**
>
> **1 お名前**
> 技評　太郎
>
> **2 返信先の住所またはFAX番号**
> 03-××××-××××
>
> **3 書名**
> 今すぐ使えるかんたんmini
> Word & Excel 2019 基本技
>
> **4 本書の該当ページ**
> 28ページ
>
> **5 ご使用のOSとソフトウェアのバージョン**
> Windows 10 Pro
> Word 2019
>
> **6 ご質問内容**
> 手順2の画面が
> 表示されない

お問い合わせについて

本書に関するご質問については、本書に記載されている内容に関するもののみとさせていただきます。本書の内容と関係のないご質問につきましては、一切お答えできませんので、あらかじめご了承ください。また、電話でのご質問は受け付けておりませんので、必ずFAXか書面にて下記までお送りください。
なお、ご質問の際には、必ず以下の項目を明記していただきますようお願いいたします。

1 お名前
2 返信先の住所またはFAX番号
3 書名
(今すぐ使えるかんたんmini
Word & Excel 2019基本技)
4 本書の該当ページ
5 ご使用のOSとソフトウェアのバージョン
6 ご質問内容

なお、お送りいただいたご質問には、できる限り迅速にお答えできるよう努力いたしておりますが、場合によってはお答えするまでに時間がかかることがあります。また、回答の期日をご指定なさっても、ご希望にお応えできるとは限りません。あらかじめご了承くださいますよう、お願いいたします。
ご質問の際に記載いただきました個人情報は、回答後速やかに破棄させていただきます。

問い合わせ先

〒162-0846
東京都新宿区市谷左内町21-13
株式会社技術評論社　書籍編集部
「今すぐ使えるかんたんmini
Word & Excel 2019基本技」質問係

FAX番号　03-3513-6167

https://book.gihyo.jp/116

今すぐ使えるかんたんmini Word & Excel 2019基本技

2019年9月24日　初版　第1刷発行

著者●技術評論社編集部＋AYURA
発行者●片岡 巌
発行所●株式会社　技術評論社
東京都新宿区市谷左内町21-13
電話　03-3513-6150　販売促進部
03-3513-6160　書籍編集部
装丁●田邊 恵里香
本文デザイン●リンクアップ
編集／DTP●AYURA
担当●土井 清志
製本／印刷●図書印刷株式会社

定価はカバーに表示してあります。

ISBN978-4-297-10758-1 C3055

Printed in Japan